建筑生产

编著者　[日]古阪秀三

著　者　[日]生岛宣幸　岩下　智
大森文彦　金多　隆
木本健二　釼吉　敬
齐藤隆司　杉本诚一
多贺谷一彦　永易　修
平野吉信　水川尚彦
三根直人　山崎雄介

译　者　李玥　苏闽　张鹰
殷洛　韩甜

中国建筑工业出版社

著作权合同登记图字：01-2012-0758 号

图书在版编目（CIP）数据

建筑生产 /（日）古阪秀三编著；李玥等译 . —北京：中国建筑工业出版社，2012.8
ISBN 978-7-112-14473-0

Ⅰ. ①建… Ⅱ. ①古…②李… Ⅲ. ①建筑工程 Ⅳ. ① TU

中国版本图书馆 CIP 数据核字（2012）第 148022 号

原　著：建築生産　2009 年 10 月 1 日出版发行
编著者：古阪秀三
出版社：理工图书

本书由著者授权我社独家翻译出版

责任编辑：牛　松　刘文昕
责任设计：赵明霞
责任校对：关　健

建筑生产
编著者　[日] 古阪秀三
著　者　[日] 生岛宣幸　岩下　智
大森文彦　金多　隆
木本健二　釼吉　敬
齐藤隆司　杉本诚一
多贺谷一彦　永易　修
平野吉信　水川尚彦
三根直人　山崎雄介
译　者　李玥　苏闽　张鹰　殷洛　韩甜
*
中国建筑工业出版社出版、发行（北京西郊百万庄）
各地新华书店、建筑书店经销
华鲁印联（北京）科贸有限公司制版
北京云浩印刷有限责任公司印刷
*
开本：787×1092毫米　1/16　印张：17¼　字数：440千字
2012年9月第一版　2012年9月第一次印刷
定价：**59.00**元
ISBN 978-7-112-14473-0
（22521）

序一

首先祝贺《建筑生产》中文译本在中国出版。

本书主编古阪秀三教授学术造诣很高，且具有非常丰富的工程实践经验，本书不仅所涉及的内容较广，包括建设工程项目的立项、设计、施工技术和工程管理等各个方面知识，而且理论紧密联系实际，是一本很好的教材，可供从事工程设计、施工和工程管理等有关人员学习参考。

我与古阪秀三先生的交往已有十多年之久，他是中日建筑业界交流的桥梁，为中国培养了许多博士、硕士研究生，经他指导的中国学生取得学位后，大都选择了回国服务发展的道路。其中，有的致力于大学的教学科研工作，有的从事建筑施工，也有的在日资建筑企业工作。《建筑生产》中文译本就是经过诸位留学归国人员的共同努力方得以完成。

感谢古阪秀三先生将本书的中文翻译权无偿转让给中国建筑工业出版社，使它能以读者可以接受的价格进行发售，使更多的中国读者可以阅读此书。古阪秀三先生希望通过此书，对中国建筑业的蓬勃发展尽一份微薄之力，以建造出更多安全、高质量的建筑物。谨借此序，向古阪秀三先生以及为此书倾注心血的日本共著者和日本理工图书出版社的大力支持表示衷心感谢。

同济大学教授　丁士昭
于 2012 年 4 月 20 日

序二

本人与古阪先生是十多年的旧友。古阪先生每次来京必会造访清华，与我讨论其门下中国留学生的研究课题及合作研究事宜，在 CIB、ISARC 等国际会议及其他大型工程管理研讨会中也时有晤面机会。深知古阪先生是一位治学严谨、广受尊重的学者。此外，古阪先生还在日本京都大学发起“国际建筑工程质量管理研究论坛”，本人有幸数次应邀参加论坛。在本人发起的国际工程全球联盟（GloNIC）中，古阪先生也作为资深会员做出了重要贡献。

一年多前从古阪先生处获赠日文原版《建筑生产》一书。拜读后感到该书涵盖建筑设计、工程项目管理以及施工技术等诸多方面，其内容之详尽细致令我颇为赞叹。不仅如此，该书对工程项目管理涉及的质量管理、安全管理、造价管理及信息管理等理论知识及工程技术等内容介绍深入浅出、简洁易懂。正打算建议将此书翻译成中文版的时候，恰好古阪先生来京商谈此事，可谓不谋而合。

此书凝聚了古阪先生以及多名专家丰富的经验、智慧和心血，同时也体现出古阪先生对建筑业发展寄予的厚望。希望此书的出版能使中日建筑行业间的交流日益深入，促进两国建筑业的发展。

清华大学教授　方东平
2012 年 2 月 29 日

中译本前言

2001年我初次访问中国上海时，恰逢上海浦东机场磁悬浮列车试运转。之后我多次参观中国的建筑施工现场并结交了多位中国专家学者。在此后的十余年间我同中国建筑施工现场的技术人员就建筑质量问题展开过积极讨论，参加过关于中国工程监理制度的改革研讨会等。中国建造师制度制定初期，相关的中国专家也征求过我对该制度的意见，对于中国欲将建造师打造成全能型人才的初衷，根据我的经验，该制度的推行将遇到很大困难。就建筑业而言，我的建议是应该建立更多完善、种类多样的技术资格制度。此外，至2012年有数名中国留学生在我的指导下顺利取得了工程硕士或工程博士学位。

通过我对中国的实地考察及同中国学者、留学生的交流，发现中国在对建筑设计及施工管理人员的教育方面与其他先进国家相比存在较大差距。而且，包括大型综合型建筑企业、专业建筑施工企业在内，各类技术人员虽然都在积极工作，但在相关的技术、资格制度等方面却没有得到充分的教育和培训。另外，我还发现在中国建筑行业不存在“建筑生产”一词。这也是我将日本的工程类教科书《建筑生产》一书翻译成中文的动机之一。

在日本“建筑生产”一词具有两种说法。一种说法是将工程设计过程和工程施工过程统称为“建筑生产”，也有将工程项目立项及工程竣工后的维修保养包含在其中，称之为广义的“建筑生产”。另外一种说法是仅将工程施工过程称作“建筑生产”，即狭义的“建筑生产”。在实际应用中提到的“建筑生产”一般都理解为广义的“建筑生产”。

为建造安全高质量的建筑物，建设单位、设计单位、监理单位、施工单位等单位间的共同合作非常重要。世界各国通过采取设计施工一体化等方式，摸索更加协调、行之有效的项目组织方法。但这并不是单纯强调工程项目必须委托一家单位来进行工程设计和工程施工。事实上，在日本这种委托方式自古以来就被认为是一种理所当然的操作方式延续至今。

希望中国的各位读者，在阅读、参考《建筑生产》一书时，能够取其精华，去其糟粕，多提宝贵意见。如果中国的建筑物都能做到让使用者更具安心感及安全感，我将感到无比欣慰。

2012年2月29日

日本京都大学·准教授　古阪秀三

前　言

大家在日常生活中所看到的建筑物，大多是已完工并在使用的商场、住宅、铁路车站和学校等。人们有时也会见到正在施工中的这类建筑物，如，正在进行吊装钢结构以及为浇筑混凝土而支设模板等施工的景象。建筑生产的概念就是人们日常所见的建筑物的建造过程，它包括从建筑物的设计到工程施工现场的全部过程及其相关的各项工作。

笔者在多个大学教授建筑生产课程。课后经常有同学谈到："我在大学中是学习建筑学专业的学生，一直以来不知道建筑物是如何被建造完成的？建造过程中其相关联的各种组织是如何具体运行的？听了老师今天课上的讲解，我基本上明白了。""我是建筑系的学生在读研究生课程，对于建筑生产感到自己确实很无知。""一幢建筑物在建造过程中具体由哪些人员，进行怎样的工作？各种工作又有怎样的相互关系？对我来说是一个全新的概念。"这些话语让我切实地感受到，同学们对建筑生产领域中相关知识的了解是非常有限的。最近，很多高等专业学校和大学开设了技术人员培训课程，但在实施 JABEE 认证（译者注：日本技术人员教育评估机构 Japan Accreditation Board for Enginering Education，简称 JABEE）中，适合建筑生产领域的培训教材很少，这是一个大问题。

基于上述考虑，我产生了编写本书的想法。《建筑生产》这本书是面向要学习建筑生产的人员、从事与建筑相关工作而对建筑生产领域不甚了解的人员以及了解一些相关知识而要想进一步正确掌握相关知识的初学者、教员、研究人员及相关工作人员等。如果本书能够对各位正确理解建筑生产相关领域起到一点帮助，笔者将感到万分欣慰。

"建筑生产"一词，通常包含广义和狭义的含义。广义的"建筑生产"包含了建筑项目从策划、设计到工程施工以及竣工后的维护保养。狭义的"建筑生产"仅仅指的是建筑项目的具体施工。在本书中，第Ⅰ部分论述广义建筑生产的概念。第Ⅱ部分针对狭义建筑生产的概念进行讲解。各个部分中以 90 分钟为一个课时单位，共计十五个课时的讲授内容。当然笔者更希望读者朋友能够通读全书。

本书中笔者对"工程施工监理"及"生产设计"等用语的定义内容进行了反复说明，旨在强调这些用语及概念的重要性，以增强读者的理解。同时，本书的作者还特别考虑到尽量避免使用一些特定单位的专有词汇，以保证本书作为教材的通用性。但出于对相关单位的尊重，极个别地方还是采用了少量的专有词汇。

本书的部分内容参考了朝仓书店发行的《建筑生产手册》。这主要是由于本书的大多数作者也参加了《建筑生产手册》的执笔，同时，朝仓书店也同意对本书引用的请求。在这里，我特向朝仓书店表示衷心的感谢。如想了解更详细的内容，笔者建议读者参考《建筑生产手册》。

最后，对不同专业领域的所有执笔者的努力及理工图书株式会社编辑部各位工作人员的辛勤劳动表示衷心的感谢！

编著者　古阪秀三

2009 年 9 月

建筑生产　执笔分担表

第Ⅰ部　建筑生产Ⅰ

第 1 章　古阪秀三（京都大学）
第 2 章　金多　隆（京都大学）
第 3 章　3.1、3.2　大森文彦（东洋大学）
　　　　3.3、3.4　平野吉信（广岛大学）
第 4 章　4.1　山崎雄介（清水建设）
　　　　4.2、4.3　金多　隆（京都大学）
第 5 章　5.1　古阪秀三（京都大学）、齐藤隆司（日本邮政省）、平野吉信（广岛大学）
　　　　5.2　木本健二（芝浦工业大学）
　　　　5.3　齐藤隆司（日本邮政省）
第 6 章　6.1　平野吉信（广岛大学）、齐藤隆司（日本邮政省）、水川尚彦（安井建筑设计）
　　　　6.2　水川尚彦（安井建筑设计）
　　　　6.3　平野吉信（广岛大学）、杉本诚一（滋贺职能短期大学）
　　　　6.4　木本健二（芝浦工业大学）
　　　　6.5　生岛宣幸（日积测算）
　　　　6.6　岩下　智（鸿池组）
　　　　6.7　永易　修（藤田建设）、平野吉信（广岛大学）
　　　　6.8　三根直人（北九州市立大学）

第Ⅱ部　建筑生产Ⅱ

第 7 章　永易　修（藤田建设）
第 8 章　岩下　智（鸿池组）
第 9 章　釰吉　敬（大林组）
第 10 章　10.1、10.2、10.5、10.6、10.7　木本健二（芝浦工业大学）
　　　　10.3、10.4、10.8 岩下　智（鸿池组）
第 11 章　11.1、11.2、11.3、11.4、11.5、11.6　釰吉　敬（大林组）
　　　　11.7　多贺谷一彦（AKUA 株式会社）
　　　　11.8、11.9　三根直人（北九州市立大学）

建筑生产　翻译分担
翻译统稿　李玥、竹中（中国）建设工程有限公司
前言、第 1 章、第 2 章、第 4 章、第 10 章 10.3~10.8、11 章 11.5~11.9　苏闽
第 3 章、第 7 章、第 8 章、第 9 章、第 11 章 11.1~11.4　李玥
第 5 章、第 6 章　张鹰（福州大学）
第 10 章 10.1~10.2　殷洛（日建设计）
用语校对　韩甜（京都大学）

目 录

第Ⅰ部　建筑生产Ⅰ

第Ⅱ部 建筑生产Ⅱ

第Ⅰ部

建筑生产Ⅰ

第1章　建筑生产的世界

1.1　概述

下面我们就开始对与建筑生产相关联的各种事物进行介绍及说明。为了便于初学者理解本书的内容，本书特别在第1章中使用通俗易懂的词语对建筑生产的世界做简单明了的介绍，并作为后续章节的铺垫。

读者们日常中见到的建筑物，大多是已竣工并在使用中的购物中心、住宅楼、火车站、学校等。有时也会见到建筑工地中的起重机在进行钢结构吊装的施工，以及为保证混凝土浇筑施工而正在支设模板工程的施工情景。这时，想投身建筑业的人们马上会想到他们憧憬的偶像：从事建筑设计的人。这个建筑设计人在日本法律中被称为“**建筑士**”，通常也被称为设计人。通常我们还常听到“**建筑师**”的称呼。这一称呼仅是通称，在日本的法律上并没有相关的任何规定。当然，如在美国或英国“**建筑师**”作为专门技术职称有相关的制度及规定，任何人不能随便使用。

通过上面的举例说明，我们知道建筑生产意味着读者们日常所见的，建筑物的建造施工，这其中也就包含了建筑设计、现场施工等相关事宜及其概念。更严密地讲，建筑生产这一词语包含两个含义。其一，它具有包含“设计阶段”和“施工阶段”全过程的含义。它在一些特殊的场合，它还包含了“项目策划阶段”、“维护保养阶段”的概念。这一概念我们称为广义的“建筑生产”。其二，它仅指“施工阶段”，这时我们称为狭义的“建筑生产”。狭义的“建筑生产”仅是指“生产”这个单一环节。本书的第Ⅰ部是对广义的建筑生产概念的阐述，第Ⅱ部则是针对狭义的建筑生产概念进行解说。下面本书开始基于广义的概念对建筑生产的世界进行介绍。

1.2　建筑工程项目的特征

首先进行建筑设计，然后按照设计要求通过建造施工，将其建造成所需要的建筑物的全过程称为建筑工程项目。建筑工程项目有以下四个主要的特征。

① 建筑工程项目原则上仅限一次。

② 建筑工程项目具有多样性及多目的性。

③ 建筑生产过程是分阶段进行的。

用词解释

日本的建筑士

日本建筑士法第3条中规定“在对左侧所列举的建筑物实施设计及工程监理工作时，其人员必须具有一级建筑士资格”。“建筑家”在日本属于通称，在法律上并没有具体的规定。日本建筑家协会正在开展宣传活动，以提高社会上对“建筑家”的了解和尊重。

美国的建筑师

美国各个州的建筑师相关的法律规定不尽相同，但只有注册登记后才可以以建筑师的身份进行活动，这一条规定各个州在法律上是一致的。比如，如果登记的是工程师资格，在一些州、市就可以在建筑许可申请书上签字署名。就“建筑设计业务必须由具有建筑师资格的人员来实施”这样的法律条款，各州的规定不一。

英国的建筑师

根据建筑师注册登记(修改)法（Architects Act 1997）规定，未在Architects Register Board注册登记的人，不得以建筑师的资格进行相关业务。但是，工程图纸的绘制工作不仅仅限于建筑师，其他的工程师也可以进行。

④ 建筑工程项目的组织为临时组成并且相互分离。

下面本书将对其中的①、②进行简单说明，③、④将在后一节中进行介绍。

1.2.1　建筑工程项目的单件性

确保建设项目用地，具备相关的设计图纸、**规格书**是建筑工程项目实施的前提条件。在相同的场地内如无相同建筑项目工程并存的情况，也就不可能存在相同的设计图和规格书。就是说，所有这些都是单次性的。下面就产生这一特征的原因说明如下。首先，每个建筑工程项目的施工现场各有不同。这些不同也就必然导致工程的设计、施工条件等随着各个建筑工程项目而改变。例如，地质条件、地下水位的高低对建筑物基础设计及整体施工计划产生很大影响。施工中，现场的施工机械、材料、劳动力均需由外部调入。这些调配及运输必须根据每个工程项目的特点计划实施。在建筑工程项目的实施阶段，有时由于技术人员资格的限制会导致一些特殊工程无法实施，而不得不选择其他的施工工法。其次，不同的建筑工程项目需要不同的设计图纸和规格书相配套。首先，建筑工程项目结构及用途繁多。结构分类有钢结构、钢筋混凝土结构、劲性钢筋混凝土结构、木结构等。用途则分为，写字楼、住宅楼、学校、宾馆、仓库等。各个工程的规模也不尽相同。设计图纸、规格书是对应每个工程项目而设计的，因此，它们也不可能相同。

1.2.2　建筑工程项目的多样性及多目的性

将建筑工程项目进行发包的人员或企业称为建筑业主或发包人。发包人对其发包的建筑工程项目有多方面的要求。设计人接到这些要求后，会根据自己的专业经验进行设计。设计方案中会包含更多的选择性设计提供给发包人进行审查。例如，发包人要求建筑达到“与周边环境达到和谐，达到节能减排的目标”。为了达到发包人的要求，设计人在设计中就要考虑：①减轻建筑物的热负荷；②利用自然环境；③研究并选择现有的能源种类；④提高热交换的效率等多项措施。而对这些项目的优先顺序的决定，也会产生不同的设计内容。同样，工程项目中使用的材料、构件、技术等也是多种多样的。建筑工程项目在下一个称为施工计划的运行阶段中，要根据设计图纸研究确定切实可行的实施方案。这一阶段中同样存在多样化的特点。其一，使用的施工机械、施工方法、施工材料不同，存在着多样化。其二，即使在特定的工程施工中，数量不同的机械、材料、劳动力的不同组合也带来了多样化的选择。其三，与工厂生产不同，其全部的施工均在现场完成，不同的施工方法同样产生了多样化。极端地讲，同样一个建筑工程项目，即使有同样的设计图纸、规格书，也不可能建造出一模一样的建筑物来。

用词解释

规格书

规格书包括特别说明书及标准说明书。规格书主要是对各种工程项目共同的注意事项及设计图纸不易表达清楚的事宜，事先进行说明。说明中，主要包括对工程通用做法的解释。特殊工程的相关事项的说明，称之为特别说明书。标准规格书是对各种工程项目共同的施工工法、做法、施工流程进行说明。工程上经常使用的有日本建筑学会出版的《建筑工事标准规格书》(JASS: Japanese Architectural Standard Specification）及公共建筑协会出版的《公共建筑工事标准规格书》。

而且，建筑工程项目运行各个阶段的目标不同，比如，某些阶段要达到最经济的目标，而其他阶段可能以保证工期为最优先的目标。这也体现了多样性的特点。

综上所述，建筑工程项目中可以对设计内容、施工方法等进行多种选择。因此，可以说建筑工程其本身具有多样性的特征。

1.3 建筑生产过程

建筑物从设计开始，直至建造完成的过程称为建筑生产过程。一般来讲，其过程如图1.3.1所示。所有建筑工程项目具有单件性的特征，因此，其设计阶段的工作是不可缺少的。而设计过程是在得到建筑业主的策划信息（希望建造的内容、要求事项）后，开始着手进行的。前期决策是由建筑业主自己完成的。由于一般建筑业主不具备相关的技术能力，因此，很多情况下，建筑业主会将相关技术工作委托给其他专业企业进行。有时，建筑业主也会直接委托设计单位。设计单位为了自身企业的经营，也会向建筑业主推荐自己的策划方案。收到策划方案后，工程项目就会开始方案设计→施工图设计→招标投标、签订合同→施工计划→施工及施工管理→竣工、移交→维修保养，逐阶段运行。在方案设计阶段主要是将建筑工程项目的策划方案具体化，这个阶段主要服务对象是建筑业主。在施工图设计阶段尽可能将方案设计具体化，以便于工程的实施。这一阶段服务主要是面向施工者。在方案设计和施工图设计阶段由设计单位负责完成图纸设计及规格书（统称为设计文件，详见第3章）。在**招标投标**阶段，设计文件会作为招标文件的附件提供给投标人。在**生产设计**阶段，要编制施工进度计划、估算施工成本，对施工方法及可能采购到的材料设备进行研究并优化选择。目前，在生产设计阶

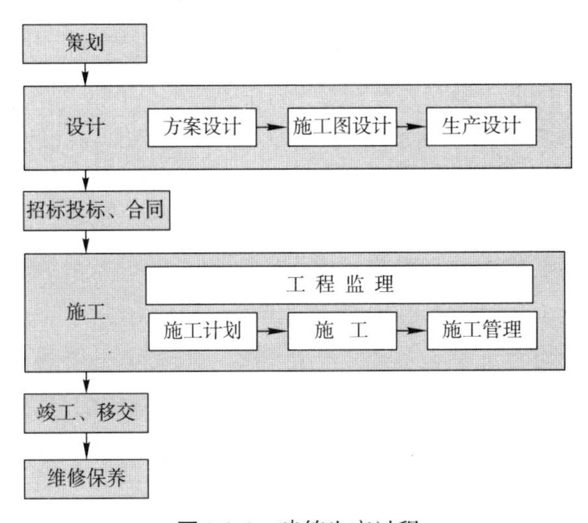

图1.3.1 建筑生产过程

用词解释

招标投标

工程项目在选择施工单位时，希望获得项目施工任务的施工企业根据设计文件的要求，将实施工程所需的费用等编制成报价书提交给评标单位。评标单位根据各企业报价金额的高低选择施工单位的方法称之为招投标。投标企业提出的报价文件称之为"标书"，将"标书"提交给评标单位就称之为"投标"。

生产设计

在工程项目的设计阶段，通过对工程施工的可操作性、经济性及施工过程中质量的安定性的研讨，对设计进行修改使其适应工程施工并达到施工的可操作性要求。

段并未进行具体的生产设计，使很多问题遗留到实施阶段。这给后续的工程施工带来困难。

通过招标投标，确定施工中标人。施工中标人在签订合同后，就要着手编制施工计划。其后即为施工阶段，在这个阶段，施工人的最大责任就是忠实地按照设计文件，建造符合要求的建筑物。施工人中既包括承担该工程总体施工计划的编制、项目工程的全面管理的施工单位（一般称为：总承包商），还包括负责模板工程、钢结构工程等部分专业工程施工的施工单位（**专业工程施工企业**，一般称为**分包商**）。在施工阶段，监理公司则负责工程施工中的检查工作，确认施工单位是否按照设计文件进行施工。承担监理业务的人员必须具有建筑士的资格。其后的维修保养阶段，是指项目竣工移交给建筑业主后的使用阶段。一般来讲，维修保养计划是在建筑物移交后再着手编制的。在维修保养阶段，建筑物的管理可以由建筑业主自己负责、也可以委托原工程的设计或施工单位或其他单位，这些没有一定之规。

如上所述，建筑生产由不同的阶段所构成。各个阶段由不同的单位负责。不论是从时间上还是从理论上讲，各个阶段与前一个阶段都存在接续关系。当然，一些特殊的建设项目存在着非严密的接续关系。例如，建设项目工程采用设计、施工方式（一个企业同时承担工程项目的设计和施工）时，在法律允许的范围内同时并行进行项目的施工图设计、施工计划及工程施工。

1.4　建筑团队

在日本建造一般的建筑物（住宅楼、写字楼、政府办公楼）时，传统上采用分别发包体制。详见图1.4.1。图中设计与施工分离，施工则发包给总承包企业。所有这些组织我们称为建筑团队。图1.4.1左侧有设计机能的设计集团，我们称为设计团队。右侧是由有施工机能的集团组成，称为施工团队（最近常被称为项目组织）。

建筑团队在各个不同的建筑工程项目中，由不同的人员临时组成。建筑业主掌握着团队选择的主导权。建筑业主根据掌握的相关信息选择设计单位，同样，也参考相关信息或根据设计单位的推荐选择总承包单位。选择的方式有**竞标、预算对比、指定中标**等。就这样由于参加建设某个工程项目，分散在社会中的不同组织被偶然集结到一起，组成为一个建筑团队。在专业承包单位（在总承包一体承包方式中，专业承包单位被称为分包单位）的选择中，总承包单位握有一定的决定权。单体住宅建筑工程项目中的分包企业，容许有20至30个不同专业的企业，通常大厦建设项目中一般会超过50个分包企业。

用词解释

专业工程施工企业与分包商的区别

在建设业法中对取得建设业许可并进行施工作业的，如钢筋工程、抹灰工程、屋面工程等施工企业称之为专业工程施工企业。英文为“subcontractor”，在日文中为分包商的意思。在通常的工程整体承包方式中，由施工总承包企业牵头承揽工程项目，其中与施工总承包企业签订分包合同并承担实施专业工程的施工作业的企业称其为分包商。所谓“分包”仅仅是对工程承揽合同上的分包商位置而言，正式名称应该为专业工程承包企业。

竞标、预算对比及指定中标

在工程项目的早期投标阶段，从多家施工投标企业中通过评价、对比其报出价格的竞争性，最终选择施工企业的方法称为竞标。对多家施工企业提出的标书的内容进行比较研究，最终确定中标企业的方法称为预算对比选择中标企业。直接指定某个公司，然后对工程合同内容、价格等进行协商的方式来决定中标单位的方法称为指定中标。

用词解释

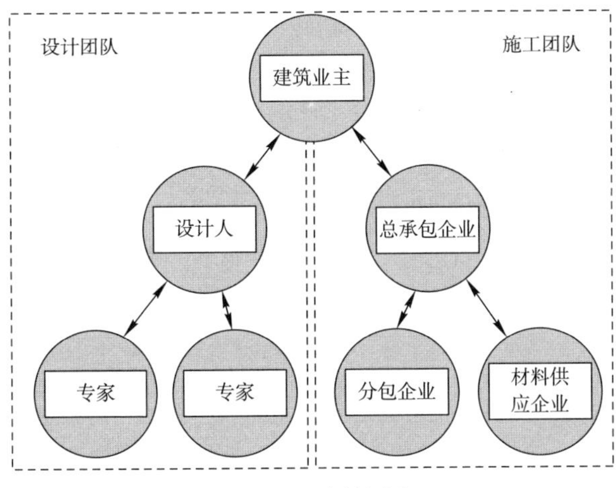

图1.4.1　建筑团队

对这样的分别发包的体系我们归纳成如图1.4.2的合同关系。建筑业主就建筑工程项目的设计工作与设计单位签署设计合同，与总承包单位签署工程施工合同。而后，总承包企业再与分包企业签署工程分包合同。如此，建筑工程项目的所有相关单位都以签订相应合同的方式组成了工程项目的特别组织。这种发包方式一般称为"施工一体发包方式"或"设计与施工分别发包方式"，详见图1.4.2。

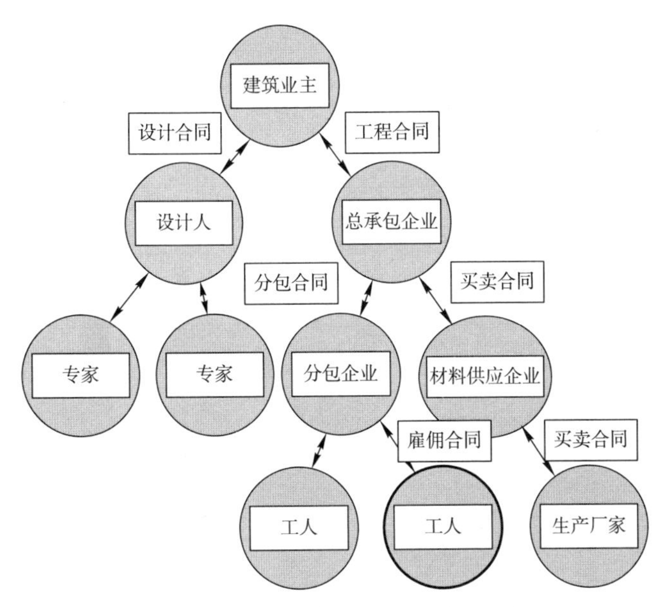

图1.4.2　建筑团队之间的合同关系

1.5　建筑工程项目实施的多样性

如前所述，建筑生产大致由决策、设计、施工、维修保养各个阶段

用词解释

组成。在这些阶段中参与工程的相关单位包括，建筑业主、设计单位、总承包企业、分包企业及各种相关咨询单位。在工程项目进行的不同阶段中，决定选择什么单位，在什么时期参加，是顺利推进工程所必需的重要前提。如何选择建筑工程项目的实施方式，所选择的不同方式中又有什么样的竞争内容呢？请参见图1.5.1所示。图中右侧一栏列举了在日本可能采用的不同的项目实施方式。下面就将工程项目实施中主要的过程介绍如下。

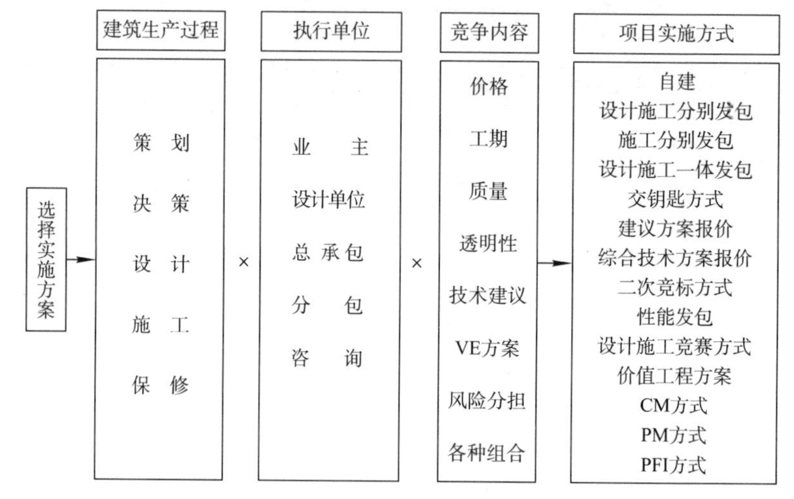

图1.5.1　工程项目的多种实施方式

1）在工程招标投标阶段，以各投标单位提交的新建工程项目的报价价格为竞争的中心，同时审查技术建议方案、质量保证方案、全寿命周期费用等事项，最终选择满足要求的实施方案。这些具体的审查方法都在1998年颁布的**中央建筑业审议会建议**中的**技术建议方案综合评价方法**、VE建议方案方法中有详细规定。另外，在2005年开始实施的“关于促进和确保公共工程质量的相关法律”中明确规定，公共建筑工程（政府采购工程）项目中必须全面采用上述评价方法。

2）在设计阶段应考虑生产信息、施工方法、机械材料采购的可能性等事项，也就是着手开始在前面提到的生产设计。生产设计的实施能够整合工程的设计与施工，使二者协调统一、最终确定实施方案。在公共建筑工程项目中，包括设计施工一体方式、设计施工竞争方式、性能发包方式、Construction Management（CM）方式等。

3）以确保工程符合建筑业主的要求、保证工程项目财务的透明性为目标，推进工程项目的实施，并从建筑业主的角度对工程项目从上游至下游进行全面的综合管理的管理方式（CM方式）正在逐年增加。

4）如果工程项目以项目结算或工程成本控制为主要目标时，可以

中央建筑业审议会建议
《中央建筑业审议会建议》是国土交通大臣的咨询机关的“中央建设业审议会”提出的建议书。1998年中建审建议题目为《充分利用技术能力推进工程投标合同工作的发展》，建议书中提出了，“充分利用民间企业的技术能力，改变单一价格竞争的方式，推进VE方式、设计施工一体承包方式及综合评价方式等多种多样的招投标方式”。

技术建议方案综合评价方法
对投标企业不仅仅从价格上，还要求同时提供技术实施方案。通过对投标书的价格及方案的技术能力、工程工期、工程安全等事项进行综合评定，评价得分高的企业选定为中标单位的评标方法。

考虑采用近年来出现的VFM（Value for Money）管理方式。PFI（Private Finance Initiative）就是其中的管理方法之一。

5）工程项目中存在着成本、工期、质量、收益性等各种各样的风险。工程在选择不同的实施方式中，这些风险的承担方也随之不同。这其中既有业主要承担工程工期、质量等部分风险的施工分离发包方式，又有包括工程项目融资等，几乎所有的风险均由承包方承担的PFI方式。在这些不同的方式中，建筑业主承担的风险率的变化幅度是相当大的。近年来随着工程项目实施方式的多样化的发展，建筑业主可以按照自己的意愿，选择其愿意承担风险的范围。风险的大小与工程项目内部相关的竞争性、公正性、透明性是相辅相成的。在施工分离的发包方式中，建筑业主所承受的风险相对较大，而项目的竞争性、公正性、透明性都能够较好地得到保证。选用PFI方式时，可以有效地减少建筑业主的风险，但是由于工程项目的运行是由建筑业主所选择的私营企业来执行，建筑业主无法有效地控制项目的竞争性、公正性及透明性。

另外，在选择特殊的项目实施方式时，还要注意由于建筑业主、设计单位、施工单位的技术能力的参差不齐，造成各参与方在承担业务范围方面的差异。各参与方承担的工作范围是由建筑业主决定的。如建筑业主在技术上具有很强的能力，其承担工作的范围就可能相应地扩大。当设计单位具有很强的技术水平时，其承担的业务范围同样可能会扩大。相反，其承包工作的范围就可能缩小。也就是说，各参与单位承担的工作有很大的变化空间。同样，施工单位的技术能力也直接影响着其承包工程的范围。综上所述，建筑业主、设计单位、施工单位其各自的能力的高低，会直接影响其在工程项目中所承担工程范围的大小。在工程项目中各参与方承包范围的分割及承包方式的选择中，建筑业主的决策是非常重要的。

面对如此众多可以选择的实施方式及特殊的工程项目，意味着建筑业主必须具有优秀的技术能力才能够保证其选择的实施方式的正确性和适宜性。如建筑业主方不具备良好的技术水平，那就需要雇用其他咨询公司（提供专业技术咨询服务）来弥补这一缺陷。从这个角度看，今后建筑行业对专业技术咨询的需求会不断地增加。

1.6 变化中的建筑生产世界

建筑物的建造施工需要众多专家、技术人员及掌握一定技能的工人的共同参与。在这其中建筑业主扮演了最重要的角色，没有其对工程项目各方面的协调掌控，就不可能建成一个质量稳定的合格建筑产品。

以上本章介绍的建筑生产的世界中的各种要素，它们是顺利实施建筑生产的元素和工具。但是，也有遗憾的事情，如2006年发生的人为故

用词解释

VFM

VFM是Value for Money的简称，它是PFI项目中运行中的一个重要概念。它的含义是，相对于支付的价格（Money），提供最有价值（Value）的服务。PFI方式项目通常要标示工程总成本较一般工程施工方式节省的百分比数量。（内阁府 充分利用民间资金项目推进室）

PFI

PFI（Private Finance Initiative）的含义是，使用民营私有资本及经营技术能力，将原来由政府进行的公共基础设施项目的建设、维护管理及运营交给私营的财团进行。这种直接利用私有资本的模式较政府机构的管理更具有效率方面的优势，而且能收到很好的服务效果。（内阁府 充分利用民间资金项目推进室）

用词解释

意制造的建筑物强度降低的事故，即“虚假抗震强度”[1-3]事件，不仅这些，还有在现代的建筑生产的世界中出现的工程缺陷、质量降低问题等[1-11]。这些都表明，1950年开始相继颁布实施的各种法律制度中，以“在相互信赖的基础上来确保产品质量”的中心思想，未能对现代建筑生产的世界进行有效的整合。

第2章开始，本书将对建造具有稳定的质量、健全的建筑产品所必需的技术、管理、组织结构进行说明。

◆引用及参考文献◆

1-1） 日本建築学会編　古阪秀三他著：まちづくり教科書第5巻「発注方式の多様化とまちづくり」丸善（2004）

1-2） 日本建築学会編　古阪秀三他著：建築企画としてのプロジェクトマネジメント（マネジメント時代の建築企画（分担執筆））技報堂出版（2004）

1-3） 日本建築学会編　古阪秀三他著：信頼される建築をめざして－耐震強度偽装事件の再発防止に向けて－（分担執筆）日本建築学会（2007）

1-4） 古阪秀三著：建築生産における法制度上の問題　科学Vol.119 No.1520　岩波書店（2004）

1-5） 古阪秀三著：得する建築をつくるために　建築と社会Vol.997 No.86、日本建築協会（2005）

1-6） 古阪秀三著：ダンピング受注がもたらす弊害，建設業界　日本土木工業協会、Vol.56，No.1（2007）

1-7） 北浦、古阪：派遣による直用社会の構築，総合論文誌第５号　日本建築学会、NO.5，Vol.122,No.1558（2007）

1-8） 古阪秀三著：技能者を育てるべし，『GBRC』，日本建築総合試験所 Vol.32　No.2（2007）

1-9） 古阪秀三著：公共事業への設計施工一括発注方式の導入と建設生産システムの課題　建設政策　Vol.117　建設政策研究所（2008）

1-10） 古阪秀三著：変化する建築生産システムの今後　建築技術Vol.700 5月号　建築技術（2008）

1-11） 高麗，古阪，金多，平野他：品質事故事例からみる建築生産システムの実態とその脆弱性　日本建築学会計画系論文集　第623号（2008）

第2章　建设市场、建设产业及生产组织

2.1　建设投资、建设市场及建设活动

2.1.1　国际

世界的建设市场一直在持续增长中。2006年欧美及亚洲的建设市场总额达到了约540兆日元的规模。欧洲（德国、西班牙、英国、法国、意大利等）市场为198.6兆日元，亚洲（日本、中国等）市场达到了196.9兆日元的规模。欧洲、亚洲与北美洲成为了全球巨大的建设市场。美国的建设投资达到了140兆日元，中国为97.4兆日元，第三位的日本为52.3兆日元[2-1]。日本建设市场虽然有缩小的趋势，但从市场份额上看仍然是一个大的市场。以**建设投资额**占**国内生产总值（GDP）**的比例来计算，欧美等先进国家为4.5%~8.8%。如包含建筑边缘产业的话，**建设市场额**达到9.0%~10.0%。建筑业就业人数为全国就业人数的6.7%~7.7%。日本的各项指标较美国的数据稍高。

2.1.2　日本

日本的建设市场基本上分为建筑和土木两部分。建筑领域又分为住宅和非住宅两大部分。（具体分类见图2.1.1）

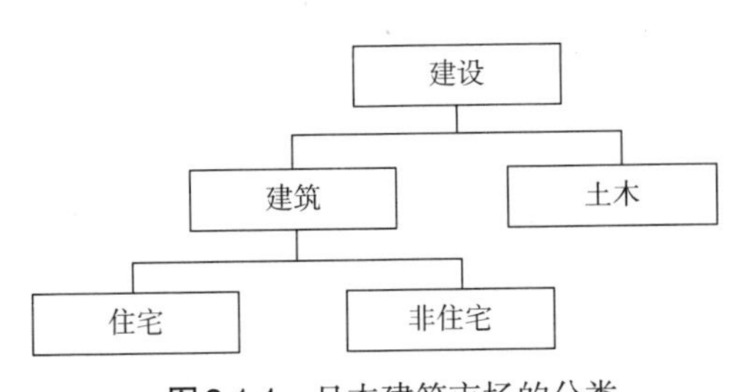

图2.1.1　日本建筑市场的分类

从1985年开始至1990年，日本建设投资以民间为中心快速地扩大。随着泡沫经济的破裂民间投资急剧减少，市场主要依靠政府每年增加投资来支撑。到1992年在政府投资的支撑下，建筑投资增至84兆日元。1997年以后，随着政府公共工程事业的压缩，投资逐年持续下降。到2007年降为48兆日元。虽然GDP在逐年增长，相反建设投资却急剧下降。目前建设市场中建筑和土木的投资，均呈持续负数增长趋势。

2000年以后，由于建设市场的过度竞争导致建筑业企业登记数量总体呈减少趋势，但相对建设投资额的降低率要稍小。

用词解释

国内生产总值（GDP）
英文为Gross Domestic Product，即国内生产产品及服务金额的总和，它是国民经济的一个重要指标。

建设投资额
建设投资额是对有形资产中建筑物及构筑物的投资数额（建筑物及构筑物工程的完成金额）。通常它被作为新增加的固定资产的存量。但是，对建设工程的投资并非完全属于建设投资，建设用地补偿费、调查费就不包含在其中。建筑工程中既有新建、改造、重建、修复之外还有维护保修工程。在国民经济额的计算上固定资本存量的增值不包括维护保修工程的投资，但是它包括在政府公共设施等的维护保修投资中。

建设市场额
日本建设经济研究所在《建设市场中长期预测》的报告中，将建设投资额与“维护保修”市场额的合计定义为建设市场额。

1997年以后建设市场投资额逐渐减少，建筑业就业人数不断地流失。虽然没有投资降低的比率明显，但也从685万人开始逐渐减少。就业人员减少及低价竞争的综合因素也压迫了就业人员的工资水平。市场的现状加上建筑业本身具有的订单生产的特性，造成建筑业就业人员减少、产业机械化、工程的合理化的水平提高缓慢，最终导致了劳动生产率大幅降低。

从建筑工程开工面积上看，1972~1973年、1978~1979年、1987~1991年呈增长态势。在这些期间中，随着开工面积的增长建筑单方造价水平也呈现了上升的趋势。

近年来，维修保养市场逐渐受到人们的重视。1990年度维修保养市场才占整个建筑市场11.9%的份额，2006年就上升到24.7%。其中，非住宅工程类的维修保养比率较高。

2.1.3　住宅投资及市场

2007年度日本建筑业总投资额为24兆7千亿日元，相关住宅的投资达到了15兆7千亿日元，占建筑业总投资额的63.4%。1975年时住宅的投资额占建筑业投资总额的60.4%。在泡沫经济期间，市场的非住宅投资呈两位数增长，住宅投资依然没有什么起色。1990年住宅的投资额比率降低为51.2%。其后，随着泡沫经济的破灭，市场中非住宅投资大幅减少，而住宅投资却保持了平稳过渡。在消费税增长一年前的1996年，为了提前避开消费税的征收，市场需求高涨，住宅投资上升到64.3%。由于市场的提前释放导致第二年市场住宅投资额较前一年下降达19.0%，较非住宅投资的降幅更大。随后随着经济景气的下降市场中建筑投资额逐渐恢复到60%左右。（具体变化见图2.1.2）

政府对新建住宅数量的记录是按照以下四个种类进行统计的。

· 自有产权建房：业主以自己居住为目的建造的住宅。
· 出租住宅：业主为出租房屋而建造的住宅。
· 提供住宅：公司、政府机关、学校租赁给其职员的建筑物。
· 商品住宅：整体或以单元为单位出住为目的而建造的住宅。

2007年度利用社会资金投资建造的新建住宅达到了93万6千户，占同年度新建住宅总数的90.4%。使用**住宅金融支援机构**（旧住宅金融公库）的融资新建的住宅为3万4千户，占全体新建户数的3.3%。

商品住宅中，新建单体型住宅（一栋建筑为一户的住宅）为12万1千户。商品住宅数则占新建住宅总数的43.5%。其中，新建住宅楼达到15万9千户，占住宅总数的56.5%，占有率超过了半数。城市中住宅楼数量多，占有量最大。

从建筑物结构类型上讲，木结构住宅为50万6千户（48.8%）、钢筋混凝土结构住宅为31万户（29.9%）、钢结构住宅20万户（19.3%）。随

用词解释

住宅金融支援机构

住宅金融支援机构是为了替代一直以来直接进行融资的住宅金融公库，它以充分利用融资资金为目标，于2007年4月设置的独立行政法人。该机构主要进行通常由金融机构对住宅工程建设等的融资及相关的借贷债权的受让服务。

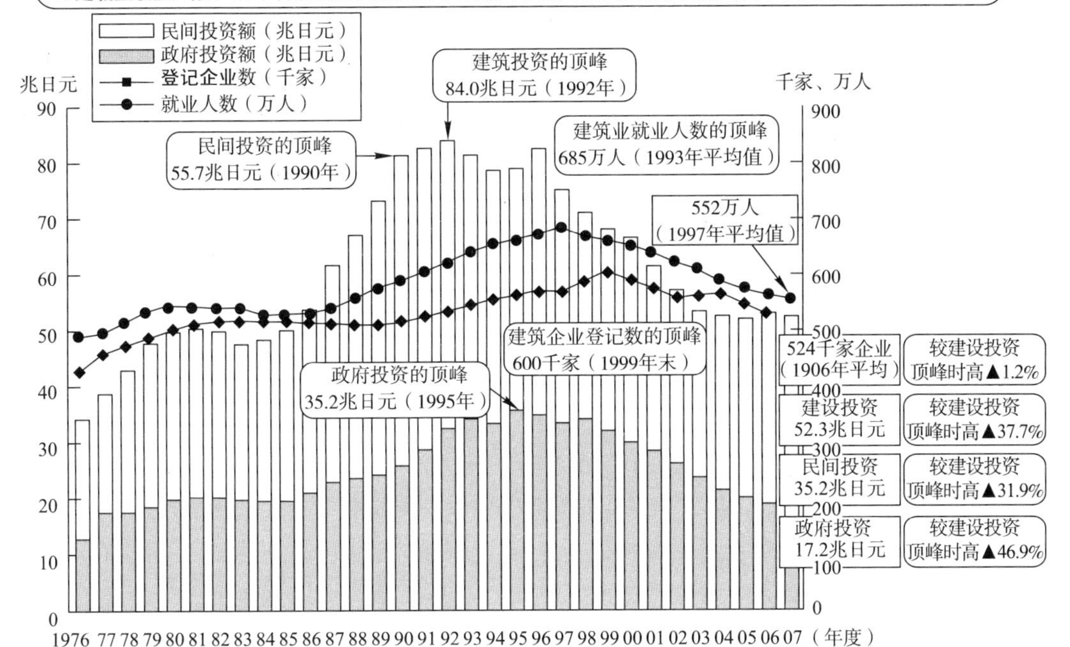

（注）1 投资额为至2004年为止的数据，2005年、2006年为预定，2007年为预计数据。
2 企业登记数为年度末的数据（计算到第二年3月底）
3 就业数为年平均数值
（参考资料）国土交通省《建设投资预测》·《企业登记数量的调查》、总务省《劳动力调查》

图2.1.2 建设投资、企业登记数及就业人数的变化[2-2]

着对房屋防火性能要求的不断提高，木结构住宅年年减少，相反，钢筋混凝土及钢结构住宅的比率在不断提高。

居住人对住房的要求决定了投资的多少，包括居住水平的高低、居住费用的支付能力等。居住要求包括，住房规模及水平、房屋中使用设备的水平、住宅的形式、房屋的造型、房屋的格局、房屋周围的环境、房屋的方便性、房屋的地域性及房屋的血缘性等等。

住宅费用的支付能力，是以居住人的收入及日常生活的支出结构为基础的。支付能力与居住人家族的构成人员、居住人的个人意愿、地区条件等有很大的相关性。从历史上讲，住宅与其所处的社会背景环境相关。随着日本社会经历第二次世界大战前及战后、高度经济成长时期、安定经济成长期等阶段，住宅也发生了显著变化。可以预见今后这个变化还会继续下去。社会经济及历史的变化、发展导致了住宅投资及住宅市场在不同时期的变化。同时，也可以看到这一变化对住宅投资及市场内部的具体影响。为了能够正确地预测住宅投资数量，就必须掌握居住者不断发展提高的居住要求、现存住宅的老化的实际状态及他们的经济条件。

用词解释

登记企业
指根据建设业法，取得规定的建设业资格的企业。

2.1.4 建筑生产的流量及存量

在建筑生产中"流量"是指新建建筑工程项目的建设需求。建筑物通常以建筑面积、住宅通常以住户数量作为主要评价指标。

建筑的**固定资产额**称为"存量"，具有价值的特性，同GDP一样不断增长。近些年来，建筑工程项目的**工程费预定额**已经降低到固定资产额的1/20左右。这意味着，存量有充足的空间需求，而流量的需求却在减少。但是，供给的流量不可能全部积累成为存量。因为存量的物理寿命及其本身的老化，也会产生流量。

在建筑产业中主要与存量相关的工程施工包括维修、保养、改修，其他还包括建筑物的改造、改装、增建及**用途变更**工程的施工。1990年以后，住宅建筑的维修保养工程费用每年2~3兆日元，非住宅建筑每年有4~6兆日元数值的变化。由于新建工程数量不断减少，住宅维修工程额占全体工程额的比率由10%上升到15%，非住宅建筑则由15%上升到30%。总体上看维修保养工程额有明显的不断上涨的趋势。

在不同种类的企业及不同专业领域内，新建工程与维修保养工程数量之间的相互关系有很大的不同。对总承包企业而言，不论是住宅建筑还是非住宅建筑，企业的工程绝大多数是新建工程的施工，而在一些专业承包企业，二者则相差无几，或者稍偏重于维修保养工程。在不同的分项工程中"石材装饰"、"钢结构"分项偏重于新建工程，"涂料"、"防水分项工程"则主要是维修保养工程的施工。"屋面工程"同样是维修保养工程占绝大多数。抹灰分项工程在住宅项目中大多数为新建工程，在非住宅项目中则新建与维修保养工程数量大致相互持平。总体看，这些数量随着它们之间的相互关系在变化着，但维修保养的工程数量有增加的倾向。如果将建筑物小规模的维修保养工程也计算在内的话，可以想象得到，建筑物存量相关的工程数量会大幅增加。

2.2 建设产业及生产组织

2.2.1 建设产业的结构

日本全国就业人员总数6303万人中，建筑业的就业人数为635万人。建筑业中在设计领域就业的人员为59万人。设计又分为土木专业设计及建筑专业设计。建筑行业中建筑工人人数达到了407万人（64.1%）。专业技术人员为63万人（9.9%）。几乎所有的行业都与建筑业有着不同的关系。其中房地产业76万人、能源行业34万人、建筑物服务及物业等110万人。随着就业体系的变化的劳务提供行业为37万人。（建筑产业界关系见图2.1.3）

用词解释

固定资产额
固定资产包括所有的土地、房屋、赠与资产。其房屋包括住宅、店铺、工厂（含发、变电所）、仓库及其他建筑物。税法上所谓的固定资产价值是根据总务大臣规定的固定资产评价标准进行评估后，由市、街道、村长决定并登记在资产课税台账的价值额。

工程费预定额
建筑工程项目所需要的，包括建筑工程及建筑设备（建筑基准法第2条第3条定义）工程费的总和。建筑项目开工数统计是根据建筑基准法第15条第1项的规定，以进行登记的建筑工程项目为对象，通过对工程中建筑物所需的工程预定费用进行的调查所得到的数值。

用途变更（conversion）
通常指对未充分利用的写字楼，经改造施工将其变更为住宅等其他使用功能的建筑物。通过对原有建筑实施修缮或改变外观的施工，从而改变原有建筑物用途的改造工程。

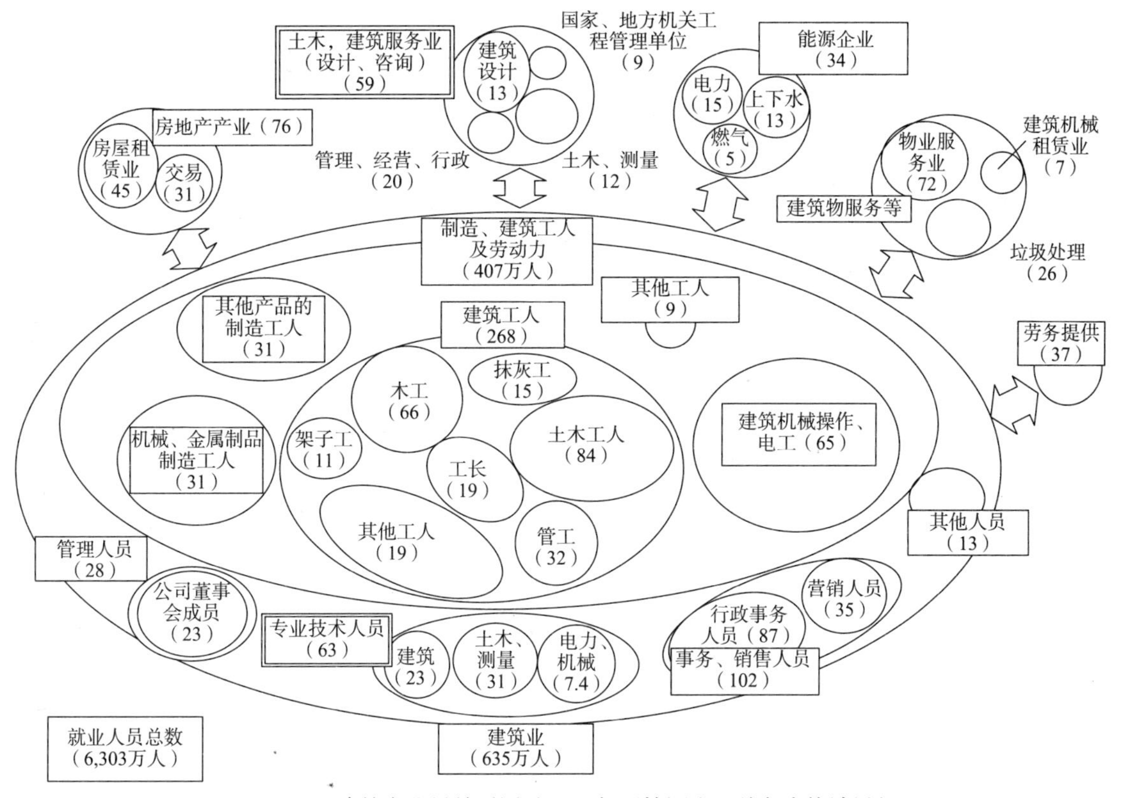

图2.1.3 建筑产业界关系图（2000年国情调查：总务省统计局）

2.2.2 参与建筑行业的主体及其行业、职业范围和相互关系

用词解释

由于建筑行业订单生产的特性，建筑工程项目的建筑生产组织的构建、人员组成是以每个工程项目为单位各自进行的。建筑生产的主体多数是接受非特定的一般市民的订单的专业人士，这些专业技术人士不是为特定的社会群体，而是为社会全体的利益提供相应的专业技术服务。这些专业技术人士（Profession）所具备的专业技术职能具有如下特点。

- 工作的性质具有很强的专业、技术性，但其内在的实质部分是层面的。这些专业技术人士需要理论等各方面知识的学习，还要具有相当的实际工作经验。这些实际工作经验可以通过一定时间的专业训练来养成。
- 这些专业人士除了应该诚实善良地承担提供专业服务的义务外，社会还希望他们应该受到一定的社会道德的约束。
- 这些专业人士通常从属于特定的组织团体，这些专业团体组织制定相应的组织规定来规范他们的行为。同时，对这些专业人士所具有的专业技术职称的标准、取得技术职称所必须进行的相关教育考试、取得技术职称的人士所必须具有的道德及行为准则制定相关的规定。
- 通过相关的考试后，取得相应的技术资格的人士会得到社会的承认。这些有专业技术资格的人士得到社会的尊重，社会地位较高。

因此，在建筑行业设置有各种各样与建筑生产有关的不同资格。

法律上承认的资格

法律上承认的资格是指根据法律规定，国家相关机关或者是受国家委托的相关机构认证的相关专业资格。**例如，施工管理技士、技能士、建筑设备士**、土地及建筑物交易主任、住宅楼物业管理士、施工环境测定士、**技术士**等。另外，劳动安全卫生法规定，专业施工操作人员必须具有相应的技能资格，比如，这些技能资格中就有模板支设及脚手架搭设施工的主任等。

《建筑士法》第23条规定，为挣得报酬而进行设计、工程监理等活动时，其活动的建筑事务所必须按照有关规定进行相关的备案登记。备案登记相关的主要要件是事务所必须具有在职的建筑士。登记时通过审查该公司申报的在职的建筑士的资格，对建筑事务所进行认证。建筑事务所分为：一级建筑士事务所、二级建筑士事务所、木结构建筑士事务所。这些事务所根据其不同的类别等级，被允许从事不同结构类型及规模的建筑物的设计业务。

民间团体审批的资格及登记备案制度

国家或地方行政机关认证的团体、企业、协会等民间组织具有相关资格的审批认证权力。例如，福祉居住环境协调员、骨干技能人、室内设计士、construction manager、建筑预算及钢结构焊缝超声波检查技术者等等。

2.2.3　建设产业的历史

在近代初期的建筑业，建筑工程项目是由建筑业主自己组织设计、施工队伍，工程项目所需的材料及劳动力均通过自己的运作来实施。这种由建筑业主自己实施的工程方式称为**直营方式**。在初期的自营方式中，出现了承包这个交易方式的原型。日本在江户时代初期就出现了专业工人。这一时期，工程的施工均由“总承包人”全部承包，所有的专业工人都要从“总承包人”手中分包自己的工作。初期的总承包人一般是手中掌握资金，具有调动参加工程施工工人能力的商人。随着时间的推移，这种“**整体承包**”方式逐渐地在建筑市场上普及。由于这种承包方式的核心内容仅对建筑业主一方十分有利，因此，直至二战后为解决这一问题，日本整个建筑界都在进行着不断地努力。

明治维新后，西洋风格的建筑也是由自营方式建造的。在这些工程项目的实施中，建筑业主雇用外国技术人员，对工程项目进行总体管理。工程的施工主要依靠直接雇用的各个专业的领班及工人。这种自营方式，经过20年左右的时间转化为总体承包方式。承包行业的形成是由以下几个重要因素促成的。

用词解释

施工管理技士

为了提高整个建筑行业的施工技术水平，对从事建筑工程的技术人员进行技术水平审查，对审查合格人员授予施工管理技士的技术职称。建筑业法27条规定，对相关人员的技术审查需通过日本国家统一考试的方式进行。

技能士

根据职业能力开发促进法的规定，对通过其规定的技能审查标准的人员授予技能士的资格。技能审查是对劳动作业人员所掌握的操作技能，按照日本国家规定的标准进行审查，对合格的人员授予技术士资格的日本国家制度。这个制度是以增强社会劳动人员的技能及提高全社会对工作技能的认识为宗旨制定的。

建筑设备士

建筑设备士是建筑士法中规定的一个技术资格的名称。建筑设备士必须具备全面的与建筑设备相关的知识及技术能力。具有该资格的技术人员能够胜任高水平及复杂的建筑设备设计及工程监理的工作，并能提出符合实际的技术建议及解决方案。

技术士

技术士是指根据技术士法的要求，通过国家的统一考试对达到标准并按照要求进行登记注册的技术人员授予的技术资格。技术士应具有对科学技术的高水平的应用能力，它是国家承认的一种技术资格。

① 封建社会中对职业的选择及企业的活动的限制被解除。

② 社会对建筑的刚性需求的时代的到来。

③ 社会中交易中签订合同的习惯等法律秩序得到了相应的规范。

④ 一部分的木工的带班人、商人、农民等成长为企业家。

⑤ 匠人变为收入薪金的劳动者。

⑥ 农村存在丰富的剩余劳动力。

在这一时期的建筑承包行业中，既有现在通常由木匠及工务店承担的个人住宅工程（称为“町场”），也有现今由总承包企业施工的工业及政府设施工程（称为“野町场”）。随着建筑业的不断发展，总承包企业不断充实了其企业内部的技术及管理能力，对应承包工程所需要的各专业承包企业也不断发展。

另一方面，受过建筑高等教育的人们开设建筑设计事务所，并通过建筑事务所从事专业的建筑设计业务。社会的发展也使主要依赖进口的建筑材料逐渐向国产化迈进。在明治后期，日本开始从外国引进钢结构及钢筋混凝土结构的建筑技术，建筑市场也开始从国内扩张到这一时期的日本殖民地。

1923年9月关东地区发生大地震。日本政府及日本银行及时实施经济救助措施，使得日本经济在地震发生后第2年即出现复苏迹象。东京区域的经济恢复，使得各地方的企业向首都集中。众多工程的实施，同时也促进了建筑业的机械化及抗震结构设计技术的大幅提高。这一时期，美国的建筑技术人员承担了东京火车站前的丸大楼工程的施工。在这个工程的施工中，短暂的工期、美国施工人员的合理的劳动关系、承包合同的合理性等给日本建筑业留下了深刻的印象。日本建筑总承包企业受到这一工程的启发，在随后到来的美国式写字楼的建设时期全面采用了这些先进、合理的施工方式。

日本侵华战争爆发以后，在全体社会的战争体制下，军队、铁路、电力成为军需扩大的最直接的行业。为了应对这三大发包行业，保证承包企业有充足的劳动力等资源，从而确保军需工程的顺利完成，当时创建了“协力会”。在战败前，政府对建筑产业进行了严格的统治，命令解散所有建筑团体，组成统一的“**战时建设团**”。二战后，建筑业持续执行了战时政府的这一政策，建筑业的管理由国家建设省厅及建设业法、各地方都道府县的建筑业协会按照建筑承包业、不同的专业承包工程的分类，公开发布工程项目承包及施工业绩等数据。

在经济高速成长期间，住宅工业化领域形成了新的市场。这一期间，在公共项目工程中，培育并形成了建筑产业界、政府官员、政界相互紧密关联的土壤。另一方面，随着经济的高速增长，产生了以技术工人为中心的劳动力短缺的问题。地方建筑工程中的安全事故频发，出现了噪声污染、地基沉陷、地下水喷发、**缺陷住宅**、无序的开发等社会问

用词解释

直营方式
建筑业主自己承担实施建筑工程项目所需的材料机械采购、劳动力调配并自行完成工程的施工。

整体承包
负责建筑工程施工任务的施工企业，由承揽工程的所有专业的总承包单位和仅承揽其中某个专业（如脚手架、土方、钢筋、抹灰、涂料、内装、电气设备、空调等）的专业承包单位组成。在“整体承包”模式中，总承包企业作为总包方，负责项目整体的综合管理。专业承包企业在总包方的管理下，作为分包直接担任专业工种的施工。

战时建设团
根据1945年3月28日公布的政府令“战时建设团令”组成的团体。战时建设团设有全国战时建设团本部及地方团，其实际活动很少后随二战结束而解散。

缺陷住宅
住宅工程在建设过程中未能满足当时的技术标准。其基础、结构、屋面部分的构造及墙体、地面、顶棚、设备等部分出现了不能全面地保证建筑物使用功能的缺陷问题。

用词解释

预制住宅
建筑物的主要部分，建筑结构主体分部工程采用预制构件进行安装施工建造的住宅工程。

题。20世纪60年代初期，建筑市场上出现了“**预制住宅**”。“预制住宅”产业的出现打破了私人建筑市场一直由“工务店”独占的局面。“住宅产业”翻开了自己发展的历史篇章。

1974年秋季第一次石油危机爆发，建筑产业界也遭受了建筑材料价格上涨及产品缺乏的打击。这一现状一直持续了十年时间。在这十年期间市场建设投资呈负数增长，被称为“建筑业的寒冬”。

在经济发展的泡沫时期，社会对写字楼的旺盛需求导致了建设用地的短缺，最终使地价飞速上涨。建筑施工企业为了更便于工程项目的承揽，采取了诸如自己取得土地、对工程提供债务担保或自行开展休闲产业项目及房地产项目的开发业务来确保承包工程数量。但是，随着泡沫经济的破灭，导致土地价格暴跌。这一结果造成了众多建筑企业深陷沉重的债务和不良资产的泥潭。

◆引用及参考文献◆

2-1)　社団法人日本土木工業協会：Civil Engineering (2008)
2-2)　国土交通白書 (2008)
2-3)　都市住宅学会関西支部日本の住宅産業特別研究委員会：日本の住宅産業の成立と展開に関する研究 (2005)
2-4)　日本コンストラクション・マネジメント協会：CMガイドブック 相模書房 (2004)

第3章　建筑生产的社会背景

3.1　与建筑生产相关的法律法规

建筑生产活动不仅与业主、施工单位有关，还涉及建筑物周边的居民、行人等的人身安全。因此，国家制定了与建筑生产相关的法律、法规。建筑生产按其内容可大致划分为设计前阶段（策划与调查）、设计阶段（设计方案及施工图设计）以及施工阶段（施工及工程监理）。本章将就建筑生产的核心部分，即设计阶段和施工阶段的相关法规进行简要说明。

3.1.1　设计阶段的法律法规

（1）建筑士资格制度（设计资格）

根据建筑士法第3条第3款规定，设计人员在进行一定规模以上的建筑设计时，必须具备相应的建筑士资格。建筑士资格分为一级（结构设计一级和设备设计一级）、二级及木造结构建筑士，各类建筑士只能进行各自对应级别规模的设计。

根据建筑士法第18条第1项规定，建筑士在进行设计时，其设计内容须符合相关的建筑法规标准，同时设计行为必须受到相应法规的制约。

（2）设计法规

建筑基准法针对建筑物的基本要求事项及内容进行法律规定（该法规适用于日本全国范围，对建筑物的结构形式、结构强度、结构计算、配套设备等进行规定，以确保建筑物的安全性能及防火、避难要求等性能）。建筑基准法还配合城市规划法等法规，从土地规划角度对建筑物设计进行强制规定。

（3）建筑设计审核制度

设计方案完成后，业主必须根据建筑基准法向**建筑主事**或者**指定检查机构**提出审核申请，审核合格后方能领取设计方案审核合格证（相关规定详见建筑基准法第6条，第2项）。

3.1.2　施工阶段的法律法规

（1）工程监理制度

根据建筑基准法第5条第4款第4项规定，对于一定规模以上的建筑工程项目，业主必须选定工程监理人员，对项目实施工程监理。

用词解释

建筑主事
日本都、道、府、县或市、区、村政府部门中负责建筑管理事务的人员（建筑基准法4条）。

指定检查机构
建筑主事以外，由国土交通大臣或都、道、府、县的知事任命专门进行建筑施工监督检查及竣工验收检查的部门。

用词解释

工程监理人员主要负责检查、确认施工内容是否符合设计图纸的要求（详见建筑士法第2条第7项）。工程监理人员必须由具备建筑士资格的技术人员来担任。

（2）与设计相关的其他法规

依据下列相关法规规定，建筑工程项目中出现如下任意一种情况，禁止进行施工。

① 建筑基准法第5条第4款第1项：设计人员不具备建筑士资格。

② 建筑基准法第5条第4款第2项、第3项：对于有特殊要求的建筑工程项目，未按法规要求由具备结构设计一级建筑士资格或设备设计一级建筑士资格的设计人员担任；或者设计完成后未进行设计审核。

③ 建筑基准法第6条第14项：未取得设计审核合格证。

④ 建筑基准法第5条第4款第5项：未选定工程监理。

（3）检查制度

〔中间检查〕

根据建筑基准法第7条第3款第1项及第6项规定，在施工过程中必须实施中间检查及验收。检查验收合格后，由检查部门发放中间检查合格证，施工单位未取得中间检查合格证者不得进行下一步工序施工。

〔竣工检查〕

根据建筑基准法第7条第2款规定，工程完工后，业主须向**建筑主事**或**指定检查机构**提交竣工检查申请。建筑物必须在检查合格并取得验收合格证后，方可正式投入使用。工程竣工检查的主要目的在于核实该建筑物是否满足建筑基准法规定的内容。此外，工程施工合同所要求的目标质量等级不作为竣工检查标准。

根据建筑基准法第9条第1项、第7项、第10项规定，检查部门在工程施工过程中如发现有违规行为，可采取发布整改命令、紧急指示、紧急停工令等整治措施。

（4）建筑行业许可制度（针对建筑企业采取的行政法规）

根据建设业法第3条规定，原则上要求施工单位在承揽工程时，必须持有建筑行业许可证。经营能力、技术能力及诚信度等是评定建筑企业是否可以取得建筑行业许可证的标准。（详见建设业法第7条、第15条）

建设业法第26条中还规定建筑企业在施工时，现场必须配置**主任技术者、监理技术者**等相应工程技术人员。

主任技术者、监理技术者　为保证工程的顺利进行，在施工现场设置主任技术者及监理技术者，主要负责工程进度、质量管理等技术管理并在技术方面进行指导、监督（业法第26条第3项）。一般总包单位设置监理技术者。

3.1.3　其他相关的法律法规

除上述各项法规外，建筑生产法规还包括与城市规划相关的城市规划法、土地分区整理法、城市开发法等；确保住宅及公用建筑质量的住宅基地建造法；以及与建设资源再利用有关的建设再生法、劳动卫生法等各项法规。

3.2 建筑工程合同关系

除了3.1节中介绍的各项法规之外，建筑工程合同是制约建筑生产活动的另一重要手段。按参与建筑工程的主体关系，建筑工程合同主要分为以下4种类型。

3.2.1 工程设计合同（业主与设计单位之间的合同）

（1）设计合同生效

根据日本**民法**，工程设计合同（即业主同设计单位就设计事宜签订的合同），不必通过书面形式即可生效。但是，根据建筑士法第24条第7款及第8款规定，在签订工程设计合同前必须就设计关联的重要事项进行必要的相关说明，工程设计合同后须提供记载相应说明事项的书面文件。

（2）工程设计合同的法律性质

根据日本民法第656条及第632条规定，工程设计合同应归类于**准委托合同**（民法）或**承包合同**。两种合同类型的差别在于，如果将工程设计合同定为准委托合同，设计人员应承担过失责任（故意或过失责任）；如果将设计合同按承包合同进行判断，设计人员须承担无过失责任。关于设计合同的属性问题，还须在法律方面进一步探讨。编者倾向于将设计合同归纳于委托合同范畴。

根据日本民法656条、643条规定，**委托合同**是指当事人（委托设计业务的委托方）将非法律行为的任务委托给设计单位，设计单位接受委托并承诺履行义务而生效的合同。本书中将把设计合同按委托合同进行说明。

（3）设计单位的法律义务

（a）善管注意义务

将工程设计合同按委托合同进行分析。根据民法第644条规定，设计单位在履行合同时，首先必须履行以诚信为前提的注意义务（称为善管注意义务），即要求设计人员具备高度的责任心（对具备技术能力设计人员的一般要求）。一般根据设计内容的不同，善管注意义务的具体规定也各不相同。

（b）说明义务

根据建筑士法第18条第2项，建筑士在进行设计时，须将设计内容向设计委托方进行适当的说明。上述说明行为是设计人员必须履行的义务。

用词解释

民法
为确定国民权利及义务关系而制定的法律。

准委托合同
当事人将业务委托给对方，对方承诺接受委托，委托合约即成立。被委托人承担相应的善管注意等义务，其法律效应等同于委托合同。

委托合同
当事人通过法律形式（例如签订合同等）将业务委托给对方，对方承诺接受委托合同生效。

承包合同
当事人双方约定一方完成一定的工作，另一方根据工作完成情况支付酬金而签订的合同。承包人承担完成工作的义务，并对工作质量负有担保责任。

用词解释

瑕疵
承包人完成的工作结果出现违反合同内容或未达到完成物所应具备的正常性质、状态。

不履行债务
由于债务人故意或过失而不履行应偿还债务行为，所应承担的损害赔偿责任。

（c）对完工建筑的瑕疵承担的责任

当完工工程出现**瑕疵**时，一般是首先追及施工单位所应承担的担保责任。但根据民法第636条规定，由于违反善管注意义务，发生设计失误而造成的工程瑕疵，以及由此发生的**不履行债务**责任等由设计单位承担，不追及施工单位的责任。

（4）业主义务

（a）支付设计报酬义务

业主对设计单位有支付设计报酬的义务。合同中如对报酬金额、支付日期等有具体规定，则按规定执行；如在合同中未做规定，则应在设计任务结束后，按合理的报酬金额进行支付。

（b）协助设计义务

业主可以要求设计单位将自己的意愿、要求反映到设计内容中。但对所提出要求的整合性、合理性及实现方式等，业主有义务听从设计单位的意见或建议，并配合设计单位对设计内容进行合理的调整，协助设计单位顺利完成设计任务。

3.2.2　工程监理合同（业主与工程监理单位之间的合同）

（1）工程监理

建筑士法第2条第7项对工程监理的解释：工程监理人员依据业主提供的设计文件，检查、确认工程是否符合设计文件所规定的内容，并承担相应的责任。工程的整个监督过程称为工程监理。工程监理人员在检查、确认工程内容时要根据工程特点，采取合理、适当的监理方法。

根据建筑士法第18条第3项规定，工程监理人员在检查过程中如发现工程违反设计要求时，应当立即向施工单位提出整改要求。如施工单位拒绝执行，工程监理可以向业主报告。建筑士法第20条第3项规定在工程结束后，工程监理单位应以书面形式向业主进行工程结果汇报。

除上述内容外，业主一般还会向工程监理单位委托其他业务，习惯上将所委托的全部业务统称为“监理业务”。

（2）工程监理合同的成立

根据日本民法规定，只要业主和工程监理单位双方同意（明示或默许），无须签订工程监理合同（工程监理及其他业务合同），即可进行工程监理活动。但根据建筑士法第24条第7项及第8项规定，在工程监理合同生效前，业主和工程监理单位需履行重要事项说明义务；合同生效后需履行书面交付义务。

（3）工程监理合同的法律特性及善管注意义务

根据日本民法规定，工程监理合同属于相当委托合同。因此，工程监理人员同设计人员一样，也要承担相应的善管注意义务，即要求工程监理人员作为专业技术人员必须具备高度的专业水准及工作责任心。

用词解释

(4)业主的义务

根据日本民法第648条规定，对于委托工程监理的业主，业主有向工程监理支付报酬的义务。合同中如对报酬金额、支付日期等有明确规定，则按规定执行；如在合同中未确定，则应在监理任务结束后，按合理的报酬金额进行支付。

3.2.3 工程承包合同（业主与施工单位之间的合同）

(1)工程承包合同的成立

根据日本民法规定，如业主和施工单位双方达成共识（明示或默认），无须通过书面形式，工程承包合同即可成立。但根据建设业法第19条第1项的规定，在缔结工程承包合同时，业主和施工单位双方必须相互交付有关工程说明事项的书面资料。

(2)工程承包合同的法律性质

根据日本民法第632条规定，工程承包合同属于承包合同。工程承包合同的定义为：发包单位与承包单位签订的工程承包合同。根据承包合同，承包方（施工单位）承诺完成一定的工作内容（按设计文件完成建筑物施工），发包方（业主）根据工作内容的完成情况向承包方支付相应的工作报酬。

(3)施工单位的义务

(a)完成及交付建筑物义务

根据日本民法规定，为完成施工任务，允许承包单位再进行劳务分包等2次发包。但根据建设业法第22条，原则上不允许工程转包。

承包单位完成施工任务后，须履行向业主交付建筑物的义务。

(b)瑕疵担保责任

工程竣工后，如果建筑物出现瑕疵，施工单位应对瑕疵承担担保责任。所谓瑕疵是指“完成建筑物与合同规定的内容或设计文件中记载的内容出现差异；或者未达到建筑物应有的性质、状态等”。工程施工过程中如发生违反建筑基准法行为等也列入瑕疵范畴。

根据民法第634条及第636条规定，由于施工单位造成的瑕疵，施工单位要履行修缮义务并赔偿相应损失。由于业主提供的材料或按照业主指示造成的瑕疵，施工单位不予承担责任。但是，如果施工单位悉知业主提供的材料不合格或业主提出的指示不正确，而未提出异议，在此情况下造成的施工瑕疵仍由施工单位承担责任。

(c)瑕疵担保责任的期限

根据民法第638条，瑕疵担保责任的期限如下：竣工交付后，木结构建筑5年、钢结构建筑10年、混凝土结构建筑10年、钢混结构10年。另外，根据住宅质量保证法第94条，对于适用于住宅质量保证法范畴的新建住宅（包括木结构建筑），其主体结构及有防水要求部位的

用词解释

瑕疵担保责任期限为10年，如合同的特殊条款与此规定有冲突时，按此规定执行。

（4）业主的义务

业主应根据合同，在规定的时间内向施工单位支付相应的工程款。如在合同中未作明确规定，根据**民法**第633条规定，应在工程竣工移交时，按合理的报酬金额进行支付。在实际工程操作中，多采取业主和施工单位签订多次支付协议的方式。

3.2.4　著作权

著作人对自己创作的著作物享有著作权。著作权分为广义的著作权和狭义的著作权。广义的著作权除了狭义的著作权以外，还包括著作人的人权。

（1）著作物

根据著作权法第2条第1项第1号规定，著作物是指能够表达思想、情感的文学、美术、音乐、学术研究等作品。建筑物作为建筑艺术列入建筑著作的对象范畴。但是，并非所有的建筑物都可成为著作物。此外，根据著作权法第10条第1项第6号规定，建筑设计图为有学术性质的图纸。其他，如设计方案、施工图等与建筑生产有关的资料也可列入著作物的范畴。

（2）著作权（狭义）

在狭义的著作权中包括复制权。根据著作权法第2条第1项第15号规定，复制是指通过印刷、拍照、复印、录音、摄像等方法进行有形的再生手段。依据建筑图纸完成建筑物的行为，也可称为是复制建筑著作。

著作权所有者享有复制专属权（详见著作权法第21条），并可以转让该权利（著作权法第61条第1项）。

（3）著作人人格权

根据著作权法第18条、第19条及第20条的规定，著作人享有著作物的公开权，署名权、变更权。上述3种权利统称为著作人格权。

著作权法第59条规定著作人一生享有著作人格权，该权利不得转让。

3.3　与建筑生产相关的规范标准

为保证建筑生产的顺利进行，除了上述法律、法规以外，还制定了具体的规范、规则及标准文件等。以下就与建筑生产有关的标准文件进行简要说明。

3.3.1　工程合同条款及标准

（1）工程合同及合同条款

建筑生产的主体关系一般分为三种情况，即业主同设计单位、业主同总包单位、总包单位与分包单位之间的业务关系，根据业务关系签订相应的设计合同、承包合同等。各方根据合同提供服务。在签订上述合同时，除了3.2所述的法定责任、义务以外，合同双方一般还采取书面形式签订协议及追加附加条件等。

签订合同时双方互换的合同文件一般包括合同书、规格明细、工程标准、设计文件等。合同书中包括合同抬头部分和合同条款部分。抬头部分主要包括合同名称、合同执行地点、合同金额及工期等。合同条款部分主要记述业务的开展方法、合同变更的条件、解除合同以及指示、检查等合同双方的作用、权利、责任等具体内容。对于建筑工程，本该根据工程的特点，制定相应的专项合同条款，但目前为便于操作，工程施工承包合同、建筑设计与监理委托合同等，一般采用标准的合同文本及合同标准条款。

（2）设计与工程监理合同条款

工程设计合同及工程监理合同通常采用由**建筑设计相关专门团体四团体**联合编制的《四会联合协定建筑设计·监理业务委托合同书·（同）委托合同条款·同业务委托书》标准合同条款。

（3）建筑工程合同条款

中央建设业审议会建议在签订建筑工程合同时使用以下两种标准合同:《公用建筑工程标准承包合同条款》及《民用建筑工程标准承包合同条款（甲·乙）》。《公用建筑工程标准承包合同条款》主要适用于国家投资的公用土木及建筑工程。民用建筑工程一般采用由建筑设计及建筑工程专门团体联合编制的**《民用（旧四会）联合协定工程承包合同条款》**。

（4）其他合同条款

除了上述合同条款以外，还有针对设计施工一体承包方式的设计施工合同条款及专门用于概预算业务、建筑管理咨询业务等多种形式的合同条款。

在拟订上述合同时，部分合同条款参考了国外的建筑设计、工程施工、管理方面的内容。如美国建筑师协会（AIA）、建筑业协会（AGC）、英国的（JCT）等企业团体编制发行的标准合同条款等。

3.3.2 技术标准

建筑生产是多种技术、材料相互组合的综合过程。该过程中可以重复使用或参考已经成熟的技术及资源，并将该技术或资源转化为技术标准，在设计、生产、流通、施工中进行推广，从而提高建筑生产的合理性。

（1）国家规格及其他规格

技术标准分为国家标准、行业标准、学术标准、社会团体标准及企业内部标准等。国家标准又分为日本工业规格（JIS）及日本农林规格（JAS）标准等。社会团体标准则根据标准的内容由相应的社会团体负责

用词解释

建筑设计相关专门团体四团体

日本建筑士会联合会、日本建筑士事务所协会联合会、日本建筑家协会、建筑业协会等4家社会团体。

中央建设业审议会

根据建设业法第34条设置的国家级别审议会，负责处理相关法规事项、制定建设工程标准合同条款、招投标资格相关的标准，并对合同执行进行解释。

民间（旧四会）联合协定工程承包合同条款

鉴于建筑工程多为民间投资项目，建筑工程相关社会团体联合制定的标准承包合同。该合同最初制定于大正12年（1923），昭和26年（1951）日本建筑学会、日本建筑协会、日本建筑士会、全国建设业协会等4家社会团体制定了4会联合协定工程承包合同，当时采用的合同条款同中央建设业审议会制定的民间建设工程标准承包合同条款。后来结合民间工程的实际情况，进行了多次修订。加入协会数量及协会名称也发生了变化，现在由日本建筑学会、全国建设业协会、建筑业协会、日本建筑士会联合会、日本建筑士事务所协会联合会等7家社会团体构成委员会负责合同的修订。

AIA

The American Institute of Architects:

美国1857年设立的建筑专业团体。目的在于提高建筑行业人员的资质水平，

编制。例如，建筑材料标准由制造业团体进行编制；结构计算规则、建筑设计通则由日本建筑学会组织进行编制。

（2）按技术标准内容分类

与建筑生产密切相关的技术标准，按其内容可作如下分类：

产品规格是指钢材、商品混凝土、涂料等建筑产品的尺寸、性能，制造与管理方法、规格标识等方面的标准。

试验规格是指为测定材料的强度、耐水性能、隔声性能等特性而采取的方法、仪器、试验条件等方面的标准。

操作标准是指设计、加工、施工、检查等各项工作的顺序、方法，操作人员的资格等方面的标准。根据用途操作标准可分成设计标准和设计规范、施工标准等。

也可将多项规格与标准进行组合，形成新的规格标准。例如：复合吊顶工程标准，是由吊顶材料、吊顶设计及吊顶施工等多项规格与标准构成的。

近年来，为满足质量、环保等方面的要求，进一步完善了规范标准的内容和格式，制定了诸如ISO9000系列的国际统一规格标准。

建筑工程标准主要分为国土交通省主编的公共建筑工程标准及日本建筑学会编制的建筑工程标准（JASS）等两种主要标准。另外，各建筑工程还可根据本工程特性采取工程标准附加特别条件、特殊标准等方法使所采用的标准更加合理化。

（3）技术标准的国际接轨

为推动产品及技术的国际化发展，各国的技术标准呈现融合贯通、相互渗透的趋势。其中国际标准化组织（ISO）制定的国际统一规格标准可视为最具代表性和影响力的举措。此外，欧盟（EU）统一自身区域的标准，制定了欧洲标准规格（EN），其推广程度已有赶超ISO规格的趋势。

3.4　专业技术人员的业务及相关制度

为保证建筑生产的顺利进行，要求涉及建筑生产的各种专业人员及技术人员具有一定的知识、实践经验、责任心和伦理观念，并强制要求部分专业人员具备相应的执业资格。以下就建筑专业人员的资格制度、伦理观念及系统优化等进行简要说明。

3.4.1　与建筑生产相关的专业技术人员及其业务

从事建筑生产活动的人员必须具有一定的专业知识或技能。因此，建筑法规对建筑生产的从业人员也作了相关规定。建筑基准法及建筑士法，对设计人员及工程监理人员有相关的强制要求。3.1.2所述“工程监理”是指监理人员依据业主提供的设计资料，检查、确认工程施工是

用词解释

制定与建筑相关的合同标准，如业主与施工方，业主与设计方的标准合同条款等。

AGC

The Associated General Contractors of America:

美国1918年设立的资历最老、规模最大的全国性建设业组织。

JCT

Joint Contracts Tribunal:

1931年由英国建筑家协会RIBA和全国建筑工程承发包联盟NFBTE联合组建，制定了建筑业多种标准合同文本及指导性文件。1944年接受Building the Team的建议，咨询技术者协会ACE、英国不动产联盟BPF、建设联盟CC、地方政府协会LGA、全国专业工程评议会NSCC、英国建筑家协会、公认技术者协会RICS、苏格兰建筑合同委员会等8家社会团体在出版物的审查及认可上达成协议，成为横跨建筑界的联合组织。

JIS

Japanese Industrial Standards:

关于矿业产品及建筑产品的日本国家标准规格。根据工业标准化法，由经济产业大臣、国土交通大臣等主要产业大臣负责，经过日本工业标准调查会JISC审议制定。

JAS

Japanese Agricultural Standard:

关于加工食品、木质建材等的日本国家标准规格。根据农林物质标准化及质量标识等相关法律，由农

否符合设计文件所规定的内容，并承担相应的责任。除了小型建筑物以外，设计和监理工作必须由具备建筑士资格的人员担任。并要求施工单位必须配备相当数量的专业人员，施工岗位必须配备相应的专业人员。建设业法要求二级施工单位必须配置专任技术人员，建设业法规定施工现场必须配置“主任技术人员”或“监理技术人员”。“主任技术人员”或“监理技术人员”主要负责编制工程施工组织设计，进行工程质量管理、工程进度管理等技术管理及监督。

除了上述法律规定的人员以外，根据不同工程项目的需求，施工现场往往还配备工程造价专业人员、施工管理经理（CMr）、各类技术咨询专业人员等。

在国外，根据各国建筑生产的特性，设计人员、各类工程师、工料测量师（QS）、CMr、PMr等专业人员的种类均在逐渐增加。

3.4.2 专业人员的资格及相关制度

（1）法律规定的专业资格

从事建筑生产的专业人员资格，是指专业人员必须具备一定的专业知识、工作经验，并通过考试、实务操作或技术考核等形式进行评定。

以建筑士执业资格为例，除了小型工程项目以外，一般在进行建筑设计及工程监理时，须根据工程项目的规模、构造形式，由相应的一级建筑士、二级建筑士或木结构建筑士来担任设计、监理工作。为取得建筑士资格，申请人员必须满足规定要求的学历和实践经验条件。取得建筑士执业资格考试合格证书的人员，必须向国土交通大臣或都道府县知事申请并注册后方可进行建筑士执业活动。目前，一级建筑士执业考试由国土交通大臣负责；二级建筑士及木结构建筑士执业考试由都道府县知事负责；指定建筑技术教育普及中心执行具体考务工作。

为提高结构设计及设备工程设计人员的技术水平，2006年建筑士法进行了修订，增加了结构设计一级建筑士、设备设计一级建筑士两种新的设计执业资格。

另外，还有一类被称为建筑设备士的专业人员。该类人员主要协助建筑士进行建筑设备设计及工程监理，对建筑士的工作提出意见和建议。建筑设备士虽未被列入法定的资格范围内，但建筑设备士在建筑生产中所起到的作用越来越被建筑业界认可。建筑设备士资格考试由建筑技术教育普及中心负责相应的考务工作。

主任技术人员及监理技术人员必须由具有建筑士、技术士等资格的专业人员担任。要求该类技术人员具备一定的实务经验，并通过相应的专业考试，如土木施工管理技士、建筑施工管理技士等各类技术检定考试。

（2）其他资格制度

随着建筑生产的发展，施工技术的复杂程度不断提高，对建筑生产

用词解释

林水产大臣负责，农林物质规格调查会审议制定。

JASS

Japanese Architectural Standard Specification:

日本建筑学会主持编辑、发行的建筑工程标准规格书。

ISO

International Organization for Standardization:

除电气产业以外的工业国际标准组织，制定发布ISO9001等国际认证标准。日本工业标准调查会JISC加入该组织。

EU

European Union:

欧洲经济共同体EEC的前身，1993年根据马斯垂克条约，建立欧盟。各加盟国家通过调整法规、制定欧洲统一规格EN等，以达到欧洲市场的相互统合。

EN

European Norm:

由欧洲各国标准化组织构成的欧洲标准化委员会CEN及欧洲电气标准化委员会CENELEC共同发行的欧洲规格。各加盟国家需要根据EN来调整本国的规格，EN作为统一欧洲流通市场的手段，各种关联的欧洲规格也须按照调整规格进行协调，各国的法规也明确要求只能接受符合调整规格的产品。

CMr、PMr

Construction Manager:

为同建筑管理CM（Construction management）区分开来，在CM后加上字母R。CMr与PMr（Project Manager）之间没有明确的区别，

的经济性要求也愈发严格。因此，在建筑生产各阶段中出现了各种提供专业服务的单位或社会团体。如何评定以上单位、团体及个人的技术水平、信任程度尤为重要，为此，相继产生了各种资格认定及企业认证专门机构，并出台了相关的资格评定制度。如由第三方单位根据不同专业实施的考试、合格人员注册制度；由专业团体对专业实务及能力的评价认定的制度等。具有代表性的有建筑技术教育普及中心制定的Interior Planner资格制度、日本建筑预算协会制定的建筑预算资格人员制度、日本建筑结构技术者协会制定的建筑结构士制度等。

（3）专业人员的教育及培训制度

为保证专业人员的业务水平，让专业人员及时掌握新技术、新知识及新的法律法规，必须加强专业人员在技能、知识方面的继续教育。以建筑士为例，须接受以下的继续教育及培训。

建筑士法明确规定建筑士须不断提高自身的设计及工程监理方面的知识技能。新建筑士法修订之前，是由国土交通大臣或都道府县知事负责组织，日本建筑士会联合会等部门负责实施继续教育。2006年新建筑士法实行后，就职于设计单位的建筑士、结构设计一级建筑士及设备设计一级建筑士必须定期接受指定教育机构的继续教育。

另外，为配合执行国家规定的继续教育制度，日本建筑士会联合会等专业团体还设置了继续职能教育（CPD）课程，专业人员可自发接受继续教育。下一章第（2）小节中叙述的建筑概预算资格等非国家法定资格，也有配套的CPD课程，供专业人员提高自身的技能水平。

3.4.3　专业人员的伦理及规范

以上章节明确了从事建筑生产的专业人员应当具备一定的知识、技术及经验并持有相应的执业资格。但对于社会上普通的非专业人士往往很难判断上述专业人员的实际水平，也难以评价上述人员的工作完成情况。因此，对于专业人员的行为制约，不仅局限于特定的组织或个人范围。专业人员应当自觉地接受社会客观公正的评价，要求专业人员在执业时必须具有高度的社会责任感，以实现其应有的社会价值。

工程专业人员应依据工程合同规定，遵守合同约定的内容，并以诚信态度履行相应的义务。这也是对专业人员责任心的基本要求。

专业人员在执业过程中经常会出现以下两种情况，一种是专业人员行为与业主要求、另一种是专业人员行为和社会规范发生矛盾时，如何应对矛盾，是对专业人员伦理道德水平的考验。

各专业团体根据本专业实际情况制定了相应的伦理规定及纲领，专业人员加入该团体的前提是同意接受规定及纲领的约束。如发生违反规定及纲领的行为，一般需接受警告、除名等处罚以保证专业人员的执业道德水准。

用词解释

专门从事建筑工程中全部或部分过程的计划及管理工作。

QS

Quantity Surveyor：

直译为数量调查士。现在，英国系建设项目中，QS主要从事工程合同管理、工程造价管理、工程监理等。

Interior Planner

具有建筑规划、设计、工程监理等专门知识·技术的专业人员。由国土交通省所属的建筑技术教育普及中心负责该专业资格的试验和注册。

CPD

Continuing Professional Development:

为保证、提高专业人员的开发能力、钻研能力而设置的继续教育系统。

3.4.4 专业人员的相关团体

为加强专业人员的相互学习和交流，在建筑行业内，不同的专业都成立了各自的专业团体，具有代表性的建筑团体有：各都道府县建筑士会及日本建筑士会联合会、全日本建筑士会、日本建筑家协会、日本建筑结构技术者协会、建筑士事务所协会、日本建筑士事务所协会联合会等。

上述各专业团体是依据2006年颁布的新建筑士法组建的社会团体。建筑士会联合会负责对建筑士进行建筑技术与技能的培训。建筑士事务所协会及联合会负责建筑士事务所的运营知识等方面以及建筑士设计技能方面的培训。

3.4.5 保险与担保

与业主签订业务委托合同的专业人员，如出现工作失误，须对失误而导致的损失进行赔偿。为保证履行赔偿责任时所需要的经济实力，金融保险机构专门设置了专业人员赔偿责任**保险**。欧美国家十分重视专业人员的责任保险，如设计人员未加入专业人员赔偿责任保险，将无法承揽设计业务。日本也设有设计人员赔偿责任保险项目，比较常见的保险形式是专业团体与保险公司签订的团体保险，由专业团体为其会员提供责任赔偿服务。

对于建筑工程承包合同，为防止承包单位不履行合同，一般会要求承包单位为**保证完成**工程而提供担保。如承包单位不按合同履行义务，相应赔偿则由工程担保人、担保机构或保险公司来承担。

另外，还有一种是为**保证履行**承包合同而进行的经济担保。要求承包单位提供有价证券、银行**保证**、**担保**（保证证券）等作为担保物。

根据住宅质量保证法，住宅竣工及交易后10年内，房地产开发商和施工单位须共同对住宅质量承担责任。为确保履行该责任，2009年实施住宅质量担保法，明确规定施工单位及房地产开发商，必须支付质量保证金或与业主签订质量担保合同。

◆引用及参考文献◆

3-1）大森文彦著：建築工事の瑕疵責任入門（新版） 大成出版（2007）
3-2）大森文彦著：建築士の法的責任と注意義務 新日本法規（2007）
3-3）大森文彦著：建築工事の瑕疵責任入門（新版）新日本法規
3-4）大森文彦著：建築の著作権入門 大成出版（2006）
3-5）建築業協会編：BCS 設計施工契約約款 建築業協会（2001）
3-6）日本 CM 協会編：CM 業務委託契約約款・業務委託書日本 CM 協会（2007）
3-7）古阪秀三総編集：建築生産ハンドブック 朝倉書店（2007）

用词解释

保险
保险是指投保人通过向保险人支付保险费，来获得由于疾病、交通事故、其他突发事故等而造成的财产上的损失。建筑业主要有火灾保险、地震保险等损害保险及针对建筑组织、人员而设定的建筑专业人员责任保险、瑕疵保证责任保险等。

保证、保证完成、保证履行
根据用语的书面意思可以理解为：人格保证（Assurance）、质量保证及由债权人有义务履行债务（Guarantee/Warranty）两个方面。与建筑工程关系密切的保证：是当建筑物完工后发生瑕疵时而产生的维修、损害赔偿保证。防止承包单位在施工过程中破产而导致无法完工的完工保证、履行保证等。另外还有签订工程承包合同及招投标阶段而设置的保险、保证等。

担保（Bond）
证券、债券的总称。建筑产业中多指与工程保证有关，由金融机构或保险单位发行的保证证券、保单，包括履行保证、投标保证等。

第4章　建筑生产体系及流程

4.1　建筑生产体系及其构成要素

4.1.1　建筑生产体系的构成

我们首先要了解在建筑的具体生产过程中，建筑物的局部或整体使用什么材料和构件进行组装。更重要的是要理解建筑物的设计、施工及各个程序中的具体实施者及所需要的技术，以及所有这些要素是如何协调组合并运行的。

因此，建筑生产体系首先要明确作为生产体系的最终成果的建筑物的目的及其建造内容。即“建造什么样的建筑（What to build）”和建造该建筑所需要的手段及方法即“如何建造（How to build）”。为保证在这两个方面的生产行为能够合理地运行推进，就要成立在建筑构成要素、生产流程、生产技术及生产组织等方面能够有机地协调运行的生产机能管理体系。

从物理角度来看，建筑物由三种要素构成。这些要素是混凝土、钢筋、玻璃等材料及钢结构构件、门窗、**外装PC**幕墙及整体浴室等底层要素。为满足结构及环境等机能的柱、梁、地面、顶棚部位及房间等中间要素。包括结构构架、设备系统、空间构成等在内的上层要素。这些构成要素的局部或整体又以楼层的形式存在于建筑物中。

建筑生产流程也就是建筑物的整体生涯。它是按照项目策划、计划、设计、调配、施工、运营、维护管理、**改修、再生**以及拆除等顺序进行连续的生产活动。

生产技术包括设计技术及施工技术。设计技术是以实现建筑的目的、内容及构成为目标。施工技术则是为保证建筑达到确定的形状及质量标准下，采取最适宜的施工方法及手段。在建筑完成后，还包括为了对建筑物的性能及质量进行维护的维护管理技术及确定使用建筑的目的和方法的项目策划技术。

生产组织既包括直接参与建筑生产的设计单位、施工者及制造者等主体，还包括对建筑提出具体要求，建成后直接使用的建筑业主、推进项目进行的开发及策划者以及负责建筑运营、维护管理的相关管理者。

如上所述，建筑生产体系包含多种多样的构成要素。为了构建这些要素之间合理的协调关系必须制定相应的规范，各个构成要素还要具有合理的运行形态。

用词解释

外装PC

在建筑物的外装饰中，使用的预制混凝土板。也称为外装PC幕墙。

改修

建筑物经多年使用，产生耐久性低下等物理性老化问题。节能技术的进步使节能规范升级，导致建筑物不能满足新标准。在这种情况下，将建筑物性能恢复到标准所要求的水平或按要求提高到满足将来标准的水平的施工称之为改修。在具体施工中，对原有建筑物的形状及组成不做大的更改，仅对部分原有材料、构件等进行更换施工。

再生

再生是指通常经维修施工不能继续使用的建筑物，经大规模的改修施工使之恢复使用功能。

这其中又分为，恢复原状、扩大规模、缩小规模、变更用途与功能的施工方法，还有拆除原有无法使用的局部部分建造新的建筑物的方式。

用词解释

社会责任（CSR）
追求更高的利润是企业的根本经营原则。同时企业在遵守法律，尊重社会伦理道德，重视对社会的贡献及自觉采取保护环境的措施方面必须承担相应的社会责任。否则，企业在社会上就会被孤立，其本身也可能无法继续生存的原则。

（1）与建筑生产体系相关的规范

与建筑生产活动相关的有社会方面的、技术方面的及手续方面的规范。

社会方面的规范包括:《建筑士法》、《建筑业法》、《民法》等法律体系。同时还有得到产业界共识并共同制定的企业经营理念的规范，如企业的**社会责任**（CSR、Corporate Social Responsibility）。

技术规范包括《城市规划法》、《建筑基准法》、相关施行令、施行规则及告示等法律体系。另外还有，国际规格（ISO）、日本工业规格（JIS）、日本农林规格（JAS）等国际、国家标准、协会、学会、专业企业团体、发包企业团体等团体标准、一些企业的公司技术标准、规则。这些技术规范在确定建筑的内容、构成及其完成的手段方法时进行管理上的制约。

手续上的规范包括，建筑及建筑工程项目的完工履行保证书、质量保证书、性能保证书等相关合同及承包合同等。这些都是建筑生产中决定相关的各个主体之间的责任义务的规范。

（2）建筑生产体系的形态

建筑生产体系的形态分为开放系统和封闭系统。

建筑是由材料、构件通过建筑生产而组成的。开放系统形成的前提是通过市场调配资金、机械设备、材料及劳务。而它们是建筑生产中实现设计技术、制造技术与施工技术等生产技术或生产行为的手段。这些构成要素在符合社会规范和技术规范的同时，其相互关系也得到了适当的定义。在这个体系中，包含有多样生产主体的子系统、技术及流程。一般我们将建筑总承包企业的生产体系看作是开放系统。

在封闭系统中，建筑生产所拥有的生产手段及方法与建筑的构成要素之间的相互关系被限制规定。而它们在建筑生产过程中，其生产行为多数在企业内部完成。系统中各要素的组成方式、公司内部标准、掌握的技术及生产设备等都有严格详细的规定，企业一般都有自己独立的子系统、技术及流程。工业化住宅生产厂商的建筑生产体系被看成是封闭系统。

4.1.2　建筑生产流程概略

建筑生产流程由连续的生产过程所组成。一般这些过程包括由建筑业主实施的项目策划和设计人负责完成的图纸设计、施工人负责实施的按照图纸对材料、劳务的调配和发包，并通过现场施工将竣工建筑物移交给建筑业主等过程。最近，随着人们对项目策划及建筑物维护管理的重视，从国外购入的产品在不断增加。随着社会对环境问题的关心的高涨，产品的循环再利用及再生得到重视。如下所述，今后应该开拓更广范围的生产流程。

（1）项目策划

为了顺利完成政府工程项目或是盈利工程项目，建筑业主或项目主体要对项目的设施概要及项目实施方式进行研讨，并起草项目策划书。由于仅靠建筑业主或建筑主体不可能对项目进行全面的研究，这就需要专业策划人及相关咨询公司的协助。

（2）策划

首先明确建筑业主所要求的设施的规模、功能、完成时间及预算等条件，编制基本计划书。本来该计划书应该由建筑业主来编制，由于需要相关多方面的技术知识，现在一般由专业策划公司或咨询公司来编制。

（3）工程设计

按照基本计划书制定设计条件，编制建筑计划、结构计划、设备计划和平面计划、确定构件材料及机械的规格并进行综合协调。在基本设计及施工图设计阶段绘制相关设计文件。以上这些业务都是由设计单位负责，但其中部件材料及机械等性能的研讨、评价及选择一般多由专业咨询企业、总承包企业、分包企业及生产厂家负责进行技术上的支援。

（4）工程发包及材料调配

按照设计文件的要求，编制施工计划及施工预算。把握好工程施工所需的部件、材料、构件及劳务。选择能够满足工程质量、性能、工期的总承包、专业承包及材料厂家，并签署发包合同。与专业承包企业及材料厂家的合同，一般由总承包企业牵头签署。同时，材料机械等的购入也不仅仅限于国内，国外产品也不断增多。

（5）加工及制作

加工厂商及专业承包单位，对建筑生产所需要的钢结构构件、预制构件、设备机械、石材、瓷砖、门窗等构件及材料按照施工及加工图纸的要求，在各自的工厂及施工现场进行加工制作。对于大型或超重构件由于其运输效率较低，通常将这些构件在工厂分割制造，而后在施工现场组装成型。或者，在施工现场预先设置如混凝土预制构件生产设备的机械，对构件进行加工。对于这些在施工阶段加工完成的构件及材料，设计人员及总承包管理人员要到场对产品进行质量的检查或性能试验。在这些检查中，确认这些构件或材料是否满足项目计划的性能及质量要求。

（6）现场施工及工程施工监理

工程的现场施工的流程计划通常是由施工准备、桩及基础工程、挖方工程、基础结构工程、主体结构工程、装饰及设备工程、工程验收及竣工等过程组成。施工总承包企业按照设计文件的要求，设计单位及监理单位的指令，对项目中各分项工程的质量、价格、安全、环境等管理项目进行研讨。通过对施工方案图纸及施工图纸的研讨编制**施工组织设计**。在工程进行中，总承包企业还要对各个专业分包单位进行综合管理，指导分包单位编制**施工要领书**推进项目施工的顺利进行。同时，对

用词解释

施工组织设计

施工总承包企业作为施工管理者必须承担管理的全部责任。在施工开始前，施工总承包单位要按不同的工种编制工程施工组织设计。施工组织设计具有向专业承包单位明确施工条件及施工管理的整体安排的作用。施工组织设计中要明确工程的设计要求、质量要求、工程概要、总承包施工管理体制、选择的施工方法、工程施工范围、工期、使用的临时设备及施工安全计划等项目。

施工要领书

专业工程承包企业收到工程施工管理单位的施工组织设计后，为了提高施工效率加强管理，要编制其承包工程范围的施工要领书。它包括施工管理体制、施工作业顺序、作业方法、安全管理的计划文件。作为专业工程的管理文件，它包含在施工总承包管理单位编制的施工组织设计中。

各个分项工程按照施工计划、施工准备、施工管理以及施工记录等流程进行管理。工程监理单位则按照建筑业主的委托，检查确认工程施工是否符合设计文件的要求。

（7）维护管理及保修

在工程项目竣工后，定期对建筑物进行检查并对缺陷进行维修或按计划进行改造。在建筑物的使用阶段维护并提高其使用功能。施工总承包单位要按照工程承包合同的规定，定期对已竣工的建筑物进行检查维修。在这一时期，通常由建筑业主委托专业承包单位及专业设施管理单位，对建筑物及设施进行维护管理及保修工作。

（8）拆除及再生

建筑物所具有的功能在不能满足安全性、方便性及经济性的要求标准时，建筑物就会被拆除报废。建筑物的拆除施工由专业工程拆除企业实施，如拆除施工与后续新建工程的护坡及基础工程的工序有交叉时，拆除工程通常由施工总承包企业负责工程的全面管理。在拆除施工中为了减少废弃物，要提高拆除材料的再利用率。设计人员还要考虑充分利用原有建筑物的结构及外装材料的计划，使部分材料或构件在新建建筑中得以再生。

4.1.3　建筑与生产技术

（1）建筑的种类

建筑的种类根据其用途、规模、空间的特性与形状、使用材料以及生产方式的不同来分类。由于不同种类的建筑其空间构成、功能配置、要求性能标准、部件材料组成以及相对应的法律法规条款存在一定的差异，这就产生了相对应的特殊设计计划技术及施工计划技术。为了满足工程项目的设施及空间的特性，还应具备应对这些要求的、能够达到设计与施工合理性要求的构法及工法。

① 按照设施用途分类：写字楼、住宅、工厂、学校、医院、仓库等。

② 按照建筑物规模分类：**超高层、高层、中高层、多层、低层**等。

③ 按空间的特性及形状分类：大空间、塔式、板式等。

④ 按使用材料分类：木结构、钢筋混凝土结构、钢结构、劲性结构等。

⑤ 按生产方式分类：预制、单元制作等。

（2）建筑的构成

建筑物通常分为桩、基础、主体结构、外装、内装及设备等。

主体结构又分为柱、梁、楼板与墙体等。桩、基础及主体结构所包含的部位及构件，多数要承担作用在建筑物上的荷载。因此，被称为主体结构，除此之外的则被称为非承重构件。

不论是建筑物的内部还是外部，其表面部分从广义上我们称为装

用词解释

超高层～低层建筑

超高层：建筑物具体到多少层称之为超高层建筑，尚无统一明确的定义。日本在对高度超过100m的霞关大厦（高147m）工程的说明中首次使用“超高层”词语。其后，通常对于高度超过100m的建筑物称之为超高层建筑。而在日本国家的建筑基准法、航空法及消防法中对高度超过60m的建筑物有特殊的规定，这些建筑要得到国土交通省的认可。因此，对高度超过60m的建筑物称为超高层建筑的也很多。

高层：对高度超过31m的建筑物通常称为高层建筑。而在《建筑基准法》第20条第1号的规定中要求，高度超过60m的超高层建筑物必须通过高层建筑物结构性能评价（高层评定）。因此，也有将建筑物高度在60m至100m区间的建筑物称为高层建筑的叫法。

中层：根据国土交通省的法令的实施规定，一般将高度在3至5层的建筑物称为中层建筑。

中高层：综合考虑中层及高层的定义，对高度超过10m或3层以上的建筑物一般称为中高层建筑。

低层：高度在10m以下地上2层以内的建筑通常被称为低层建筑。综上所述，建筑物的高层定义，既有通常按高度及层数也有按照国土交通省的有关法令进行分类的。从目前的建筑施工技术水平及笔者的

饰。装饰由外装饰及内装饰组成。除了由结构混凝土直接作为表面装饰的情况外，混凝土一般都是作为装饰施工的基层。或者，在混凝土上做好基层后，再在基层上进行装饰施工。

外装包括窗、窗扇及外墙。这些构件具有防止雨、风、噪声、热、光等因素影响室内，并选择性地控制利用这些能源的控制调节功能。为了达到这一性能标准，外装构件及材料由具有各种功能的构件及材料所组成。

设备工程按照电气、给排水卫生、空调等功能进行分类。这些工程中又包含了机器及配管、配线工程。为了充分保证建筑物内部空间的性能，这些设备需要与建筑合理地结合以提高综合效率。现在，设备工程的机械、配管及配线已经与楼板、墙体及顶棚等建筑构件形成了一体化。

（3）构法、工法及构工法

在建筑生产中，“构法”是对建筑的组成的形象描述，而“工法”是对“构法”具体实施的描述。“构法”可以近似地理解为设计，“工法”则更接近于施工的概念。原来构法计划中包含着工法计划。但随着最近几年各种各样的建筑生产合理化手法的开发，大家更重视协调设计及施工两方面，以确定最合理的整合结果。因此，业界同行也认识到，构法和工法是一个不可分割的整体，其构成要素是相互有机地联系在一起的。下面介绍它们的分类（构法和工法的关系见表4.1.1）。

构法和工法的关系[4-3)]　表4.1.1

	构　法	工　法
目的	实现所要求的性能	构法的实施
制约条件	生产条件	生产条件
要素	建筑材料及构件	作业（劳务及机械）
要素的相关属性	性能及费用	费用、用工量、时间
要素间的相互关系	连接方法及构成	作业的前后关系

（a）构法

1）按建筑的构成要素分类：外墙构法、楼盖构法等建筑物主体结构、装饰基层材料及装饰面层材料的构成方法。

2）按照结构形式分类：木结构拼装构法、钢筋混凝土刚架构法、预制混凝土剪力墙构法、无梁楼盖构法等构成方法。

（b）工法

1）按分项工程分类：模板工法、拆除工法等按照施工方法体系分类的工法。

2）按工程与施工的组成进行分类：钢筋安装工法、混凝土浇筑工法、钢结构安装工法等。

3）按照施工方针分类：积层工法、**逆作法、现场预制工法**等按照

用词解释

实际经验，建筑物的高低层属性如下：

低层：1~3层　高度在10m以下

中层：4~7层　高度在10~20m左右

中高层：8~14层　高度在20~60m左右

高层：15层以上　高度在60~100m之间

超高层：30层以上　高度在100m以上

逆作法

逆作法是利用在建建筑物地下部分的主体梁、板结构作为建筑基坑的边坡支撑，按照先地下开挖然后进行结构施工的顺序进行施工的方法。

现场预制工法

在使用预制混凝土的工程中，将预制混凝土构件在施工现场进行加工制造的方法。多使用在场地宽裕的施工现场。特别是在交通道路对大型构件运输车辆有限制时，它是十分有效的方法。

用词解释

施工全体的推进方针决定的工法。

（c）构工法

以构法和工法的整合方针进行分类：工业化构工法、复合化构工法等按照构法与工法的整合为前提的方法。

（4）“在来工法”和工业化构工法及复合化构工法

在建筑生产过程中，工厂中生产完成的部分与运送到现场的材料经加工制作，生产出建造建筑的构件及制品。按照相应的施工程序将这些构件进行安装等施工，最终建造成建筑物。与建筑相关的生产流程、生产技术及生产组织都是按照这一程序，并为其服务的。这些依照传统并一直延续的，在现场进行的施工方法称为“在来工法”。

随着建筑物的大型化、高性能化以及建筑工程项目的多样化和复杂化的发展，建筑生产既要应对技能劳动力短缺的社会问题又要满足业主缩短工期的要求。建筑生产中采取了将部分现场施工转移到工厂加工、引进生产用机械、有效地整合作业组成提高效率等方法。同时，在生产管理上充分利用技术信息，不断开发能够提高生产效率的构工法。

在工业化构工法中，通过结构解析和结构试验确认构件的制造及连接方法，并进行标准化设计。将这些标准构件在有着严格的质量管理和生产管理的工厂内进行加工生产，然后在现场使用大型施工机械进行吊装施工。这样就减少了现场的劳务需求并能缩短施工工期，使现场作业很难达到的性能，通过工业化构工法得以实现。工业化构工法通常被使用在高层住宅、工厂和仓库等建筑物规模大，施工现场场地宽裕的工程项目。最近，不仅仅局限于便于使用大型机械的大规模建筑物，单体住宅、设备及幕墙工程等也开始使用该构工法。

复合化构工法是根据建筑物的平面计划及施工现场的具体条件，根据建筑不同的部位分别选择使用“在来工法”和工业化构工法的施工方法。复合化构工法既能够合理地组织生产满足建筑的结构性能，还能提高现场的施工效率。在超高层住宅工程中，通常钢筋采用高强大直径、高密度配筋，混凝土则采用超高强现浇混凝土施工。在这些工程中既有预制混凝土构件也有现场浇筑混凝土部分，因此，通常使用复合化构工法。

（5）构法和工法的计划

人们认识到在建筑生产的初期阶段即项目规划及方案设计阶段，就着手研讨选择合理的构工法是非常重要的。在这个阶段广泛收集关于构法和工法的技术信息及知识，使之在设计和施工方面达到充分共享。工程的设计、施工及制造的技术人员同心协力进行严密细致的研讨，对构法和工法的不同方面及不同形式的组合进行审议及评价。根据评价的结果制订设计计划和施工计划，推进整个项目工程的进展，这是十分重要的。

在方案设计阶段，按照设计方案确定建筑物的空间构成及要求性能，并选择结构、外装及设备等工程的构法。在这个阶段还要按照建筑物不同部位的构法选择主要工法，并编制**综合工程进度计划**及**综合临时设施布置图**。同时确定基本进度计划，审议主要施工机械的妥当性。在报价预算和工期的条件下，判断项目工程采用所选择的构法成功的可能性。

在施工图设计阶段，按照方案设计研究决定建筑各部分构法的构成要素的标准及收口的详细做法。在这个阶段中，将工法按照不同的分部工程进行分类，制定施工组织设计、基本进度计划及**生产综合图**。同时，确认作业方法及顺序是否能保证工程质量施工机械及劳动力的安排是否能满足施工需要，是否有过剩。明确改善点并将存在的问题反馈设计人员。

4.2 建筑工程项目的组织

4.2.1 建筑团队

建筑工程项目的实施，要求由不同专业、不同行业的企业单位的参与及协同配合。这些不同的企业单位基本上是按照实际进行工程项目的要求，被临时组成为一个项目团队。这个团队有多种组织形式。

建筑工程项目的实现，首先要有项目运行所必需的资金，建设用地及与项目相关的计划、决策，而这些都是建筑业主所必须承担的责任。为了推动工程项目的进行，建筑业主还必须在不同的阶段着手选择项目的工程设计单位、施工单位，并选择具体发包形式与其签订合同。建筑业主也可以将以上这些工作委托给其他的专业企业进行。

建筑业主根据自己的要求，决定的工程项目的设计条件并选定设计单位。设计单位根据业主要求的建筑功能、建筑外形等重要事项进行工程设计。在结构、设备和预算等工程师或专业咨询公司的协助下编制设计文件。

而后，建筑业主与其选定的建筑总承包企业签订工程承揽合同。合同签订后，总承包单位要在企业内部选定工程项目负责人（项目经理、施工员、主任等），并根据具体条件调配项目管理所需的相关技术人员，进而组成项目部。总承包单位既可以依靠自己的技术力量，也可根据需要寻求**外部的咨询公司**或**工程师**的协助，进行工程的实施预算、编制施工方案。综合考虑各种相关因素，将自己施工范围以外的工程发包给具有相应资质的单位。总承包单位将部分工程发包给其他建筑施工单位的行为，称为工程再发包。工程再发包的对象企业称为专业承包单位（分包单位）。目前，工程项目的施工有相当一部分分包给了专业分包企业。总承包单位基本上不直接雇佣施工作业人员，这些人员一般均由专业分包公司直接雇用。目前，工程承包市场中，多层次发包的情况很普遍，分包单位将承包的部分工程再次发包出去。一般的建筑工程项目要经历3~4次的再发包，也就是说承包市场呈现多层化的特征。

用词解释

综合进度计划表
将实施工程所相关的所有事项按照进度计划绘制成的整体工程进度计划表。综合进度计划表在工程的计划阶段即开始制定。计划表中要设定进度里程碑，明确主要工程及关键工程线路。同时，计划表中还要明确主要机器设备材料的购买及其相关设计图纸的审批时间。

综合临时设施布置图
将工程的临时围挡、大门、材料堆放场地、脚手架、边坡支护、机动车进场诱导平台、起重设备、施工电梯等临时设施的设置计划信息，绘制成平面或断面图纸。图纸描绘在工程实施的各个阶段临时设施的配置信息。综合临时设施布置图在工程的计划阶段制定。该布置图要整合地上及地下工程的临时设施计划，并符合综合进度计划表的要求。它也是工程临时设施预算报价的依据。

生产综合图
在生产设计中，为了将工程项目的建筑、结构及设备等专业的设计信息充分地整合，施工单位对这些专业的施工所需的临时设施及补强材料等各种施工信息集合后，绘制成生产综合图。通过查阅生产综合图图纸，相关人员能够掌握工程项目中各个专业的相互关系及工程的整体形象。

外部的咨询公司
以中立的立场观点向咨询人提供与建筑相关的有较

用词解释

高专业水平的技术解决方案或方法的专业公司或技术专家。

工程师

工程师是指在建筑工程项目中掌握建筑领域相关技术知识，有专业能力及资格的专业技术人员。

在工程施工前，建筑业主、总承包单位及专业分包单位，对工程项目施工所必需的材料、构件和机械设备等的采购调配责任进行划分。对所选定的材料，采购单位按照设计文件等的质量要求与相关材料厂商或租赁企业签订购买及租赁合同。

4.2.2　发包人的组织特点

汽车及家电产品的生产计划是按照市场对购买产品的需求的预测来制定的。这些商品的生产过程通常与其最终使用者没有直接的关系。建筑工程项目中，建筑业主同样购买建筑物，他也是直接的使用者。建筑业主要负责为需求的建筑工程项目进行前期决策、准备资金和建设用地等工作。其后进行的与设计单位、施工单位签订工程施工承揽合同，选择材料、机械设备的采购方式等也是推动工程项目顺利进展不可缺少的重要工作。

近年来的研究表明，随着建筑工程项目所处环境的各种相互关系更加紧密，复杂化程度不断提高，为了能够提高建筑工程项目整体运行的优化水平，在工程初期对整个工程的研讨是非常重要的。但实际上，不同工程项目建筑业主的知识、经验、能力和体制等有相当大的差距。而且，建筑业主既有可能是国家、城市等政府部门，也可能是民间私有企业单位，由于其所属性质不同，其工作方法及所遵循的法律规章也不同。即使是在建造同样用途、规模的建筑物时，已有多次同样建筑物发包的经验与初次作为建筑业主的单位，其业主单位在整个工程中的作用也不同。后者，当建筑业主自身的各种技术条件不具备时，可以依靠外部的咨询公司、设计及施工单位的协助。如建筑业主有连续积累的工程经验，有固定的组织、团队及相当的水平时，它就具备对整个工程更大的控制力度。

4.2.3　设计团队

日本《建筑士法》中明确规定了，成为建筑物设计人的条件。在《建筑士法》中将建筑士的资格分为一级建筑士、二级建筑士及木结构建筑士，其相应的业务范围也做了明确的规定。根据2006年12月修订的《建筑士法》，除了一级建筑士外还增加了结构设计一级建筑士、设备设计一级建筑士制度。该修订法律从2008年12月开始实施。详见第3章。

建筑士业务的内容主要分为设计及监理两大部分。《建筑士法》第2条还规定，设计人的业务包括“其责任是编制设计文件”，建筑设计文件包括“实施建筑工程项目所需的图纸（不含大样图等同类图纸）及规格书”。设计业务的具体工作包括，建筑工程实施所需要的设计图纸。这些图纸应该具有指导工程施工并具有技术上的可行性。工程监理的工作包括“其责任在于监督工程是否按照图纸施工，并进行检查确认”。

设计人在与建筑业主签订了建筑工程项目的工程设计及工程监理委

托合同后，就要着手开展工作。根据工程项目的不同要求，工程设计与工程监理也可以由不同的单位负责。

由于建筑专业化的不断提高，设计业务与专业咨询及工艺工程的关系更加密切。设备设计、结构设计及预算等，在早期就成为独立的专业。近年来，成本管理、项目融资、工程管理（CM）、项目管理（PM）、物业管理、项目策划、设备设施管理、方案设计、绿化、建筑造型外观、室内设计、照明、色彩、音响、防灾、安全以及福祉等，其专业化水平也不断地提高。还有将建筑物用途分为商业建筑、医院及宾馆等类型，企业可根据这些类型提供相应的服务。与这些服务业务的相关行业及所需的资格有很多，其中包括国家及地区的资格、团体组织认定的民间资格等。

4.2.4 施工团队

《建设业法》是规范建筑行业企业行为的法律。《建设业法》规定"在建筑行业中不论是总承包还是专业承包，只要承担了建筑工程项目的业务，就称为建筑业企业"。在建设业法中将建筑行业许可分为28个专业种类。

《建设业法》规定，承揽合同金额超过3000万日元工程（或建筑总工程费用4500万日元以上）的企业称为特定建设业者。在这个标准以上的工程，现场必须常驻**监理技术人员**。特定建设业者在进行需要具有高度综合的施工技术的**指定建设业**的施工时，企业必须具有相应的国家资格。

总承包企业（总包）要对专业承包单位（分包）实行有效的管理，总承包企业就工程项目工期、费用、质量、安全卫生以及环境等向建筑业主承担全部责任。日本的总承包企业经历了经济高速发展期及泡沫经济期的发展，企业的经营也在向项目开发、大型工业工程等不同领域及专业方向发展。特别是工程管理方面其业务也在不断扩大，企业的服务已涉及如项目前期调查、策划和开发设计等方面的研究开发，以及融资和投资管理等工程流程的上游业务，这些业务以往多由发包方负责。为了赢得更多的工程，企业更多地开展了对相关专业领域的服务，同时这些服务又使总承包企业的业务经营领域不断扩大。

JV（联合承包企业）是多个企业为了联合承揽工程，而组成的"共同企业体"。这个JV的代表者称为牵头公司。与建筑业主及分包商的相关事宜的交涉，由牵头公司负责。这在《民法》中称为组合。在承揽政府公共项目工程中，有**特定共同企业体**及**经常共同企业体**，其施工方式包括：**甲型共同企业体**及**乙型共同企业体**两种。

专业承包企业负责承揽工程的直接施工。由于总承包企业自身并无劳务人员，因此，工程的施工基本上都是由分包企业来完成。

分包制度导致技术和施工作业的专业化，它提高了工程的生产率及质量，分散了由于需求不稳定产生的风险，它是维持建筑生产体系不可

用词解释

监理技术人员
在工程项目的施工现场负责施工技术上管理的技术人员称为监理技术人员。监理技术人员必须具有一级建筑士或一级施工管理技士等日本国家资格，或者是必须具有同等能力以上的技术人员。
（请参考第3章）

指定建设业
在建设业法实施令中规定的专业种类划分。具体如，土木工程业、建筑工程业、电气工程业、管道工程业、钢结构物工程业、铺装工程业、园林工程业等。

特定共同企业体
在实施大规模且技术难度高的工程项目施工时，为了整合不同企业的技术优势，使工程能够达到顺利稳定地实施的目标，由不同企业结成的联合企业体。联合企业体根据具体工程的规模、特点，以各个工程为单位组成。

经常共同企业体
中等或中小建筑业企业为了保持相互之间的长期连续的合作关系，以强化企业之间的经营基础及技术能力为目的结成的联合企业体。与单一的建筑企业相同，在参加工程招标及资格审查时通常以JV（联合承包）方式进行。组成的JV企业按照规定，具有相应资格并注册登记技术人员，并在规定的期间内按时登记注册。

甲型共同企业体
构成联合企业的成员（企业）按照出资比率提供承

缺少的要素。另一方面，由于它与总承包企业之间的**专属关系**、工程多层发包、**责任与义务不对称**等特征，造成了分包企业的脆弱及劳动条件降低的问题。目前，还经常在分包工程价格的决定方法及工程款的支付方法上出现问题。也就是说，总承包企业与专业承包企业之间的工程承包关系有待进一步改善。

专业承包企业按其作业内容主要分为两种。一种以架子工、土方、钢筋工及压力焊接工等为代表的提供熟练专业工程作业人员的企业。另一种则以桩、模板、钢结构、抹灰、涂料、电气及设备等提供包含材料、构件、机械及施工的企业。从历史发展看，大多数专业承包企业都是从主要提供劳务开始逐渐向包工包料方向发展壮大的。模板分项工程的包工包料的承包方式是从1970年以后才开始实行的。如钢筋工程则是以分包企业提供劳务为主，总包企业提供原材料的承包方式进行的。工程的材料供应商是向总承包单位提供诸如，钢材（钢结构、钢筋）、骨料及水泥等建筑材料的分包企业。

建筑生产具有多层分包特征，它按照总承包企业→第一层专业分包企业→第二层专业分包企业的模式，进行工程的分包。总承包企业不仅要负责工程项目的施工管理、质量管理及安全管理，还要负责支付分包企业工程作业人员的劳动保险费用等事务。工程竣工后，总承包企业要负责工程的保修业务。工程中参与直接施工的分包企业的工程作业人员的工作，对建筑工程的质量及成本会产生很大的影响。

因此，在《建设业法》中明确规定，“不论使用什么方法”建筑施工企业禁止将承包的工程整体转包给其他企业，建筑施工企业也不得整体承包其他企业已承包的工程项目。工程整体的转包是违背建筑业主与建筑施工企业之间签订的合同，属背信弃义的行径。容许工程整体转包，就会造成不劳而获、工程粗制滥造、作业人员劳动条件恶化及实际工程责任不清的问题，并滋生**不良不合格企业**。

为了保证建筑工程能够顺利的实施，总承包企业应该将承揽的工程项目发包给最合适的分包企业，并与其签订工程施工合同书。

4.3　工程采购概要及特征

4.3.1　工程采购

工程采购通常是指个人或企业之间围绕着商品买卖所进行的活动。在建筑工程项目中，工程采购是指业主为了得到建筑物的购买行为。因此，设计委托是业主为了得到工程设计文件（包括规格书）的一种采购行为，建筑生产各个流程的最终目标也是为了购买最终的成品建筑物。

在建筑生产的不同阶段采购就是要分割发包数量并选择发包对象。按照建筑业的传统工程项目的设计由设计单位承担，工程的实施发包给

用词解释

揽工程所需要的资金、人员、机械并进行工程项目的施工。

乙型共同企业体
构成联合企业的成员（企业）对承揽的工程，按照流水段或专业的划分进行施工的方法。

专属关系
在承揽工程项目的施工中，总承包企业给予分包企业的优先承包权利。但同时，也限制分包企业承揽其他承包企业发包的工程任务。实际上，在各个总承包企业管理下的“协力会”就是这个专属关系的象征。

责任与义务不对称
合同签订人中，仅一方单方面负有责任。本来发包方与承包方在合同上应该具有平等的法律关系。但实际合同上规定仅一方（通常为承包方）负有责任的现象。

不良不合格企业
企业本身不具备技术能力及施工能力，企业中也没有配置必要的技术人员，仅有执照的皮包企业。皮包企业不具备工程施工所必需的管理实施体系。

用词解释

施工单位。建筑工程项目依照这个进程，按照设计图纸实施完成。在日本，总承包企业还承担设计任务，它们更多地采用设计及施工整体承包方式来承揽工程。

工程项目的采购方式，按照不同工程项目的特点及建筑业主的具体要求来选择。

主要采购方式如下：

① 设计施工分别发包方式；

② 设计施工整体发包方式；

③ 管理方式；

④ PFI方式。

4.3.2 设计施工分别发包方式

在建筑工程项目的采购方式中，最典型的方法是工程设计与工程施工分别发包的方式（图4.3.1）。在这种采购方式中，设计单位负责工程的设计任务，施工单位则负责工程具体实施。在工程项目施工发包中，既可以将工程整体发包给总承包企业，也可以像政府工程常见的那样，将建筑和设备工程分别发包。如果工程的规模很大，还可以将设备工程中的空调设备、卫生设备、电气设备等工程分别发包给不同的分包企业。设计施工分别发包方式将工程设计及施工分别发包给不同企业，这种方式使设计及施工单位的责任更加分明，并能够发挥其各自的专业特长。（图4.3.2是施工分别发包方式示意，编者注。）设计施工分别发包方式是最常见的发包方式。

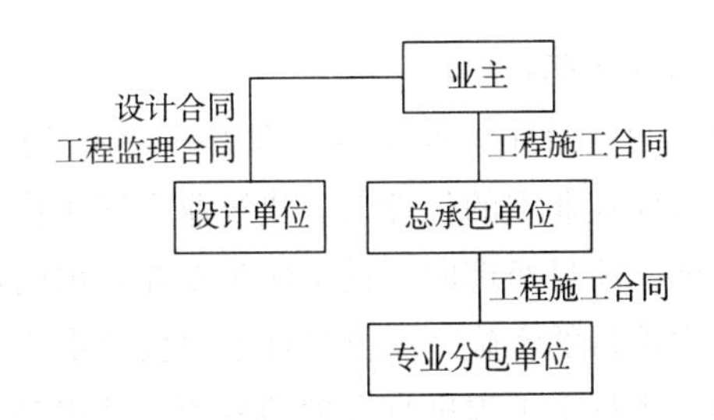

图4.3.1 设计施工分别发包方式

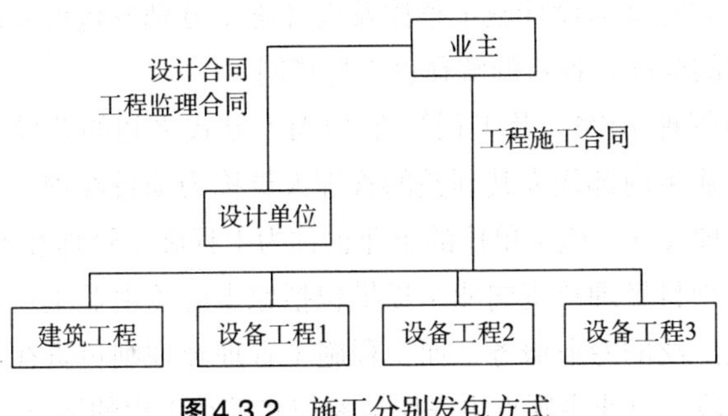

图4.3.2 施工分别发包方式

用词解释

4.3.3　设计施工整体发包方式

设计施工整体发包方式（图4.3.3）是指，从工程设计阶段开始将工程的设计及施工整体发包给施工总承包企业。这种方式在欧美被称为设计施工（Design Build）方式。对建筑业主来说，它具有省时省事的优点。否则，当工程中出现功能不全、不良问题时，确认发生问题的责任归属，需要相当的时间。而设计施工整体发包方式，将责任一体化。这对建筑业主来讲责任分担明确。但是极力推崇设计施工分别发包方式的设计相关团体提出，设计施工整体发包存在过分重视工程的施工性，而降低设计的创造性的缺点。

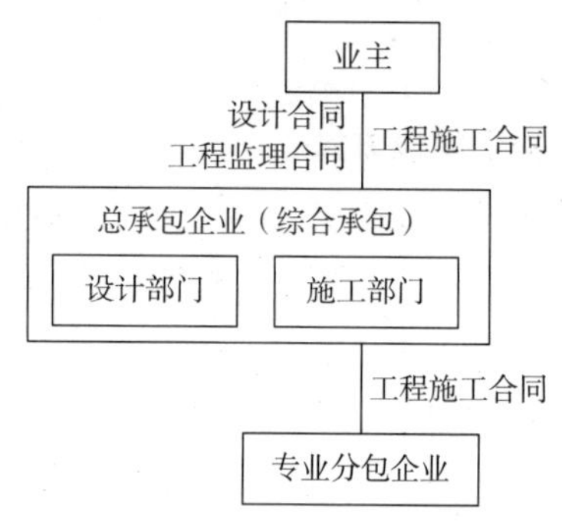

图4.3.3　设计施工整体发包方式

设计施工方式
工程项目由一个企业或者是不同的设计单位、施工单位组成联合体进行工程设计及施工的方式。在日本通常是总承包在企业内部雇用设计单位，负责工程的设计。严格地讲，欧美的“设计施工”方式中，通常是设计单位与施工单位组成JV（联合承包体）或项目财团来推动项目的实施。这与日本在企业内部雇用设计单位，即所谓设计施工整体发包的方式，在工程的组织结构体系及风险分担方面的考虑是不同的。

在欧美，**设计施工（Design Build）方式**，是由具有相关资质的设计单位及施工单位组成财团来承揽工程。这种在组织上能够保证专业化的承包方式，在欧美是非常常见的。

4.3.4　管理方式（图4.3.4）

在建筑工程项目管理中，通常的管理方式是避开设计及施工单位，而选择其他人作为建筑业主的代理人。建筑业主雇用代理人作为施工管理经理或项目经理，项目经理向不具备建筑专业知识的业主提供技术服务，负责推进工程项目的实施。项目经理不仅仅负责工程管理，还要充分发挥管理优势，将整个工程进行合理的分割，并将分割的工程直接发包给合格的专业承包企业。这也称为工程分别发包方式。还有将在工程施工管理方式定义为设计施工整体及设计施工分别发包模式的事例。由于没有严格的标准，各自的解释也不尽相同。

对项目管理（PM）及工程管理（CM）方式之间的差异没有明确的定义。建筑业主内部代表其利益的管理人员称为项目经理。工程中由业主雇用的管理设计、施工单位的企业也称为工程施工管理经理。

通常，项目经理负责向业主提供包括原本应该由业主自己完成的工作及相对更广泛的专业服务。而工程施工管理经理则负责在工程设计施工的各个阶段，以业主观点更深层地参与和推动工程的运行。

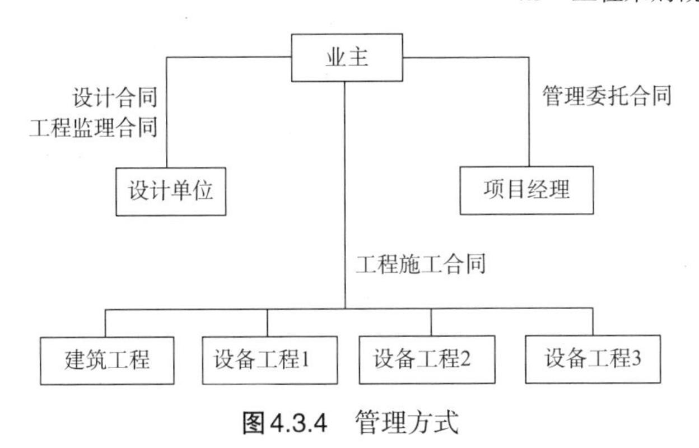

图4.3.4 管理方式

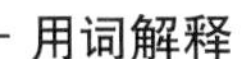

4.3.5 PFI方式（图4.3.5）

PFI（Private Finance Initiative）是在政府的公共设施建设、维护管理及运营（包含项目策划等）中，充分利用民间的资本、经营实力及技术能力进行项目实施的方式。日本在1999年以地方政府为中心开始实施了"鼓励在公共设施等建设中充分使用民间资金的法律"（称为PFI法）。PFI方式原本是1992年英国政府在财政困难，无力向公共设施的建设投入建设资金的状况下，开始实施的。日本在2007年9月公布了国家及地方的289项建设项目的实施及其工程采购采用PFI方式。

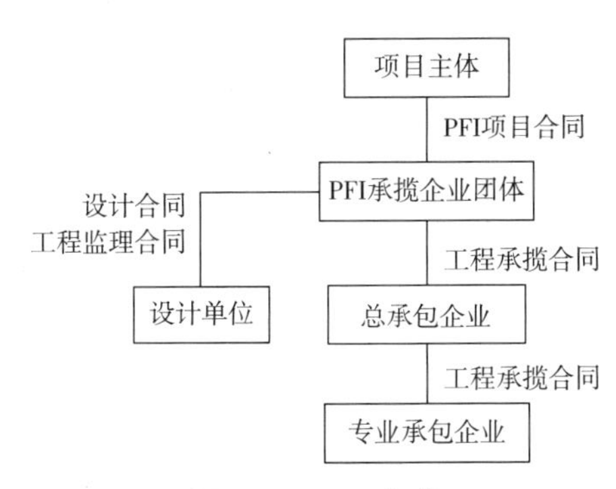

图4.3.5 PFI方式

PFI是应对政府发包的公共工程的实施方式。该方式首先要将发包人的要求及项目所需具备的性能编制成发包文件，向社会招标。中标后民间企业团体按照招标书的要求，实施工程设计、施工及规定时间内的维修管理。承揽工程项目的民间企业团体设立**特定事业目的公司（SPC）**以规避**企业风险**。企业以**无追索权贷款**的方式从银行融资，并以此贷款作为项目初期的建设及办公等费用。在这样的项目营造模式中，民间企业团体通过向政府部门收取使用该设施的费用作为企业的利润。

对政府项目的发包人来说，政府在财政状况困难的情况下，PFI方式使项目得以进行。

承揽项目的民营企业团体在充分考虑项目的运营管理后，对工程进

企业风险

由于企业的财务状况及信用的降低导致企业破产等的风险。

特定事业目的公司（SPC）

为执行特定的项目的实施而设立的公司。该公司不对PFI以外的项目进行投资，PFI工程合同完成后公司即刻解散。对于政府来讲，这种工程模式可以规避由于工程项目产生的破产风险。对于承包人来讲，仅仅承担公司投资范围内的经济责任。

无追索权贷款

贷款发放人仅对作为借款担保人的建设开发商负有债权。在发生债务无法履行的情况下，即便是项目回收的资金无法抵偿贷款，债权人也无权向债务人追索不足部分的债权。

用词解释

行设计并实施施工。这一方式，具有减轻政府机构财政负担的优点。缺点是在项目早期，由于作为政府项目的发包人，其项目管理机能尚不健全，政府的相关要求一般也不明确。项目通常是在目标不很明确的情况下开展的，项目的发包等手续进展缓慢。

◆引用及参考文献◆

4-1）　古阪秀三総編集：建築生産ハンドブック　朝倉書店（2007）

4-2）　日本コンストラクション・マネジメント協会編：CMガイドブック　相模書房（2004）

4-3）　松本信二著：「構法計画と工法計画」建築雑誌1978年4月　日本建築学会

第5章　工程项目管理

5.1　何谓管理

5.1.1　管理思想的历史沿革

什么是“管理（Management）”呢？在日语中应该如何翻译才恰当呢？我们通常所说的“经营”、“经营管理”等词语比较符合这一概念。我们通常将“Industrial Engineering”翻译成“管理工程”，而将“Scientific Management”翻译成“科学的管理方法”。此外，也将“经营”翻译成“Administrative Management（宏观管理、行政管理）”，而将“管理”翻译成“Operative Management（生产管理）”。总之，在“管理（Management）”中不仅包含了各种不同的功能和活动，而且还包含了日本与欧美在文化、法律制度及商业经营习惯等不同背景，其概念并非一定要一一对应。因此，应该将“管理（Management）”作为“经营与管理的整合概念”进行理解，可概括为“对整体进行调整完善，朝着既定目标顺利推进的过程”。

如果将“管理（Management）”理解为“经营与管理的整合”的话，我们可以对19世纪中叶的产业革命以来的“管理（Management）”思想变迁的脉络进行大致梳理。简单概述如下。

① 在提出科学管理方法的创始人**泰勒**（Frederick W. Talor）的年代，如何提高劳动者的工作效率是最为关心的事情。为此，将作业进行简单化和专业化的分工，力求提高生产效率。在此期间，作为科学研究的途径，泰勒进行了“时间研究”，而**吉尔布雷斯**（Frank Gilbreth）则进行了“作业研究”。

② 除了提高生产效率而对各个作业进行合理化研究之外，另有考虑组织和作业环境等组织整体结构的专业分工与管理（**法约尔**：Henri Fayol），以及工作环境的人际关系实验（霍桑实验【Hawthorne effect】，**梅奥**：E. G. Mayo）等重要的理论。

③ 较之通过过度专业分工来提高熟练程度进而达到提高效率的目的这种做法，由于习惯了会出现作业过程中注意力不集中、劳动意欲减退以及旷工等问题，反而降低了生产效率，这类事件变得多发起来。而由多个劳动者将几个分工细化的作业组合起来，其中作业者之间的分担关系则取决于这几个劳动者的自律的管理行为方式。

④ 同时，除了改善作业现场环境、调整组织的专业分工体制以外，

用词解释

泰勒

泰勒（Frederick W. Talor 1856-1915年）：是首先提出科学管理方法的美国人。他提出为了提高工作效率，必须以数据资料为基础通过教育和管理实现作业的科学性。其著名的实验如：针对用铁锹铲铁矿石或石灰的作业，研究铲一次的量与一天总量的关系的实例。

吉尔布雷斯

吉尔布雷斯（Frank Gilbreth：1868-1924年）与泰勒同时期，从事美国建设业的研究，对于砌砖作业操作中的浪费问题进行了实验研究。现今采用的动作分析法就为纪念吉尔布雷斯，以他名字的逆顺字母的Therblig Analysis（微动作分析）法。

法约尔

法约尔（J.H. Fayol：1841-1925年）是法国矿山的技师和企业经营者，是管理过程学派的创始人。他同泰勒一起奠定了经营管理理论的基础，在其著作《产业及其一般的管理》中，强调企业经营中的管理是最重要的，并对其定义、基本原则和要素进行了论述。

梅奥

梅奥（G. E. Mayo：1881-1949年）是一位出生于澳大利亚的临床心理学家和

用词解释

产业社会学家，主要活跃于美国学术界。其研究成果有著名的西方电气公司霍桑工厂的实验，实验证明了生产效率不仅取决于物理的作业环境和各种生理条件，更重要的还受到从业人员的态度和感情的影响，而这些都是由职业岗位周围的人际关系所决定的。

对整个公司的系统进行调整和改善，以便在与其他公司的竞争中立于不败之地的战略等，这些都是使企业朝着对组织整体的整合管理方向发展的做法。现在，提出了很多管理的手法和想法，很多都是以这些对象为基础进行研究的内容。

⑤ 综上所述，最初为了提高生产效率而将作业进行专业化分工，之后，逐渐朝着改善作业环境和组织机构的观点转变，进一步又关注在如何提高道德、心理等人性的观点上，现在，正在将研究的中心逐步从关注专业分工向整体整合化的方向转移。这些有关“管理（Management）”思想的发展谱系如图5.1.1所示。

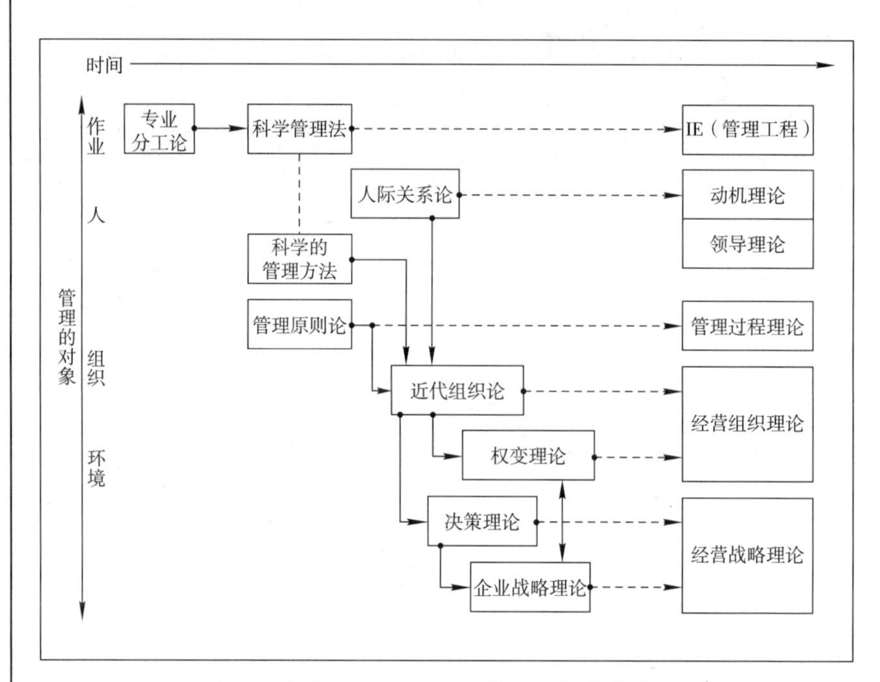

图5.1.1 “管理（Management）”思想的发展谱系[5-1)]

5.1.2 建筑工程项目的管理

在建筑工程项目中同样也有通过业务的简单化和专门化来实现专业分工的途径。与一般制造业相比其重要的特征是，建筑物是按照业主的要求进行承包建造的，这使得业主与设计、施工的过程紧密关联，而设计与施工的过程通常又是由不同的组织来进行的，设计与施工组织之间必须进行组织外部的协调。因此，建筑工程项目管理除了“经营与管理的统合”之外，组织间的“协调”是重要的要素。

在建筑工程项目中，不仅设计与施工是分离独立的，而且各自内部也在不断进行专业分工。不论业主、设计单位还是施工者，他们通常将自己所承担的业务的一部分或者全部进行外包。这种专业分工关系正在朝着不断多样化的方向发展。在专业分工不断发展的过程中，有必要对各种被专业细化的业务、各个主体之间的协调、工程项目整体整合的理念以及业务模式进行研究。简而言之，就是要对工程项目进行整体协调，以求实现整体管理的体系。

传统上，设计是由建筑设计事务所来进行，而施工则是以总额承包方式由工程总承包商来进行，对他们所分属的业务范围进行管理，而对业主与设计单位之间、业主与施工者之间以及设计单位与施工者之间的交叉领域进行管理的主体尚未形成。这种日本式的体系是靠“相互信赖”和“**长期持续的业务交易关系**”等方式来维系“暧昧关系的管理（Management）”，因而备受指责。

现在我们希望形成一种能够站在业主的立场上，明确将管理（Management）和工程项目整合起来进行一贯式管理的主体。其中形成的主体之一就有以专门提供工程项目管理服务（Project Management Service，以下简称PM）以及施工管理服务（Construction Management Service，以下简称CM）的专业主体。这一主体可能是由现有的设计事务所和工程项目总承包商来担任，这是因为他们具备从事这方面业务工作的能力。另一方面，作为一种新的商务领域，独立的咨询公司的新兴加盟变得越来越多。

在日本，长期以来“设计施工整体发包方式”以及“设计与施工分别发包方式”，作为建筑工程项目的运营方式受到高度评价，这种信誉是全体建设产业共同努力的结果。这种评价至今依然很高。然而，从另一方面看，其透明性、公平性以及竞争性等又受到建筑业主和老百姓的指责。其中一个重要原因，就是要求有更多样的工程项目的运作方式。而PM方式和CM方式就是其中之一。

（1）工程项目管理（Project Management）的概念

PM大致包含两个概念。其一，一般的PM概念。即：有多个相关主体如，建筑业主、设计单位、施工者以及材料供应商等共同参与一个工程项目。每个主体都有自己所掌控或者承包的业务范围。这些相应的业务范围都与相应主体的工程项目相对应，我们将掌控整个业务范围的管理工作称为相应主体的工程项目管理。为了实现这一目的，我们将在企业内部参与所有这些业务管理的责任者称为管理工程项目的负责人——PMr（Project Manager，工程项目管理者）。工程总承包商（General Contractor）的施工现场所长就是PMr，分包商（Subcontractor）的施工现场负责人也是PMr。其二，是作为实施工程项目的一种方式——PM的概念。即：站在建筑业主的立场对多个相关主体共同参加实施的工程项目的整体进行管理，这种管理就是以完成业主所期待的目标为宗旨，将人、物、资金和时间等各种资源，以及技术与信息等整合起来，统一制定计划案并进行组织化运作、调整、整合以及管理的方式。PM方式是指明确定位担任工程项目管理主体（PMr）的工程项目实施方式。PM对

用词解释

长期持续的业务交易关系
相对于通过每个工程项目的竞争，尤其是价格竞争来选择工程承包方的做法，这种方法是根据过去时间内相互合作的经历及结果来评价承包方的工作。在承包企业的工作能力、钻研能力和信用等都满足的情况下，与承包企业进行持续的业务交易，并且长期维持着这种关系。

用词解释

于任何一项工程项目而言都是必要的业务内容，而后者意义上的PMr则通常并不局限于工程项目本身。在日本尤其如此。原则上PMr的选择取决于建筑业主。

（2）施工管理（Construction Management）的概念

同PM类似的概念有施工管理（Construction Management，简称CM）。CM也同样有两个概念。其一，用日语表达，“施工管理”就是为了实现既定目标而对工程项目的质量、进度以及成本等进行管理，及其技术运用的过程。其二，是作为工程项目实施的一种方式的CM。后者意义上的CM方式是在美国确立的工程项目实施的方式。1960年代，在美国随着工程项目的大规模化和复杂化，拖工期、超预算的事件频频发生，为了防止这些问题发生而设立了专门从事管理（Management）的主体。这个主体就是CMr（Construction Manager：施工管理者），所谓CM方式就是CMr与建筑业主、设计单位联合起来一起对工程项目的全过程进行运营管理的方式。根据具体工程项目，任命相应的设计单位、工程总承包商以及专业咨询公司作为CMr。CMr的选择同PMr一样原则上由建筑业主来确定。

（3）PM与CM的差别

那么PM与CM有何差别呢？在欧美的建设领域一般对二者不作明确的区分。常有混用的情况，将代表建筑业主一方的企业内部职员称为PMr，而将使用设计单位和施工者等企业外部的职员的组织称为CMr。在日本，一般认为PMr是建筑业主本来就要从事的业务，需要通过更加广泛地介入来开展业务，而CMr则是作为一种职能在设计和施工的过程中，站在业主的立场更加深入地开展业务。简而言之，PM业务与CM业务的关系如图5.1.2所示，一般来说，从事PM业务者较之CM业务的范围更加广泛。就PM而言，以美国的PMI（Project Management Institute，项目管理协会：以美国为中心进行工程项目的管理的普及和推动的团体机构）为中心的PMP（Project Management Professional，项目管理专业）资格认证正逐渐在世界上得到普及。这一资格最初是在工厂设备安装工程领域得以推广，现在正在IT（Information Technology，信息技术）产业为中心的领域普及。建设领域也有非常多的企业加入，其中必要的知识和经验并不是建筑行业独有的，它们同样也适用于商品开发项目和制造业项目中一般的和广泛的领域。图5.1.3表示PMI的工程项目管理的知识领域。所谓PMBOK（Project Management Body of Knowledge，项目管理知识体系），根据解说，它并未提出PM的完整方法，而仅仅是表达了一个框架而已。不过，它更有利于理解建设领域中的CM的概念。

用词解释

图5.1.2 PM业务与CM业务的关系[5-6]

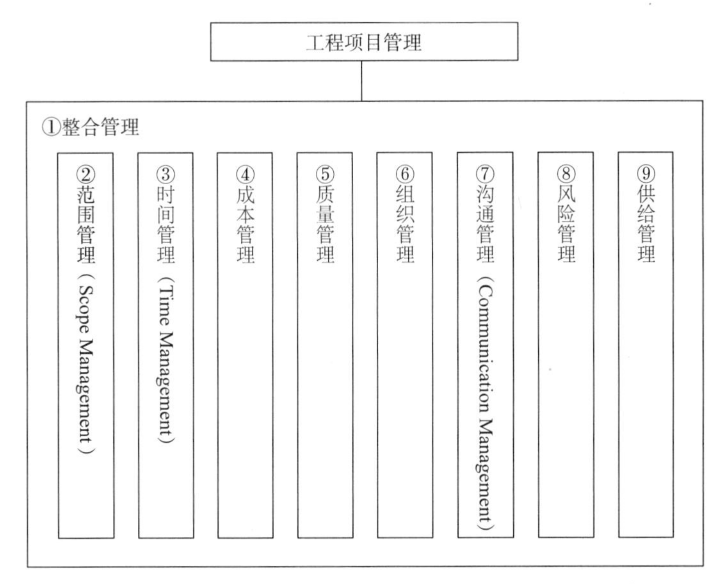

图5.1.3 PMBOK中有关工程项目管理的知识领域[5-2]

以下参照PMBOK，对9个涉及管理的“领域”概述如下。

① 整合管理；

② 范围管理（Scope Management）；

③ 时间管理（Time Management）；

④ 成本管理；

⑤ 质量管理；

⑥ 组织管理；

⑦ 沟通管理（Communication Management）；

⑧ 风险管理；

⑨ 供给管理。

其中最核心的管理领域是②的范围管理。它是对工程项目乃至各个阶段的目标、成果及其工作任务、作业内容进行定义、计划和控制的活动。为此，采取的主要手法有任务分解结构（WBS，Work Breakdown Structure）。WBS是将作为目标的成果及其工作任务进行分解，采用树状结构加以整理表达的一种方法。将分解到最下层的项目称为“工作包（Work Package）”。

用词解释

WBS

WBS是Work Breakdown Structure的简称，即尽可能将工程等整体的内容（成果物）细分为各个单元，以表达其整体结构的方法。在这种情况下，首先将整体大致分为几个大的单元，然后再对这些大单元进行细分，进行分层的构造化细分。应该细分到怎样的程度还需要根据具体目的来具体确定。

QC7法

在质量管理中特别常用的统计方法，有我们通常所称的“QC7法”，它包括：①柏拉分布图（Pareto Chart）、②特性要因图、③直方图、④检查表、⑤管理图、⑥散布图和⑦分层。随着TQC的发展，作为处理语言数据等相关图示方法和矩阵图示法等，通称为新的QC7法。

根据WBS的定义，每个工作包中都包含有对时间、费用和人力资源等的分配内容，也就是说通过怎样的分配才能在实现项目最优化，同时又与要达成的质量目标取得平衡，从这一观点出发，开展制订计划的基础工作，它包括：所需时间的预测、作业工序设定等内容的③时间管理计划、成本预算设定工作的④成本管理计划以及质量计划等与⑤质量管理相关计划方案的制定等基本工作。在此基础上，还要对重要人员的安排等（与⑥组织管理相关），风险的定义、定量化以及对策的计划等（与⑧风险管理相关），供应计划等（与⑨供给管理相关），最终再归结到对整个工程项目计划进行①整合管理，这就是所有管理领域中所必须进行的各种基本管理活动的内容。

在③时间管理中，不仅仅是对工期的管理，而且还包括对各个不同阶段的工期进行管理，包括对各种不同作业面的工期进行管理等，对涉及多方面的作业制定工期管理计划并予以实施。为了切实进行时间管理，通常会使用如：横道图进度计划、PERT（Program Evaluation and Review Technique，网络计划评审技术）以及CPM（Critical Path Method，关键线路）等工期管理方法。

在④成本管理中，建筑业主基于投资计划和工程项目实施计划来设定建设预算，并以此为目标，在各个阶段采用恰当的成本管理手法计算出各自的成本，并在超预算时采用VE（Value Engineering，价值工程）的手法对工程成本进行调整。在建筑工程项目中可以根据投资计划进行预算，还可以参考类似的工程项目做出概算，以及在把握清楚占成本主要部分的混凝土工程等主体建筑的量的基础上根据单价进行概算，根据实施计划并结合具体数量进行累加概算得出预定成本等，以上几种成本计算方法均可采用。

⑤质量管理，就是为了根据建筑业主所要求的具体事项，最终以形体的形式完成工程项目而进行的重要的管理环节。为此，首先要按照要求完成各个阶段的任务及其相关的每项工作，为此需要采取切实有效的方法和手段制订计划（质量保证计划），并且切实有效地加以实施，确保工程质量（质量保证），这项工作尤为重要。其次，为了使质量保证得到切实的推进必须采用监督和控制的手段，即“质量管理”。在质量管理中，常常采用能够反映质量状况的数值的、定量的分析方法，诸如：直方图、管理图、检查表、柏拉分布图（Pareto Chart）、特性要因图、散布图、分层等所谓的“**QC7法**”的管理方法。

⑥组织管理，严密地说就是“人力资源”的管理，是由组织计划、重要人员调配和保障相关的计划，以及团队构成及其培养等工作内容为中心构成。在建筑工程项目的工作人员由许多不同专业的人员共同组成。因此，怎样组成工程项目组织，合理地划分作业内容是重要的管理工作。此外，由于专业分工越来越细，各个领域都会雇佣外部咨询公

司，因而人力资源涉及的领域变得越来越广泛。为此组织管理的重要性也越发凸显出其重要性。

⑦沟通管理，不仅限于建筑工程项目中多种多样的专业参加者之间的交流沟通，如：建筑业主、设计单位和施工者间的关系，还涉及包括各种咨询公司和专业工程施工企业者在内的信息共享，他们共同为实现同一目标而努力。为此，在每天、每周以及每月的例会制度中，导入IT信息管理技术并加以有效利用，以确保各个相关者之间能够顺利地进行沟通和交流。例如，对于发生设计变更的地方就可以在**Web**上应用工程项目管理方法通知全体相关成员，此类系统已初步建立，并且非常有效。

⑧风险管理，就是要切实把握与建筑工程项目相关的**风险**，加以控制，力求实现风险最小化。在风险管理中，通常是按照风险的确定→风险分析与评价→风险对策的决定的形式进行风险管理。与建筑工程项目相关的风险主要有地震和台风等自然灾害的风险，火灾、倒塌等事故的风险，环境污染等引起的风险以及影响项目进行的各种法规制度的导入和修订等社会制度带来的风险等等。此外，对于建筑业主而言不仅仅存在建筑工程项目的质量风险，施工者的破产风险等，反之对于施工者而言还存在建筑业主的破产而造成无法支付工程款的风险，还有专业分包商受到总包商降低成本的风险等，因而在建筑工程项目中存在各种风险。

⑨供给管理，也可以说是外包管理。在建筑工程项目中，从设计单位到施工者、专业分包商等所有环节都存在调配的问题。为此，理所当然地要实现良好的调配供给就需要明确供给的条件，在充分把握供给环节中的信息的前提下，决定发包方式、选择性发包、选定方法、评价方法以及合同等内容。不仅仅是成本越便宜就越好的问题，选择具有质量保证的外包商同样是非常重要的。例如，最近的公共发包工程，综合评价方式的导入等，不单纯采用投标价格来决定承包商，而是采用对企业的技术能力以及价格进行综合评价的方法。供给管理中，在充分考虑工程项目整体特点的基础上，决定是采用设计施工分离发包的方式，还是采用设计施工一揽子发包的方式（工程总包），或是在雇佣CM的基础上采用专业分包商的分离发包的方式等等的供给调配方针和战略决策成为供给管理工作的重要内容。

最后，①整合管理，是对各个管理领域的活动的整合，以工程项目计划书的形式进行整理，甚至包括变更管理在内，力求使工程项目的计划书得以切实有效地实施的管理活动。

（4）CM方式的特征

CM方式的基本特征有两个。如图5.1.4所示，建筑业主、设计师和施工方之间属于合同关系。即，相对于以往在工程总承包商的总额承包方式中，建筑业主与专业工程分包商（总额承包方式下的分包商）之间的间接合同关系，CM方式将建筑业主与专业工程分包商是通过直接合

用词解释

Web
同World Wide Web（www）一样。利用英特网提供的超文本（hypertext，文字和图像等可以相互链接参照的文字系统）提供信息的系统的代表。

风险
发生损害或损失的危险及可能性。

用词解释

同建立关系的。这种方式称为分别发包。对于建筑业主而言这种方式增加了成本的透明度，进而提高了建造经济的工程可能性。其特征如同在图5.1.5中所示的那样，采用分段施工方式（Phased Construction或Fast Track），在主要的工程设计完成后，就按顺序进行发包和施工，将时间和经济的损失降低到最小程度。例如，以图5.1.5为例，若采用以往方式的话，就需要等到设计图纸资料全部完成以后才能进行招投标，发包来确定施工商，然后才能进入施工。

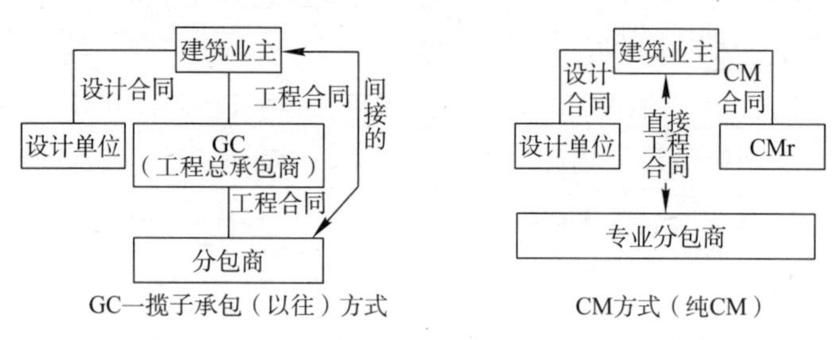

图5.1.4 以往方式与CM方式的合同关系[5-6]

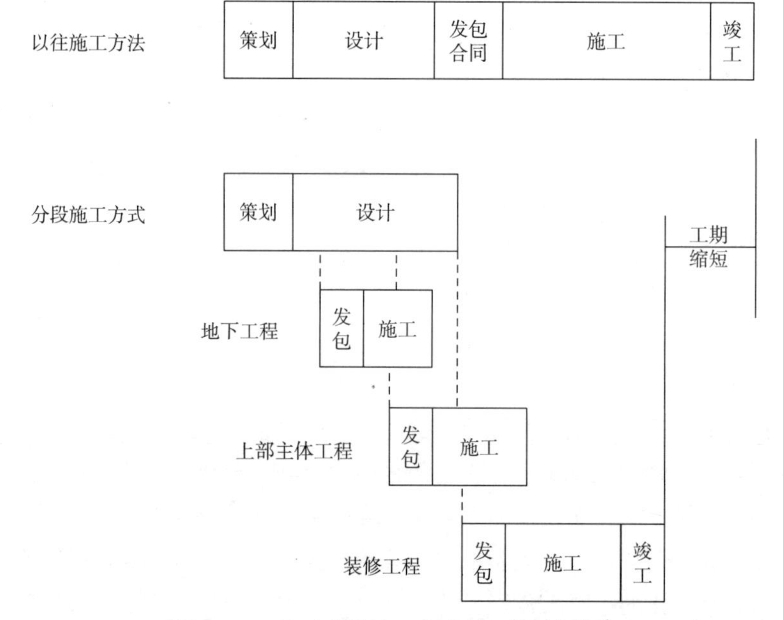

图5.1.5 基于分段施工方式的工期缩短[5-6]

在分段施工的情况下，地下工程的设计完成之后就可以进行这个工程部分的招投标，确定施工发包的施工单位，进入施工阶段。接着在上部主体部分的设计完成时，采用同法确定施工单位，并进入施工阶段。依此法可以达到缩短整个工程的工期的目的。为了使分段施工方式能够得以实施，就需要获得部分工程的施工许可，并将这些分段施工许可总合起来最终构成建筑物整体的工程许可，而在日本的认定申请制度中存在与之不相适应的部分。在日本的相关制度中规定：在不与制度发生冲突的情况下可以进行资材机械的先行发包和工种间的调整等工作。而CM方式的原型如图5.1.4所示的那样，从CMr的业务内容上进行判断，就存在许多不同的形式在其中。首先，图5.1.4的CM方式中CMr只开展纯粹的建设管理业务，这种方式被称为“Pure CM（纯CM方式）”、“Professional CM（专业CM）”或“Agency CM（代理型CM）”。像设计单位、工程咨询单位采用CMr模式的情况比较多见。另外一种方式会在通用临时工程等部分工程（图5.1.6）中采用，通常是在工程总承包商作为CMr时采用。甚至还有将限定最高额的条款（GMP：Guaranteed Maximum Price）加入CM合同中的情况。这种方式称为“CM at risk（风险型CM方式）”。实际上，CM方式并不完全限于这些变化形式，针对不同的工程项目会有许多不同的形式出现。在日本，即使在CM方式中不仅有将工程分别发包的做法，而且还有直接由具有优秀技术力量的总工程承包商进行工程建设管理的做法。

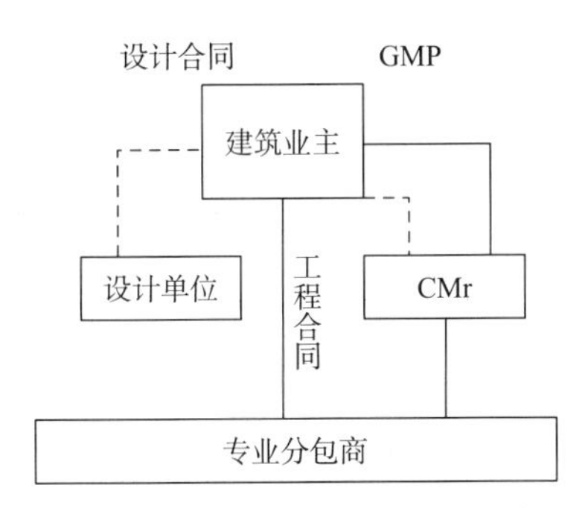

图5.1.6 工程中的CM方式[5-6]

5.2 建设管理技术

在建筑工程项目的建设管理领域，有传统的简称QCDS的品质管理、成本管理、工期管理和安全管理，1990年代又在此基础上增加了环境管理，形成了更全面的QCDSE管理。这些领域之间相互关联，**建设管理技术**同样也根据实际情况与多个领域相关联。本节中，针对主要领域中具有代表性的建设管理技术：①作为策划业务支持技术的“briefing（设计纲要整理）”与“programming（策划）”，②作为质量管理支持技术的“**TQM**”与“ISO”，③作为成本管理支持技术的“成本管理”、“VM与VE”、“LCM与LCC”，④作为工程管理支持技术的“工期管理”、“供应链管理”和“并行工程”，⑤作为不确定性问题论证支持技术的“风险管理”，⑥作为设计过程中的生产效能支持技术的“生产设计”、“建造能力（Build ability）”与“施工能力（Constructability）”以及⑦作为信息技术应用的“知识管理”与“ICT”，具体说明如下。

用词解释

建设管理技术

建设管理技术就是为了使建筑工程项目能够顺利地实施而采用的建设管理的技术，与5.1中的说明在内容上有部分重复。

TQM

TQC（Total Quality Control）即全面质量管理。以往的质量管理主要是在检查阶段针对不良产品的排除检查，TQC则是在全部所有的阶段，对企业所有部门的活动，围绕“质量”为中心进行全面经营管理的意思。此外，TQM（Total Quality Management）还有一层意思是以质量为根本追求业务和经营的质的提升的管理。

用词解释

5.2.1　编制项目设计纲要（briefing）与项目策划（programming）

在复杂的甚至大规模化的现代建筑生产中要明确建筑业主的主要愿望是非常重要的。将建筑业主的意向变为建筑设计中必要的设计条件进行整理是一件困难的事情，而且建筑工程项目目的本身也存在许多暧昧的地方。此外，建筑业主、建筑物的所有者以及建筑物的使用者等相关人员之间还存在着极其复杂多样的利益关系，形成合理的、高效的最终意向是必要的，而且非常重要！

收集整理建筑业主对建筑工程项目的各种设计要求，是项目设计能够有的放矢的前提。在英国，这一阶段的工作称为编制设计纲要（Briefing）。经对整理完成后的成果也就是项目工程的设计条件书，称为设计纲要（Brief）。而在美国，则分别称为“策划（Programming）”和“策划报告（Program）”。

项目策划的目的是“明确发包方以及相关者的要求、目的、限制条件（资源、文脉）等并根据项目的具体条件进行分析的过程。这些数据的收集整理及分析工作由设计人负责，对各种信息进行系统的整理，是项目策划的重要课题。”（ISO 9699,1994）。而策划指的是“为了获得解决方案而提出适当的建筑课题和要求条件的过程。策划是发现问题的过程。策划是在设计过程中明确必须解决的问题的工作。”（AIA“The Architect’s Handbook of Professional Practice”，vol.2.1987）。

策划的代表性手法有Problem Seeking（发现问题）手法，对于建筑工程项目而言，从建筑业主或者设施的负责人、建筑物的利用者等收集和分析必要的信息。在Problem Seeking（发现问题）中有5个步骤：1）目标的确立（Goals：目标），2）事实的收集与分析（Facts：事实），3）概念的发现与试行（Concepts：概念），4）需求的决定（Needs：需求），5）问题的提出（Problems：问题），通常是在对“功能”、“形态（面积）”、“经济（成本）”、“时间（工期）”的考察平衡过程中，发现并提出设计的问题。

5.2.2　TQM与ISO

建筑工程项目是通过接受订货的单一生产产品，与制造业相比，为了构建每个工程项目的生产组织与设备，从而把握好具有稳定质量的项目产品对于建筑工程项目而言有一定的难度。日本工业标准（JIS Z 8101）中将质量管理定义为：“能经济地生产或提出符合购买方质量要求的产品或服务手段的体系。”

确保质量是从对生产现场、市场需求调查开始，再到技术开发、保证稳定的产品质量的质量计划、排除不良产品的质量管理以及售后服务等企业活动的整个过程来进行控制的，并以TQM（Total Quality Management，全面质量管理）进行定位的。

ISO（International Organization for Standardization，国际标准化组织），是1947年设立的国际组织，致力于产品、规格和服务等国际标准化以及相关活动的发展事业。在日本，特别是1990年代以后，为获得国际标准ISO9000系列的认证，企业在质量管理和质量保证体系方面的活动非常活跃。ISO9000系列不仅仅是产品的规格标准，而且还是产品质量保证的生产机构的标准。在ISO中，要求有明确的责任和权限，清晰的组织机构运行的方法和规则，并且还要有文字资料的记录。其结果确保了问题点的可追踪性和课题的所在，即发现问题的**可追溯性**（Traceability）。

5.2.3 成本管理

建筑工程项目中的成本管理的目的和作用可以整理为以下几点：①将计划建筑工程项目控制在发包商设定的预算范围内，②在优化预算运用方法的同时，实现项目投资效果的最大化，③从长远的观点降低LCC（生命周期成本），④在制定项目计划过程中，以及建筑业主在进行决策时，要求提供有关成本的信息资料、建议以及执行情况的报告。

成本管理的手法有：①针对按**各部分内容的清单格式**形成的设计说明的论证或变更的对策，②运用设计VE（价值工程）的设计方法，③基于LCC的设计等。各部分内容的清单格式是以建筑物各部位的功能，如：基础、上部主体结构、外部装修、内部装修以及设备等进行成本分类的方法，这就使得对于各个部位的预算、功能和性能之间的成本平衡成为可能。

5.2.4 VM与VE

VE（Value Engineering【价值工程】）是指，从所要实现的“功能（Function）”及其“成本（Cost）”之间的关系上，把握产品或服务的“价值（Value）”，并且根据系统化的操作程序实现“价值”提升的手法。这是1947年由美国GE公司的L.D.迈尔斯开发的，1960年左右传入日本（日本VE协会）。价值（Value）定义为功能（Function）/成本（Cost），指的是在确定的功能的基础上降低成本。由于施工阶段的VE通过降低成本所带来的效果甚微，因此往往将重点放在设计阶段的VE及其实施上。另一方面，价值管理（Value Management，VM）指的是，为了实现建设投资的最优化，围绕着如何降低成本而采取的一系列方法。也可以认为是将一个建筑工程项目中的各种VE活动进行整理的方法。而VM是将设计阶段的VE进一步发展，使得在设计的各个阶段细化功能的定义，从而实现VE。VM的设定是通过以下6个阶段进行的：VM1：改善计划阶段，VM2：用地选择阶段，VM3：形体方案（1/500）制作阶段，VM4：初步设计方案（1/200）制作阶段，VM5：

用词解释

可追溯性（Traceability）
ISO9001中的可追溯性（Traceability）指的是，对所考虑的对象物的履历、使用范围以及所处的位置可以寻觅其轨迹的意思。在ISO中强调要求采用文字资料记录，以确保其可追溯性。

各部分内容的清单格式
各部分内容的清单格式指的是，将建筑物或者构筑物等的工程费用按照各部分或者各部位进行分类，根据这种分类、合计的方法算出工程费用的累计清单格式。此外，按照工种类别的清单格式主要有以工种、材料为对象进行的工程费用计算方法，大致是以工序的顺序进行记载的累计清单格式。

VE
1940年代后期，由美国开发的提高价值的方法。VE（Value Engineering）定义为：为了以最小的寿命周期成本实现必要的功能，而倾注于产品或服务功能的研究的有组织的努力。功能评价公式为：V=F/C（Value：价值、Function：功能、Cost：成本）。

扩初设计（1/100）制作阶段以及VM6：施工图设计阶段。这些VM的特征主要有：①有可能从策划阶段就开始进行VE，②设计阶段的VE，③多阶段的VE，④通常的VE评价方法以及其他如LCC、AHP等客观评价方法的引入，⑤对记录的保存以及对下一个工程项目的反馈的重视等内容。

5.2.5 LCM与LCC

生命周期管理（Life Cycle Management：LCM）是指："根据实现建筑物的功能和使用效能的维持以及提高的适当的成本，而对建筑物的整个生命周期进行管理"。而生命周期成本（LCC）指的是：建筑物在整个生命周期中的费用，通常由策划、设计费、建设费、修缮更新费、运营费、维护保养费以及解体·废弃处理费等构成。将LCC控制到最小限度，这是LCM主要的目的。

LCM的一般业务内容有：①建筑物的维持管理（清扫、修补）、设备机械的运转维护以及环境管理，②客户（居住着和使用者等）满意度的保证，③修缮履历记录等的信息管理及其根据相关分析结果对将来计划制定的建议，④伴随建筑物的改造、增建以及变更用途的改造与重建等。针对以往在发生问题时，才对发生问题的地方进行修补等"**事后维修**"的做法，将考虑的重点转向从项目计划伊始，就采取"**预防维护**"的长远观点来进行管理。

5.2.6 项目工期管理

在建筑工程项目的情况下，工期管理是指为了在既定工期内完成竣工，而制定工程进度计划，制定各个作业的计划时间表。其中还包括对其进行管理的内容。工程进度管理又可以理解为作业进度管理。

传统的工期管理手法有PERT（Programming Evaluation and Review Technique，网络计划法）以及CPM（Critical Path Method，关键线路法）。PERT网络计划法，是1958年由美国海军开发的手法。在网络表现法中，将作业采用箭号（Arrow，箭号）表示的流程型与，利用节点（Node，节点）表示的节点型两种类型。在此基础上，还有在网络计划法中附加上成本信息的PERT/COST方法。关键路径是指整个工程进度中所需时间最长的路径，要缩短整个工程进度就必须缩短关键路径上的作业余量。因为，如果关键路径上的作业发生迟延情况的话，就会严重影响整体工期。通常从所需要的时间和成本的关系上决定最合适的工程进度。比如最近的采用计算机技术开发的更加有效地寻找最佳解的工期管理手法——近旁探索法。

用词解释

事后维修

事后维修指的是，在对象物出现故障等而造成其功能和性能下降，或者停止工作时，为了恢复运行而采取措施的方式。

预防维护

预防维护是指，尽可能早地洞察可能出现问题的征兆，有计划地采取必要的措施的方式。

PERT

PERT是策划评审技术（Programming Evaluation and Review Technique）的缩写，是网络法的代表例。采用PERT/TIME是进行工程项目日期计划的基本方法。其他方法还有，如：在各个作业中附加成本信息的成本计划的PERT/TIME，以及在各个作业中附加资源信息的劳务计划的PERT/MANPOWER等。

CPM

CPM是关键线路法（Critical Path Method）的缩写，是在网络法中计算各个作业的余量，着眼于称之为关键线路的最长路径上的作业的一种手法。在关键线路中消除工程进度的余量，并且将其作为重点管理的对象。

用词解释

5.2.7 供应链管理

建筑工程项目由于是单品的现场施工生产模式，在工程进度中有许多企业参与其中。供应链管理（SCM：Supply Chain Management）就是这种基于各企业间协力配合，而力求在计划、调配以及生产等一系列业务环节实现高效率的经营管理手法。

供应链，是指供给商品或者服务的连锁的链，即，从原材料到循环再生利用的供给的整个连锁链的意思。有关建筑的供应链管理，椎野将它定义为："从部件的制造到提供消费者以产品、以及它的使用、甚至废弃、回收和再利用整个循环过程，实现物流、商流以及信息流的合理化，力求为顾客提供不断增值的活动"。

在建筑业中成功运用供应链管理的例子如：鹿儿岛建筑市场。鹿儿岛建筑市场由①系统公司、②工程公司、③建设现场、④资材供应商与专业工程承包商、⑤CAD概算中心、⑥预制构件工厂等6个组织构成。在鹿儿岛建筑市场，实现了在设计阶段利用CAD中心的共享资源以及数据的互换性。此外，还实现了部件整理和编号的标准化，实现了从CAD数据自动生成部件的数量表以及自动生成预算。从而消除了在资材调配与材料接收时的多重组织结构，实现了资材和部件从建材厂家以及大规模一手批发商那儿直接购入的组织模式。物流方面，在建设现场对于每日以及当日所需要的资材实现及时配送（Just In Time：JIT）。在施工现场，通过设置Web摄像机或HP实现工程进度状况的共享，进一步促进各工种之间的协调联系。

5.2.8 并行工程

并行工程（Concurrent Engineering），指的是对包括产品及其与之相关联的产品和支持系统在内的工作进度，进行统合并行（Concurrent）设计的有组织的运作过程，是一种包括质量、成本、工期以及使用者的要求在内，综合考虑产品生命周期的所有要素的设计手法。并行工程的8个基本理念为：①在早期阶段发现问题，②早期决策，③作业结构化，④加深组织的联系，⑤知识扩张，⑥相互理解，⑦责任感和热情的提升，以及⑧目标的统一，而在引入并行工程时，尤其重要的是"产品模型"和"过程模型"的建构。在过程中采用同时并行的有部分独立或全部独立的作业关系（Semi-Independent Tasks：部分独立的作业/Independent Tasks：独立的作业），也有相互间影响关系强的作业关系（Interdependent Tasks，相互关联的作业），在并行工程中，必须预见到某个作业对其他作业产生怎样的影响，以求得最恰当的作业任务的配置安排。

5.2.9 风险管理

不确定就是指"不知道"，风险通常被用于某种不确定性将会给当

用词解释

影响图（influence diagram）
在风险管理中对产生风险的原因、风险及现象关系采用图示法进行表达的手法，采用这种图示法就可以使得决策者对决策选择的“决策要素”、决策中无法控制的“不确定因素”以及决策的判断标准的“评价标准”等内容通过图示的方法进行表达，从而把握风险与决策项目之间存在怎样的关联性。

敏感度分析
针对风险管理而言，当发生计划变更时将会对项目实施产生怎样的影响，而进行的事先调查的一种手法。利用敏感度分析手法，仅允许作为研究对象的变量发生改变，其他的变量则采用标准值，从而来把握工程项目的目标变化情况（影响程度）。

可靠性
在日本工业标准（JIS）中，对可靠性的定义是产品项目在给予的条件和规定的时间内，能够确保达到所要求功能的特性。

保证性
在日本工业标准（JIS）中，保证指的是维持产品项目的使用及其运用的状态，以及为了恢复故障及缺陷等所采取的所有处置措施和活动；保证性则指的是，产品项目在给予的条件下，在规定的时间内可以完成的特性。

备货时间
备货时间（lead time），在日本工业标准（JIS）中，从发包订货开始到交货为

事人带来的损害或危害的情况。风险管理（Risk Management）是指降低风险所需要的成本以及进行利益权衡（Trade-off）的过程，其流程分为①风险的提取与结构化，②风险的评价和③风险的应对3个阶段。风险原因的提取和结构化，首先要明白存在哪些风险，它们相互间都存在着怎样的关系，其支持手法有影响图（Influence Diagram）和敏感度分析。**影响图**（Influence Diagram）是将风险因子的相互关系加以模型化的方法，**敏感度分析**是预测风险因子的变化对结果可能产生的影响的分析方法。利用敏感度分析可以评价风险因子对结果所产生的影响程度。

利用风险评价推测各个风险因子发生的几率。其结果就可以描绘出决策树，从而影响决策。根据风险评价结果，就可以提出对风险的对策。因此，信息的获取及其价值就变得越发重要了。根据具体的对策实现风险的转移、回避、分散、分担以及降低。

5.2.10　生产设计、可建造性与可施工性

在专业分工和专业人员不断发展的现代建筑生产中，生产设计、可建造性以及可施工性是在设计阶段有效地对生产层面加以考虑，并且合理和切实地进行运作的组织能力，并以同样的概念确立下来。

（1）生产设计

古阪将生产设计定义为：“在设计阶段从如何便于制作、经济性和质量安全性等观点出发，对设计进行调整，从而使得施工具有可操作性和实施性。具体而言，就是从有利于生产的结构与施工方法的选定、适当材料的选择、结构的简单化与标准化、以及资材与人力的可调配性等方面进行研究。”（古阪，1993）。首先，生产设计是在设计阶段进行的工作。每个工程项目的具体生产设计承担者依据工程项目的实施策略以及相关者的能力情况而不同。就设计施工而言，也许会有承担施工的人员参与进来。

生产设计活动的基本项目如图5.2.1（左）所示。“有利于生产的结构与施工方法的选定”，它涉及结构施工方法的选择，进而对这些方法的可靠性、取材的便利性等进行论证的问题。“尺寸精度的设定”是确定设计质量的问题，包括尺寸公差及替代特性的规定。“适当材料的选择”是对选择材料的**可靠性**和**保证性**方面的要求。“结构的简单化、规格化和标准化”包含部品和部件的标准化、标准品和规格品的利用以及可重复利用特性的意思。在“市场上的出售品及规格品的采用”中包含有对**备货时间**（lead time）的论证以及市场状况的了解。

例如钢筋混凝土结构，主体结构工程的预制化及工业化产品的采用就是生产设计的典型例子。在设计阶段，对于这些做法所采用的部位、连接方法以及施工规程等的质量、工序以及成本等进行综合论证研究。在钢结构中，根据市场状况钢结构骨材的备货时间需要花费相当长的时

间，因此必须制定周密的工程计划。

用词解释

止的期间，及货品调配时间，或者材料从准备开始到完成品为止的时间。

生产设计的基本项目与活动内容

1. 有利于生产的结构施工方法的选定
    1）结构施工方法选择
    2）可靠性的要求
    3）可操作性的论证
2. 尺寸精度的设定
    1）设计质量的确定
    2）尺寸误差的规定
    3）替代特性的规定
3. 最适合材料的选择
    1）材料选择
    2）可靠性与保证性的要求
4. 结构的简单化・规格化・标准化
    1）部件与部材的标准化
    2）标准品与规格品的利用
    3）可重复使用性的运用
5. 市场销售成品与规格品的采用
    1）备货时间计划表
    2）市场供给状况的了解

出处：生产设计的现状与课题

提高施工能力的战略

1. 运用改善后的生产系统
2. 设计的简单化及其要素组合
3. 设计的标准化及其要素重复
4. 信息利用的便利性的提高
5. 解信息机能的提高
6. 施工连续性的提高
7. 临时设备及工具使用方法的提高
8. 施工者与设计单位之间的交流沟通

提高施工能力的重点检查项目

1. 现场管理与计划
2. 现场之外的作业
3. 设备的使用
4. 工具的使用
5. 设计成果
6. 技术人员与施工人员间的交流沟通

为降低成本在量上必须削减的项目

1. 延期的可能性
2. 现场作业量
3. 工程期限
4. 高空作业量
5. 必要的资材量
6. 发生劳动问题的可能性

出处：Productivity Improvement in Construction

图5.2.1 生产设计与施工能力的技术

（2）可建造性（Buildability）

英国的CIRIA（Construction Industry Research and Information Association，建筑工业研究与情报协会），将可建造性（Buildability）定义为：“在完成建筑物全部要求事项的前提下，建筑物的设计应使得施工变得更加简单易操作的程度。”（Griffith，1984）。良好的建造能力要求在设计阶段就考虑施工方法和施工中的制约条件。CIRIA在报告书中指出：实现良好的建造能力是设计团队的责任，要实现这一目标就要求设计单位和施工者都能够站在对方的立场和角度来思考问题。可建造性的3个基本原则是：“简单化”、“标准化” 和 “交流沟通”（communication）（Adams，1989）。好的可建造性将引导建筑业主、设计单位和施工者整体实现经济效益的关键所在。

（3）可施工性（Constructability）

美国的CII（Construction Industry Institute，美国建筑工业院）将可施工性定义为：“为了完成工程项目的全部目的，应该最大限度利用策划、设计、调配以及现场作业中有关施工方面的知识和经验。”（CII，1986）。可施工性要求从工程项目开始直到完成为止形成完整持续的机制，而不是在设计完成以后对计划或设计说明书进行变更和调整。因此，在工程项目初期建立可施工性的研究机制将给工程项目带来更好的效果。奥格斯尔比（C. Oglesby）通过对335个案例的分析，提出了提高可施工性的8个策略（奥格斯尔比，1989）。其概要如图5.2.1（右）所示。

CII

CII（Construction Industry Institute，美国建筑工业院），设在美国德克萨斯的奥斯汀，由与建设相关的发包商、工程公司、建设企业以及资材供应商组成的国际财团。致力于与大学的联合，从事与建设行业相关的研究与开发，并从事教育培训事业。

用词解释

三维实体计算机辅助设计
三维实体计算机辅助设计是针对实体的三维计算机辅助设计技术，它不仅仅采用以往线条描图来制作CAD图纸，而且还可以通过实体的空间组合来表达建筑物的CAD。实体中可以附加具体的属性信息、结构解析、环境模拟、概算以及施工模拟等建筑物信息资料，该技术的有效利用已经成为可能。

不论是生产设计、可建造性还是可施工性都要求具有简单化、标准化以及交流沟通的特点。

5.2.11　知识管理

知识分为显性知识和隐性知识。显性知识是可以明确表现的知识，而隐性知识则要通过个人的经验来获得的，是无法明确表达的知识。知识管理是将个人所拥有的隐性知识、组织所拥有的显性知识加以融合，形成让与建筑生产相关的所有成员都能够相互协调地加以共享利用的机制。现在，知识这个词汇已经涵盖了从数据、信息到知识、智慧等极其广泛的领域。事故、不当问题的分析以及失败学等也已经成为重要的知识构成。而管理则是知识的具体化，通过知识的共享可以提高组织的执行能力。

建筑设计中的知识管理的成果案例可以列举前面所述的生产设计、建造能力以及施工能力。这些都是在设计阶段从生产层面上必须考虑和研究的知识，是对它们进行整理形成的知识，这些知识中还包含了采取怎样的应对措施等信息内容。在现代知识管理中信息技术的利用是不可或缺的。现代建筑生产变得规模越来越大和日益复杂化，为了提高项目相关者的专业性和独特性，充分利用网络技术实现信息和知识的共享非常有效。特别是利用**三维实体计算机辅助设计**（3D Object CAD）进行知识管理的研究也不断在推进中，此外，能够让设计单位自身在进行设计的同时对结构设计、环境模拟以及成本概算等结果同时进行分析和考虑的系统也正在开发中。

5.2.12　信息技术：基于ICT管理的展开

信息技术（Information and Communication Technology：ICT）是现代建筑项目管理技术的重要手段。首先，随着有关ICT利用课题的数据标准化研究的进展，在不同环境中工程项目的相关者全部实现数据共享。XML（Extensible Markup Language，可扩展标记语言）是在Web上，适用于生产信息交换的世界标准数据格式，这一技术已在电子数据招标等领域得到应用。随着宽带技术的实现，图像、动画等数据的应用已成可能。这些技术使得设计与施工的整合，甚至对建筑物的全寿命周期的统合得以实现，这些技术支持环境已经逐步形成。

5.3　不断扩大的管理领域（图5.3.1）

项目管理的导入，对于以顺利推进建筑工程项目完成为目的的建筑业主而言，除了顺利完成建筑工程项目之外，还要使得项目在完成之后长期发挥其功能。因此，不单单停留于工程项目管理，如何进行建筑物的维护管理，确保正常运营等问题是建筑业主非常重要的课题。这就是物业管理（property management）。此外，不仅仅单栋建筑，对于大规模的建筑业主或者拥有大规模的资产的公司以及公共项目发包单位而言，如何将各个建筑物综合起来进行管理运营，实现资产价值的提升？从**资产管理（asset management）**的观点，对CRE（Corporate Real Estate，民间资产与不动产）以及PRE（Public Real Estate，地方公共团体的公共资产与不动产）所拥有的全部资产的实际状况进行全面管理。

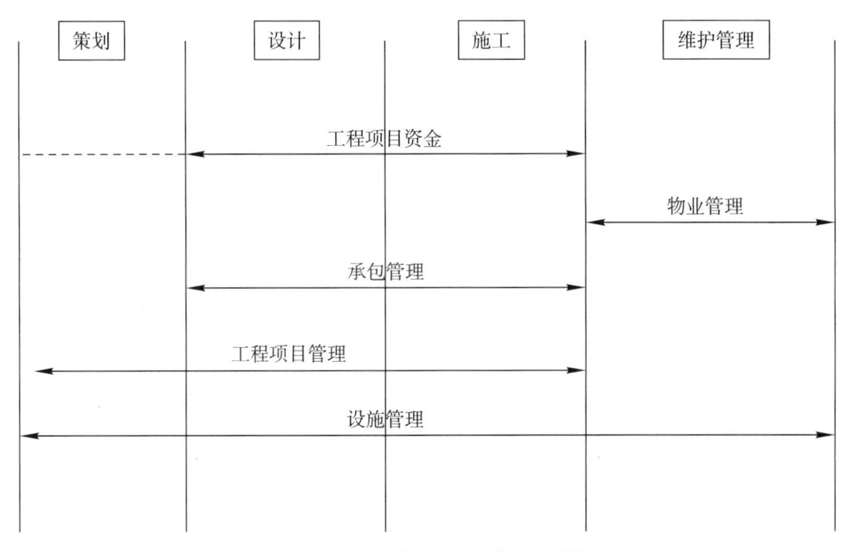

图5.3.1 不断扩大的管理领域

以民间资产为例，以往通常把注意力放在拥有土地的**资本利益（capital gain）**上，针对单纯以拥有土地的做法而言，随着时价会计做法的推进和导入，在经济景气消退期中，为了减少资本损失，必须统计出当期损益等结果，随着国际会计标准的变更，其存在的风险正在不断地显现出来。因此，对于许多土地等资产的拥有者来说，在进行每个项目的运营管理的同时，如何将建筑物或土地作为“群”来进行综合管理已成为重要的研究课题。

本章论述有关设施管理、尽职调查、物业管理以及项目融资等问题。

5.3.1 设施管理

设施管理，在这个概念提出伊始，仅仅是指如何使得家具布局作业实现高效率和更加合理布置的概念。随着1980年代智能建筑以及利用IT对建筑物进行管理的手法的导入，这一概念发生了根本的改变，从单纯的家具布局，逐渐定位在针对不同的使用者，让建筑变得更好使用，而对既有设施展开广泛的调查、改善、维护管理以及运营等管理的概念。近来，甚至包括PRE（Public Real Estate，地方公共团体的公共资产与不

用词解释

资产管理（asset management）
为了让不动产的拥有者或投资商的不动产事业获得利益，而代替不动产拥有者为承租者等一系列不动产业务提供管理服务的活动。

CRE
Corporate Real Estate的缩写，对于企业不动产，从“提升企业价值”的观点，站在经纬战略的角度进行调整整合，谋求最大限度地提高不动产投资回报率的思维方式。（来源：国土交通部“企业不动产的合理拥有、利用研究会（企业不动产研究会）报告书（2007年3月）”）

PRE
Public Real Estate的缩写，针对CRE以民间企业不动产为对象，PRE则是以地方自治体等所拥有的公共不动产为对象。从2008年至今，日本国家、地方公共团体等所拥有的土地不动产，仅金额规模就达到454兆日元、面积规模占国土面积约40%。

资本利益（capital gain）
由于建筑物等具有同样的特点，随着不动产市场不断变得活跃起来，以路线价等为代表的不动产价值上升，其结果，使得账簿价格（所有者的账簿上的价格）变为大幅度上升的时价（那个时点可能销售的价格），如果卖掉的话，这里边就会产生转让收益部分，即资本利益。

用词解释

动产）和CRE（Corporate Real Estate，民间资产与不动产）在内，逐渐将这一概念提高到资产管理的水平加以解释。

在政府与民间推出的FM促进联络协议会编著（2003）的《总解说·设施管理》中，将设施管理定义为："为企业和团体等进行组织活动而对其设施及其环境进行综合策划、管理和利用的经营活动。"此外，设施的对象除了土地、建筑物和各种设备等硬件内容之外，还包括内部环境、外部环境以及信息环境等软件内容。简言之，将所有活动场合完全纳入设施管理的对象。

现在，以（社团法人）日本设施管理协会为中心，还设立了设施管理师的资格认证制度。

5.3.2 尽职调查

红利收益
对于租赁大楼等，通过租赁人持续持有而获得的现金收入的利益。

尽职调查（Due Diligence）指的是，为了在取得不动产或进行不动产投资时，测算出恰当的投资价值，对物件将来的收支（资金流）进行正确的预测而进行的多方位调查。在尽职调查盛行的背景下，不动产市场呈现出与金融结合起来进行交易的形态，从单纯获得资本收益，朝着基于回报与风险的数值化，切实把握**红利收益**，使得不动产交易发生重大变化。

尽职调查大致分为3种功能：

① 建筑物物理状况调查

一般称为工程报告，是关于土地与建筑物在应对土壤污染以及大规模地震的状况、改造与修缮履历、设备老化状况等方面的调查。主要由建设公司或建设相关咨询公司承担。

② 建筑物的法规调查

由会计师或律师对不动产所有权关系和租赁借贷合同等风险进行的调查。

③ 建筑物的经济调查

不动产鉴定师、会计师等对不动产的租赁收入和运营费用等进行分析，针对因不动产可能发生的资金流的变动进行预测。

5.3.3 物业管理

以往的楼宇管理所说的物业管理只是指大楼的修缮和日常的设备管理，现在的物业管理是以大的不动产公司为中心，包括楼宇的运营在内，被赋予了更高层次意义上的概念。物业管理的业务内容包括：①大楼管理业务，②租赁管理业务，③建筑施工管理业务，④业主服务业务等，涉及广泛的管理业务功能。

关于楼宇运营管理，实现上述一揽子责任的管理就是物业管理，实施者称为物业管理者。

物业管理者就是建筑物的运营管理方的责任人，与之相对应，我们将不动产拥有者称为资产管理者。其典型例子如REIT（不动产投资信托）等。REIT是不动产的拥有者以资产管理公司的形式，接受委托运营开展租赁等业务，从而成为物业管理公司。

5.3.4 项目融资

项目融资是资金调配方法之一，以往的资金调配指的是公司理财（corporate finance），是以公司的信用与资本能力、不动产等为担保进行资金筹集，项目融资指的是仅关注从项目中可能获得的事业收益，而进行大规模资金融资的行为。

在项目融资中，即使那个项目存在破绽，项目运营公司也无需承担偿还的义务。由于是以项目运营的收入作为担保的融资，所以只要采取破产隔离（Bankruptcy Remote），公司就可以不必承担责任。

PFI（Project Finance Initiative，私人主动融资）是典型的项目融资，通常，公司进行投资时，会设立项目专门的SPC（特定目的公司），从银行等机构接受融资，从而推进PFI项目。SPC将政府公共工程项目产生的收益作为事业收益，从事SPC的运营。

民间的不动产开发中也常常用到项目融资的方法。例如，六本木的中城（Midtown）和六本木新城（Roppongi Hills）就属于这类案例。对于大规模开发，由于需要大额资金，因此采用项目融资手法是一种倾向。

用词解释

REIT

Real Estate Investment Trust的缩写，指的是不动产投资信托。将投资者筹集的资金运用于办公楼等不动产，将租赁收益、销售收益等作为红利分配给投资者的做法。

◆引用及参考文献◆

5-1) 田中秀和著：マネジメント思想の発展に関する基礎的研究—建築プロジェクトを対象として— 京都大学修士論文（2004）

5-2) PMI：A Guide to the Project Management Body of Knowledge(PMBOK) 2000 edition（2000）

5-3) 日本建築学会編 古阪秀三著：建築企画としてのプロジェクトマネジメント（マネジメント時代の建築企画） 日本建築学会 技報堂出版（2004）

5-4) 古阪秀三著：コンストラクション（プロジェクト）・マネジメント（京都大学工学研究科が選ぶ）先端技術のキーワード114選 日刊工業新聞社（2003）

5-5) 上野一郎著：マネジメント思想の発展系譜 日本能率協会（1976）

5-6) 日本CM協会編：CMガイドブック（2004）

5-7) 古阪秀三総編集：建築生産ハンドブック 朝倉書店（2007）

5-8) 重化学工業通信社編：エンジニアリング・プロジェクト・マネジメント用語辞典 重化学工業通信社

5-9) 古阪秀三著：日本におけるPM/CM方式の定着とマネジメント教育 建築雑誌（1997）

5-10) 日本建築家協会編：JIAのPMガイドライン 日本建築家協会（2002）

用词解释

5-11)　日本建築家協会編：顧客満足度と建築家の挑戦—JIA顧客満足度調査レポート—　日本建築家協会（1999）

5-12)　国土交通省：CM方式活用ガイドライン（2002）

5-13)　建設業振興基金：CM方式活用方策調査報告書（2002）

5-14)　建設業振興基金編：CM方式活用マニュアル試案（2002）

5-15)　古阪秀三，遠藤和義共著：生産設計の現状と課題　第４回建築生産と管理技術パネルディスカッション報文集「生産設計をめぐる諸問題」　日本建築学会（1993）

5-16)　A. Griffith: Buildability: the effect of design and management on construction　Herriot-Watt University (1984)

5-17)　S. Adams: Practical Buildability　Butterworth (1989)

5-18)　Constructability Task Force, Construction Industry Institute: Constructability, a Primer Construction Industry Institute (1986)

5-19)　C. H. Oglesby, et al.: Productivity Improvement in Construction McGraw-Hill (1989)

5-20)　古阪秀三著：生産設計，Buildability，Constructability　平成建築生産事典　彰国社（1994）

5-21)　内田祥哉編著：建築施工　市ヶ谷出版社（2000）

5-22)　松村秀一編著：建築生産　市ヶ谷出版社（2004）

5-23)　FM推進連絡協議会編集（2003）総解説・ファシリティマネジメント　JAFM

第6章　建筑生产过程概论

6.1　建筑策划

6.1.1　建筑策划的过程

进行建筑活动，其前提是必须进行项目策划。项目策划是项目开展的策划行为，不论法人还是个人，不论要开展怎样的项目，都需要对项目的目的以及实现的方法进行分析研究。例如，某制造商从商品销售设想开始制订生产计划，就其生产计划而言，必须对以下诸多事项进行详细的分析：如，在所拥有的既有生产线能力不足的情况下，在现有工厂内能否增设生产线？人员是否有保障？能否确保效益？何时可以动工？预测可能涉及的外部法律申请程序以及公司内部审批程序、资金预算筹措情况以及对外委托的可能性等等。在这个阶段，如果要新建建筑，就必须进行建筑策划。单就现有生产线的长度这个问题，就有必要对其建筑面积是否足够进行判断，对建筑是扩建还是新建进行研究，因此，建筑项目的产生与建筑策划紧密相关。当然、项目策划与建筑策划是密不可分的，其关联度根据建筑在项目中的定位而不同。

一般的建筑策划按图6.1.1所示的流程进行。建筑项目一旦获得提议，就需要根据选址与基地条件、社会与环境条件以及对类似项目案例的调查分析结果，开展包括组织策划、经营策划、空间策划以及技术策划等4个方面的建筑策划工作。

组织策划是在项目进展过程中，针对组织机构是否合适、项目开展的方法、相关利益者之间的利害关系调整方法、设计单位以及施工单位的选择方法等等问题，进行分析研究并做出决定的过程。经营策划是针对包括**基本建设费用**和**项目运转资金**的项目收支和建筑物运营计划，进行分析论证并做出决定的过程。空间设计是针对土地利用规划、布局、建筑物规模、建筑物的等级、功能或性能以及建筑的形式与风格等，进行分析论证并做出决定的过程。技术策划是针对结构、设备、施工方法、施工过程以及工期等问题进行分析论证并做出决定的过程。这4个方面的策划工作的内容是彼此紧密关联的，并非是单独解决可以完成的。策划方案必须是在综合而系统地进行论证研究的基础上完成的。

最终形成的策划方案是经过相关各方的评价修正，由**设计纲要**和**项目计划**等具体设计条件构成的基础资料。

建筑策划的编制主体是多元化的。一般而言，以建筑业主为主体进行的项目，根据项目的复杂程度，进行建筑策划则需要具有广泛的和高

用词解释

基本建设费用
初期投资的费用。建筑工程项目中，包括获得土地的费用、建筑工程施工费用、各种调查费用、进行不动产运作中产生的各种税费以及各种费用等。

项目运转资金
使用和维护的费用。建筑工程项目中，包括管理费、光热费、修缮费、更新费以及拥有所有权产生的税金和各种费用等。

设计纲要、项目计划
将业主为建筑设计而进行设计要求条件的整理和总结的过程，在英国称为设计纲要（Briefing），在美国称为项目计划（Programming）。

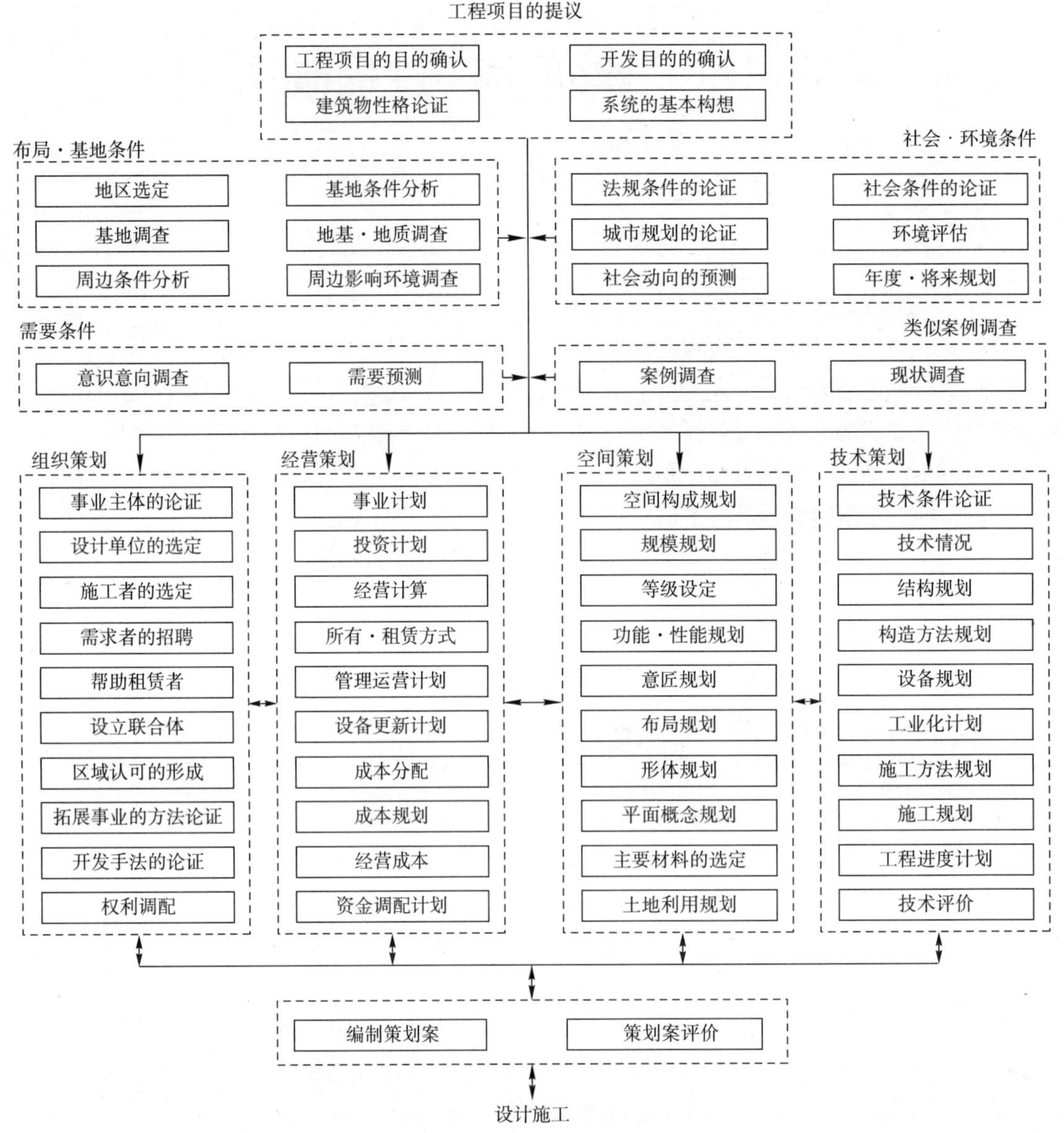

图6.1.1　项目策划的过程[6-1]

用词解释

度的专业能力。

现实中，建筑策划编制主体不仅包括设计单位和施工单位等专业部门，还包括那些能充分发挥有关策划咨询公司优势特点的公司（商业咨询公司、医疗咨询公司、广告代理商、智囊团、施工管理单位、项目管理单位等），由这些部门一起参与策划编制工作的实例正在不断增加。

近年来的一种倾向是，针对国际标准、项目投资效率、投资商的一种称为“责任说明”的观点逐渐受到重视，建筑策划中特别是经营策划的比重在逐步增加。例如，民间的不动产投资项目以及公共项目的PFI（Private Finance Initiative，私人主动融资）项目的做法就是一个好的例子。

在不动产投资项目中，利用**不动产金融工程学**的复杂**金融计划**进行策划的项目逐渐增多。由于受到投资商意愿的强烈驱使，建筑策划阶段要求尽可能对所有的关键因素（组织、经营、空间和技术等）进行确定，尽可能降低项目将来开展过程中可能遇到的风险。因此，在项目开发的早期阶段就要确定和把握好项目的租赁面积、工程费用、工期、运营方法以及入住者等情况。形成以经营者和不动产开发商为首的，包括金融机构、设计事务所、建设施工公司、租赁公司（运营者）、管理公司和广告代理商等多种职能部门共同组成的企业集团，这种企业集团能充分发挥各自专业能力和特长，提出具有高度可操作性的项目提案（项目策划与建筑策划），从而确保投资商的项目投资价值目标实现最大化。基于此，建筑策划的编制者不仅要具备提出可操作性提案的能力，而且还要具备推进项目实施运作的能力。

如上所述，充分发挥PFI（私人主动融资）项目的项目开发模式的特点，国家与地方部门要充分整合民间的能力资源，建设和完善社会公共设施，提高社会公共服务水平。诸如此类的方法正在被广泛地运用于项目开发中。例如，BOT（Build Operate Transfer，建设－经营－转让）模式是，国家或地方自治体对拟建设的建筑或者公共服务设施，从项目开发的目标开始，一直到详细的建筑使用说明以及运营管理说明等整个过程制定项目要求标准，企业财团（由金融、开发、设计、建设、管理和运营等各专业公司构成）根据项目开发的标准要求，在建筑物建成后的一定期间进行运营管理，期满后将设施归还移交给国家或地方自治体的一种较长时期的项目开发类型。正式公布这种实施方针的项目截至2008年7月31日共有318件（内阁政府PFI促进委员会），是一种正在受到关注的新的公共服务以及设施建设的模式。

6.1.2 建筑策划中业主的作用

在建筑策划中建筑业主具有重要作用。以工业产品为例，必须预先了解顾客对产品的需求，然后根据这些要求完成设计图，并基于此进行生产加工。

然而，对建设项目而言，一般在设计开始时业主的要求通常比较模糊，随着设计的深入，业主的要求会逐步具体化和详细化。由于业主的要求是随着设计的深入而深化的，因此，在初步设计完成时因业主要求的改变，就有可能出现要求变更初步设计的情况，即使在施工阶段业主要求改变使用功能的事情也时常发生。

建筑生产过程中，会发生很多的设计变更，仅工程费用和工期而言，由于业主要求的变更就对工程项目整体造成了巨大的影响。

像业主要求的变更那样，尽管业主在建筑项目中负有重要责任，但迄今为止，在包括设计在内的整个建筑生产过程中，业主仍存在不积极介入

用词解释

不动产金融工程学

是在不动产的领域中应用金融知识，对不动产投资分析和投资评价进行必要的不动产投资理论的科学解析的学科领域。

金融计划

由不同法人进行的资金的“运作”、“分配”、“投资”和“融资”等而发生的资金流动。以一定形式构成这种资金流动的组织框架称之。

BOT

以民间集资为主进行社会资金运作的一种方法。在规定时间内由民间团体投资，进行设施建设（Build）及其运营（Operate），期满之后，再将设施移交或转让（Transfer）的一种运作机制。在建设完成后，将设施移交给政府进行运行管理的情况称为BOT模式。

用词解释

议员立法

国会法第56条规定，议员可以作为提案者以个人名义进行法律提案的制度。提案必须获得众议院20人以上和参议院10人以上的赞成才能通过。若同时涉及有关预算的问题时，则必须获得两院分别为50名和20名以上的赞成才能通过。在建设领域中如“有关提高公共工程项目的质量保证的法律”等。

建筑生产过程，而是将责任交给设计单位和施工单位的情况。最近，在业主中，特别是像公共开发项目的业主或不动产开发商这样大规模的业主，逐渐开始积极地介入到建筑工程项目中，与设计单位、施工单位一道，共同建设符合业主要求的建设项目，这样的案例开始多起来了。随着社会环境的变化，业主在建筑工程项目中的作用越发显得重要了。

1）公共设施项目的业主

公共设施项目的业主通常拥有自己的专业技术人员，既作为业主，又同时是设计方或者是工程监理方。然而，面对社会赋予小政府以大量职能要求的社会发展趋势，由于公共设施项目的业主自身专业技术人员的减少，加之民间建设企业质量管理能力的提升，对于作为建筑业主的公共项目开发业主而言，赋予它们的作用已经发生了巨大的变化。公共设施项目业主的责任变得更加重大。《有关提高公共项目的质量保证的法律（公共项目质量法）（2005年4月1日）》是以**议员立法**的形式制定的。（见表6.1.1）

有关提高公共项目的质量保证的法律的概要　　表6.1.1

【目的】

关于公共工程的质量保证，在确定基本理念，明确国家等的职责与义务的同时，制定促进公共工程的质量保证的基本事项，从而确保公共工程质量。

【基本理念】

公共工程的质量包含：

① 鉴于整合和筹集社会资金的公共工程，在社会经济层面上具有重要意义，为了现在和将来国民的利益，国家和地方公共团体、业主和承包人必须充分发挥各自的作用；

② 鉴于建设项目的特征（由于只有在使用建成对象后才能真正确认使用对象的质量，因而其质量在很大程度上取决于承包人的技术能力和水平等），在考虑经济性的同时，也要考虑价格之外的其他多种因素，以制订出在价格与质量综合优化的合同；

③ 鉴于工程在效率、安全性及其对环境的考虑等方面的问题对保证质量具有重要意义，故必须进一步确保技术上更加合理，力求改进和优化工艺。

【业主的责任与义务】

业主必须切实履行与项目承包相关的各项事务（说明书和设计图书的编制、预定成本的编制、投标及合同方式的选择、合同对象的确定、工程监理和检查、工程过程中以及完成后对施工状况的确认与评价等）。业主必须有效保存和利用好有关施工状况的评价等资料。为此，要努力做好必要的人员安排。

【承包人的责任与义务】

承包人根据基本理念，在切实实施合同所约定的公共工程项目的同时，必须努力提高自身的技术能力。

续表

【政府的相关组织机构】 政府必须制定出综合确保公共工程质量相关对策的基本方针。相关省厅和地方公共团体等必须按照基本方针的要求，努力采取必要的实施措施。

公共项目质量法，主要有以下3个方面的规定。

① 业主责任与义务的明确化。

② 从“价格竞争”到“实现价格与质量的综合优化”的转型。

从以往以价格竞争为中心的选择，在“便宜没有好货”的抗衡中，促使人们逐渐转向对价格与质量等进行综合判断，朝着选择合理的承包方式转型。

③ 为业主服务的体系的明确化。

在体现该法律理念的第三条中，包含了充分发挥民间技术能力以及选择合理的技术方法的内容，同时还涉及有关做好质量保证的调查以及设计等工作的内容。

2）民间业主

对于民间业主（建筑业主）而言，建筑业主有可能自主选择与建筑生产过程相关的承包方式。目前日本的建筑业主选择设计施工总承包等的综合工程施工单位（工程总承包商）的承包方式的比较多。

对于建筑业主和施工方双方而言，建筑业主由于采用委托的方法，从而避开了建筑生产过程中诸如意见交换等繁杂的事务，同时将保证建造质量的责任完全转嫁给施工方，而且又可以在质量上放心地将工程项目委托给综合工程施工单位。

另一方面，综合工程施工单位在确保承包机会的同时，也可以自由选择包括设计在内的建设方法，不仅在工程项目单体，而且还可以继续在承包活动中获得利益。

然而，当今采用以往的承包方法能够完全确保建筑物质量的工程项目变得越来越少了，这就要求建筑业主更多地采用诸如业主参与模式的施工管理方式（CM），在设计阶段和施工阶段采用雇用第三方咨询公司的方式。特别对于大规模的民间建筑业主而言，这种做法非常多见。

3）欧美建筑业主的作用

RIBA（英国皇家建筑师协会）的工作计划（Plan of Work）的内容主要是确定建筑师的业务内容，在最初的评价（Appraisal）阶段，建筑师最重要的作用是把握建筑业主的要求，并加以明确的表达。另外，在制定总体纲要（Strategic Brief）阶段，建筑业主要借助建筑师的帮助，将自己的要求完整地向建筑师表达清楚，进而指明在后续的建筑工程项目决策中必要的要求事项。

用词解释

RIBA（英国皇家建筑师协会）

RIBA英国皇家建筑师协会（Royal Institute of British Architects）的简称，1838年创立的英国建筑师组织。会员数在全世界约4万人，主要从事提升建筑设计质量以及建筑师业务水平等活动。此外，作为建筑师奖的“斯特灵奖”是建筑师最高荣誉的象征。

在欧美建筑师教育中，强调培养建筑师如何将业主的要求进行整理，并应用于建筑设计的能力的重要性。整理和汇总业主要求的工作在英国称为制定设计纲要（Briefing），其成果称为设计纲要（Brief）。

ISO 9699（1994年）中，“制定设计纲要是指，明确业主及其相关者的要求、目的和制约条件，并进行分析的过程。”在美国，同样的工作称为编制工作计划（Programming），**AIA（美国建筑师协会）**，“编制工作计划是指，为了提出解决方案，对建筑课题和要求条件进行恰当提取的过程。制定工作计划本身就是发现课题（问题）的过程。”由此可知，在设计、建筑生产过程中，理解建筑业主的要求是非常重要的。

6.1.3　建筑策划的内容

（1）有关发挥公共项目的民间资源方法的策划案例（A市B地区中心的重新调整项目）

2004年03月	“B地区中心重新调整的基本构想”的形成和整理
2005年09月	“B车站周边地区街区建设座谈会”的安排
2006年10月	“B车站周边地区街区建设座谈会建设规划的整理”
2007年03月	“B地区重新调整项目初步规划（方案）”
2007年10月	对上述方案的市民意见的征集
2007年12月	本项目在实施过程中，在充分发挥民间资源方法的同时，从一开始就将制订切实可行的项目运作手法和项目计划、直到选择最适合的民间实体、签订合同的整个过程的工作委托给外部机构来完成。
2008年度	继项目的实施方针、选择特定的PFI（私人主动融资）项目之后，正制定基本要求文件

本项目的策划经过如下：

2004年3月以A市为中心、进行城市总体规划及B地区的区域完善计划等的整理工作，确定有关B地区重新调整公共设施和城市基础设施的基本构想。第二年5月份为了收集市民的意见，设立了座谈会制度，在征集市民意见的基础上，形成了“B地区重新调整项目的初步规划（方案）”，该方案体现了具体整理目标、整理规划的初步构想。该初步规划（方案）在HP（网站）上进行公示，在汇集了**公众反馈意见**的基础上确定了设施建设的基本理念、建筑物规模等。2008年，为拟定调动民间资源参与建设的最合适的方法，委托外部机构对其方法进行可行性论证。现在（著书时点），各种**项目计划**、成本效率比较的结果，以PFI（私人主动融资）项目作为特定方法确立下来，并开始制定项目要求标准书。项目要求标准书由“设计工作的要求标准”、“建设和工程监理工作的要求标准”、“维护管理工作的要求标准”以及“运营管理工作的要

用词解释

ISO 9699

ISO 9699建筑物的性能标准及简要检验项目（Performance standards in building Checklist for Briefing），由ISO（国际标准机构制定的日本国家标准）制定的标准。ISO9699中对于检验项目定义如下：“规定与业主或使用者相关的必要事项及其目的要求，规定工程项目的背景以及进行合理设计所必须遵守的基本要求等具体条文。”

AIA（美国建筑师协会）

The American Institute of Architects：美国建筑师的专业团体，1857年设立。以提高建筑师的资质等为宗旨，并为与建筑师活动相关的众多有关建筑合同协定提供各种标准合同条款，比如：建筑师作为工程项目合同管理者参与制定的建筑业主与建设单位之间的合同条款，以及建筑业主与建筑师之间制订的合同条款等。

公众反馈意见

公众反馈意见（Public Comment）指的是“意见征集手续”，即日本国家、地方公共团体等机构，在制定规则和下达条令等之前，广泛公开地向市民征集意见、信息和改善对策等建议的手续。比如，在修改建筑师条例时进行的意见征集会等。

项目计划

在推进建设工程时，预先决定目的、方法以及预算等内容。确定项目的整体框架。

求标准”等4个方面的内容构成，是进行建筑设计，确定建筑物等级和维护管理等级的必要内容。

这一系列的工作，就相当于策划的最终阶段的工作内容。2009年度，拟开始准备确定建筑业主的手续。

上述是介绍利用民间资源和力量推进公共项目建设的基本过程的一个例子。就项目特点而言，需要整合包括市民在内的众多相关者的意见，还涉及行政手续等问题。

“B地区中心的重新调整的基本构想”，从项目初步构想阶段，到项目要求标准书的制定，完成策划阶段，整个过程耗时大约5年时间。

（2）PFI项目的建筑策划案例

PFI（私人主动融资、Private Finance Initiative）项目，最初公共项目业主对于建筑工程以及建设后的运营和维护管理水平等，在项目开始之前即预先用文书的形式加以明确，进而推进工程项目的过程。在这个意义上，PFI项目的目的就是在建筑策划中更明确地把握建筑业主的要求。根据日本内阁政府的民间资金利用项目促进室（即“PFI促进室”）编制的“有关PFI项目合同有关具体项目要求标准的思路（草案）（2008年7月25日）”，存在以下几点问题。

1）在制定要求标准阶段，没有理清管理者等的要求是什么？其结果将导致简单地将项目分包给民间项目投资者的结果。

2）在显示有关最终结果明细的项目要求标准文件中，不仅没有将管理者等的意图完全让民间建筑业主把握清楚，还将造成在签订合同等后续阶段中因管理者等与民间项目开发者间在认识上的不一致，进而导致项目执行过程中发生意见分歧。

3）由于项目要求标准书的编制与预算成本经常存在不一致的情况，而常常导致项目投标方在预定成本下根本无法完成项目要求标准书中所规定的过多的内容的情况发生。

因此，可以说：“在PFI的过程中，为了将管理者等的意图明确地传达给民间项目开发者，从而最大限度地激发出民间的创造智慧，规定的项目作业要求标准书是最重要的文件之一。”应制定出符合实际情况的**项目作业要求标准书**，并不断加以完善。

实例:《中央综合办公楼7号馆建设项目》

在招募工程项目建造者之前，即编制完成了设施建设要求标准表、维护管理要求标准表以及运营过程要求标准表，在本次的工程项目中建筑业主的要求在以下几方面得以明确化。

① 外立面设计（建筑设计）：充分考虑与周边城市景观的协调，使得中央办公大楼的设计成为更加接近老百姓的设计（照片6.1.1）。

② **节能性能（CEC指标）**（电气设备设计）：力求实现节能，体现节能法规的CEC指标，“中央综合办公楼7号馆‘基本性能标准’

用词解释

项目作业要求标准书
项目作业要求标准书指的是在进行PFI（Project Finance Initiative私人主动融资）等过程中，管理者等为达成工程项目的目的和成果而整理出的具体要求项目。并基于此，要求在项目作业要求标准书中，明确指明管理者等的要求，如何最大限度地发挥民间的创新能力所应考虑的问题，并且明确必须达到的基本标准等内容。

节能性能（CEC指标）
Coefficient of Energy Consumption的简称，以建筑物设备的节能性能的提高为目标而制定的指标。CEC指的是年实际能源消费量（MJ/年）除以预计年能源消费量的值。另外，还将该指标与建筑物的保温隔热性能指标PAL值（Perimeter Annual Load）共同作为节能指标，有机结合加以运用。

用词解释

适用类型表”显示各项指标均在要求指标值以下。

③ 电梯设备：客梯原则上以使用人数（每15m^{2}1人以上）、平均等待时间（30秒以下）、运送能力（5分钟运送能力达到20%以上）作为标准，根据交通需要、定员、速度以及台数等进行竖向交通计算设计。

照片6.1.1 项目策划的过程[6-1]

项目概况简介如下。

项目概况：

建筑层数：办公楼地上32层、地下3层，政府与民间综合办公楼地上32层、地下3层

建筑面积：约25万m^2（包含**民间权利建筑面积**）

民间权利建筑面积
指的是城市再开发项目等，土地建筑物属于民间实体所有的情况下，必须将与其土地建筑物等价的权利，以再开发完成后所拥有建筑物的使用面积的权利进行换算，而事先约定好的权利。

容积率：约9.5

建筑高度：政府办公楼约163m

政府与民间综合楼约175m

6.2 设计

6.2.1 设计的定位

一般而言，建筑工程项目可以分为策划、设计、承包、施工和维护修缮5个阶段[6-2]。然而，实际的工程项目中在完成策划，开始着手设计的分界点通常不是很清楚，即使在施工期间还常常进行部分的设计行为。总而言之，设计行为“可以大致定位在策划与承包及施工之间的阶段，是根据建筑业主的项目意图而整理完成的策划内容，其中不仅整合了更便于建筑业主理解的建筑意图，而且还包括将这些建筑信息整理成为便于完成实际施工所需要的材料的整理行为的总称”。大致可以将前阶段的行为称为初步设计，后阶段的行为称为施工图设计。其设计文件成果，不仅规定了质量、成本，而且可以作为办理法律手续、项目相关者的技术说明资料来利用。此外，设计文件不仅意味着含有大量的技术信息的资料，而且还是融合了建筑业主与设计方共同协商完成的建筑创造行为。

现实的设计行为并不是在设计阶段就能够完成的，即使在施工阶段都仍然还在进行着。它也是传达设计意图的工作，同时还包括大量应对设计完成后因情况发生变化的设计变更的工作。在这个意义上，可以说设计是直到建筑物竣工或者说是断续进行的行为。

规范从事设计活动人员的法规称为建筑师法。包含工程施工监理的设计行为必须具有一级注册建筑师、二级注册建筑师和木结构注册建筑师资格的人员才能进行的活动（同法律第3条），根据不同资格类别可以从事与其相应建筑用途和规模相符合的设计活动。另外，设计行为作为一种行业活动进行时，必须向都道府县知事进行建筑师事务所的登记工作（同法律第23条），其注册资格的取得和取消也是如此（有关详细内容参见第3章）。

6.2.2 初步设计与施工图设计

根据建筑物的规模与用途，设计一般分为初步设计和施工图设计2个阶段。社团法人**日本建筑师协会**，对初步设计和施工图设计说明如下[6-2]。

“设计可以分为在给定的设计条件下整理和提出建筑的基本框架的基本设计与将其作为开始承包和进行施工的详细论证以及编制施工图的施工图设计。在初步设计中，除了建筑业主提出的设计条件之外，还要将‘满足所有人需求的细致化的设计’的通用化设计（universal design）”以及以建构“可持续的环境共生”为目标的可持续设计等当今的社会课题融入建筑物的平面与空间的营造，以及各部分的尺寸与面积，兼顾建筑和设备的功能，主要使用的材料和使用设备的种类与质量，以及与预算成本的平衡等问题的研究，将这些问题加以整合后得出的内外部设计。这个阶段工作的成果以初步设计图纸和规格书的形式进行整理，在得到建筑业主的认可后，进入施工图设计。施工图设计是在初步设计确定的建筑规划的基础上，整合设计与技术，对细部问题的深入研究，编制施工图的设计图和规格书内容。根据这个阶段的图纸和规格书恰当地进行工程成本预算的编制，施工方能正确读取设计内容，为建造出与设计意图相一致的、表现详细设计的成果，同时还要作为施工承包合同图纸和规格书的构成部分。

除上述内容之外，还规定了“建筑师事务所的开设者对其所从事的相关业务可获得的报酬的标准和解释”[6-3]，“**四会联合**的建筑设计与监理业务委托合同书”[6-4]等内容。将这些内容以通用的概念表达出，即：

用词解释

日本建筑师协会

1987年5月以新日本建筑师协会的形式设立，1996年6月更名为日本建筑师协会的社团法人。是以确立建筑师职能进行活动的组织，以建筑专业设计人员为中心构成的团体。

四会联合

指的是（社团法人）日本建筑师会联合会、（社团法人）日本建筑师事务所协会联合会、（社团法人）日本建筑师协会和（社团法人）建筑业协会的4个民间社团组织的联合体。

初步设计的目的是“将建筑业主提出的项目策划或建筑策划，切实地转化为在项目和技术上可以实现的结果，并且将这些内容以具体的建筑形象表现出来，让建筑业主和设计方的认识统一起来的工作”，施工图设计的目的是“将初步设计的内容深化为施工方能够进行详细预算工作的内容，并作为编制详细的施工计划案以及计算工期的依据的成果”。

实际的设计工作，在初步设计阶段有可能会出现建筑业主的要求还没有具体确定的情况，甚至在施工图设计阶段还会有追加新要求的情况，以及难以预测的社会经济状况的变化等等情况。这些情况是造成成本管理、质量管理以及工期管理等风险的主要原因，因此，在完成初步设计时，必须对施工图设计中可预见的风险，在建筑业主与设计单位间进行充分协调并达成协议。

设计业务由于IT（Information Technology信息技术）的进步以及设计过程管理手法的发展发生了巨大的变化。IT技术的引入，使得设计不仅仅是CAD作图的工作，借助IT技术让设计工作与结构和设备相关的许多复杂的计算和解析工作都可以在短时间内、高效地完成。此外，设计阶段的VE（价值工程，Value Engineering）的应用，使得成本与功能的关系可以用价值的概念进行把握的想法业已形成。近年来，“整合了建筑物所有信息的数据库”的BIM（Building Information Modeling，建筑信息模型建构）技术越来越引起人们的关注，该技术有望在设计到使用管理为止的全过程中得到广泛的应用。这一技术特别适合设计中的Front Loading（业务前置）研究工作，将对设计过程产生巨大影响。

6.2.3 设计组织

设计组织的业务，大致分为建筑设计（即意匠设计）、结构设计、设备设计以及监理业务，其中，设备设计还可细分为空调通风设备设计、给水排水卫生设备设计和电器设备设计。此外，设计业务除了上述业务之外，还包括成本管理和工期管理等管理方面的业务。另外，其他相关领域还有如：标识、防灾、防犯、照明、音响、室内设计、景观造园、城市规划以及地域开发等。

为了将设计作为一种行业来开展，必须按照上述所述的以建筑师事务所的名义进行注册登记。

大部分建筑师事务所可以分为以专门从事设计的机构（即建筑设计事务所）与拥有施工组织机构的设计与施工兼备的组织机构（即在施工企业内设设计组织机构）的两种形式。在不动产和物业管理等公司中，也常设有注册登记的建筑师事务所。建筑师事务所又可分为：设有建筑（意匠）、结构、设备设计和与成本预算相关的部门或与监理相关的部门等可以综合承接设计业务的综合组织机构，以及只专注于建筑设计、设备设计、结构设计或其他的防灾设计、音响设计、成本与预算和IT设计

用词解释

IT
信息与通信工程学与社会应用领域技术的总称。建筑工程项目中，有效利用信息与通信功能，进行与设计或施工相关的高效的、快捷的决断。

VE
20世纪40年代后期，由美国开发的提高价值的手法。VE（Value Engineering）的定义是，为了实现用最小的生命周期成本切实达成必要的功能目标而致力于产品、服务功能研究的有组织的努力。在功能的评价中采用公式V=F/C（Value：价值，Function：功能，Cost：成本）。

BIM
利用从设计、施工和维护管理的成本到工期、质量信息全部统合起来的数据来推进业务工作手法。常常采用3维模型进行表现。

Front Loading（业务前置）
为了在早期预见施工阶段或维护管理阶段中的问题以及提高整体工作效率，而在设计初期阶段对各种业务技术进行研究的行为。

等部分专业领域工作的专业组织机构。从图6.2.1综合组织机构的组织案例中可知，除一般的设计部门之外还包含其他多种部门共同开展业务的情况。

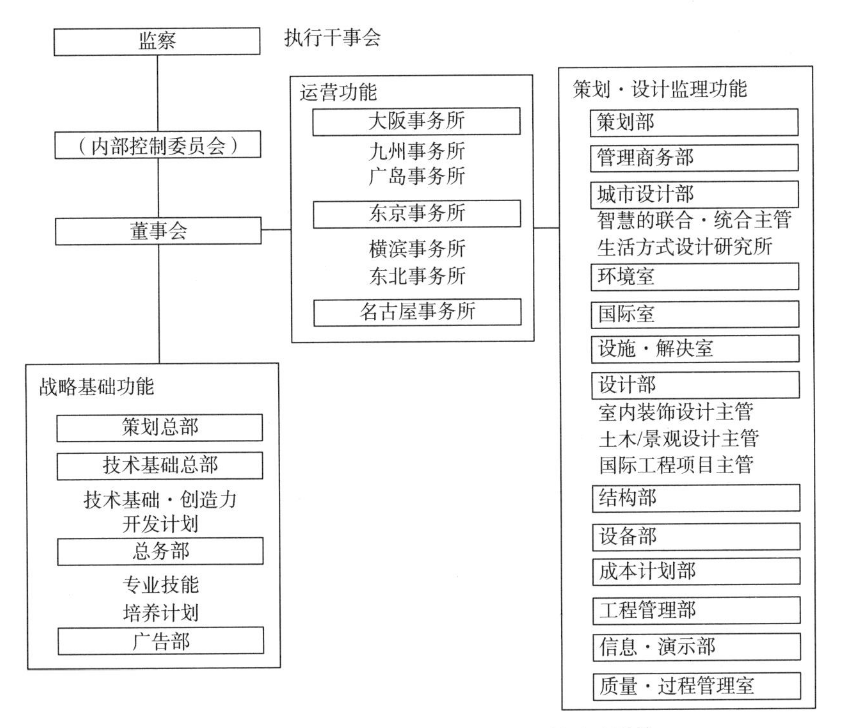

图6.2.1 综合设计事务所的组织机构案例[6-5]

建筑业主在调查分析有关工程项目的内容、规模、难易度以及实际业绩的基础上，选择上述的设计组织机构，进行设计业务的委托。选择设计组织机构的方法中有，指定1家公司来签订合同的指定方式；从多个设计单位中选定设计方案来选择设计公司的**设计竞标方式**（competition）和**申请竞标方式**（Proposal方式），根据设计与监理费用决定中标的方式，以重视设计单位资质能力来进行选择的QBS（Qualification Based Selection，**资质评估方式**）方式等。有关设计组织机构的选择研究的成果有很多，如，2003年**相关建筑5团体**针对在高质量的公共建筑建造中不适宜采用多个设计单位投标的方式来选定设计单位的做法，提出了“有关改善公共建筑的设计单位选择方法的建议”，探讨了采用设计招标以外的其他选择方法。

6.2.4 设计中的多种专业职能

近年来，在工程项目变得更加复杂的同时，建筑业主的需求也更加多样化，为了适应这些变化，逐渐衍生出许多职能。这些职能是由于包括建筑项目在内的社会环境发生了变化、建筑业主的要求标准变得更

用词解释

设计竞标方式
确定多个设计者根据设计条件，提出具体设计方案，选择优秀设计方案，并以优秀设计方案方作为设计者的选择方式。设计者的工作量增加，时间和成本相应增加。

申请竞标方式
确定多个设计者根据基本的设计条件，提出建筑造型意向、设计框架以及技术方案，从中选择优秀的方案者的设计者选择方式。

QBS（资质评估方式）
对设计承担者的资质、人格和业绩进行审查，根据需要考察其实际作品并进行听证，选择符合从事工程项目设计的设计者的方式。

相关建筑5团体
相关建筑5团体指日本建筑学会、日本建筑师会联合会、日本建筑师事务所协会联合会、日本建筑家协会和建筑业协会等5个社团法人的联合体。

用词解释

联合体

2个以上的个人、企业、团体或政府（或者由这些任意进行组合）组成的，为实现某种目的的行为活动，朝着大家一致的目标共同协作的团体。非营利和营利的情况均有。

加专业化，进而使得在项目的推进过程中需要越来越多的专业功能的结果。为了适应不断变化的现状，就要求对设计单位的功能和作用进行调整和变化。

以下列举有关建筑项目中有关设计组织机构的形态的案例进行说明。

《案例》[6-7]市中心区再开发项目，包括酒店、住宅、办公、购物中心和文化设施等构成的综合设施。

项目用地的中心位置，安排有高度超过200m的超高层塔楼。总建筑面积为46万m²。由多家日本国内的建筑家进行美术馆和文化设施的设计。通过征地招标，确定了6家公司组成**联合体**（Consortium），其中6家中的1家（A投资商）作为工程管理方主要承担了从项目投资贷款开始、直到组织运营等工作的角色，通过该工程管理方向设计单位、施工单位和咨询等公司下达指令；而设计单位则从技术层面，整合了外部多家咨询公司。可以看到，该项目的管理分为两个层次，即项目经理主导的项目整体管理层次和设计单位主导的技术管理层次（图6.2.2）。外部的咨询公司有很多。

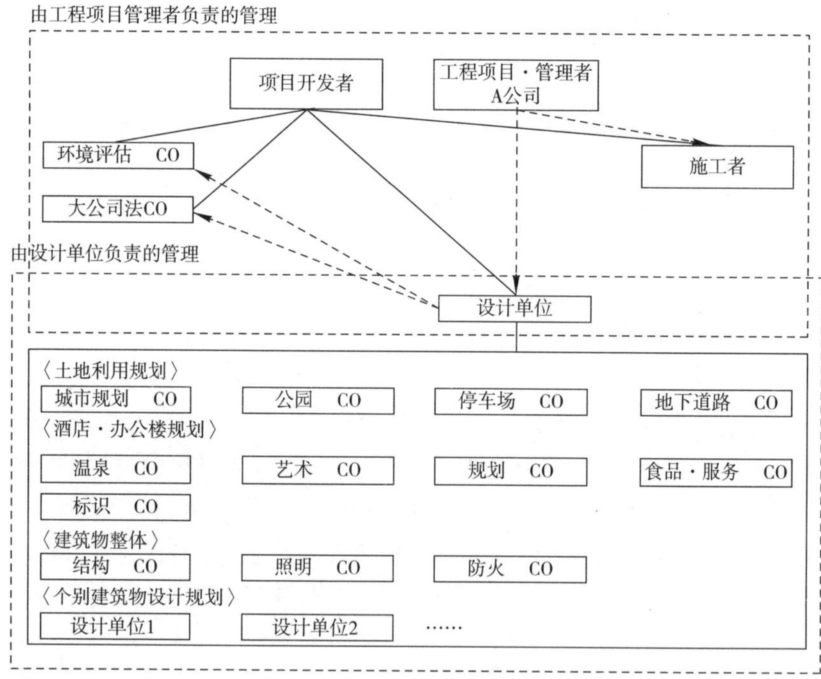

图6.2.2　设计组织机构的案例

在综合设施的总体设计、住宅、酒店和办公楼等的室内设计中还有多家外资公司的设计单位1和设计单位2的参与。直接负责总体设计的设计单位，推荐与设计相关的结构CO（咨询公司）、照明CO公司，形成总体设计的组织机构。由于工程项目规模巨大，防火设计的业务量也非常大，加之设计单位内部组织相关专业人员有限，故而将防火业务委托给外部防火CO来完成。此外，还有与酒店和办公楼的设备相关的还有理疗设施CO、食品与服务CO以及标识CO等公司；与土地利用相关的有城市规划CO、公园CO、停车场CO、地下通道CO等公司共同参与项目。在这个案例中，综合的设计组织机构由设计单位来从事设计业务，由于设计内容的多样化，以及每个项目技术论证的内容的高度专业化，要求设计单位必须采用整合多种专业职能的工作模式。这就要求设计单位应具有不断“引入新技术”、“追求新的设计理念”、“必要的独立工作机制”以及“提高工作效率”等的能力[6-7]，设计单位的作用应该在确保设计质量的同时，作为设计业务总体统筹者，将工作的范畴从编制完成设计文件，向管理设计过程和专业职能的业务全面拓展。

6.2.5 生产设计

正如古阪等在第Ⅰ部第5章5.2.10中论述过的，建筑生产设计（以下简称生产设计）可以定义为：“从设计阶段对施工制作的方便性、经济性和质量的安定性等方面，对设计进行修正调整，力求施工的可操作性，具体而言是在生产中选定合理的结构和施工方法，选择最适合的材料，力求结构的简洁化和标准化以及资材和劳务人员的可调配性等方面进行论证的过程”[6-8]。其基本项目和工作内容如表6.2.1所示。同样作为概念还有可建造性（Build-ability）和可施工性（Constructability）。建造性定义为：“以满足建造完成建筑物所需要的所有事项为前提，建筑物的设计使得施工简单化的程度。”[6-9]

生产设计的基本项目和工作内容[6-8]　　表6.2.1

基本项目	工作内容
1 对于建筑生产有利的结构（构造）和施工方法的选择	1）结构（构造）与施工方法的选择 2）可靠性的赋予 3）资材和人员的可调配性的研究
2 尺寸误差的设定	1）设计质量的确定 2）**尺寸公差**的规定 3）**代用特性**的规定
3 最适合材料的选择	1）材料选择 2）可靠性和易维护性的赋予
4 结构的简洁化、规格化和标准化	1）构件和配件的标准化 2）标准品和规格品的利用 3）可重复使用性的应用
5 市场销售品和规格品的采用	1）订货交付时间（Lead Time）表 2）市场情况的了解

用词解释

尺寸公差

制作产品时在允许范围内的尺寸偏差。例如，为了使螺母和螺栓能够拧上而对其各种尺寸规定相应的允许误差值等。

代用特性

对于要求的质量特征，若无法使用具体可测定值来表达时，可使用其他质量特征进行替代的做法。例如，对于方便手握效果的表征可以利用尺寸、重量和材质等可测定的特征值进行表达。

用词解释

DARPA

1957年设立的美国国防部的研究开发部门——美国国防部高级研究计划署。以互联网为蓝本开发的ARPAnet（(Advanced Research Projects Agency Network）计算机网）。

可施工性的定义是："为了实现工程项目所有的目的，最大限度地利用施工方面的知识和经验对策划、设计、调配和现场作业进行优化的过程。"[6-10] 有关生产设计，迄今为止从公共工程项目和民间工程项目等实质意义上进行讨论的例子非常少。最近，为了促进生产设计思考方法在工程项目中的应用，委托设计单位和施工者组成的共同体开展设计业务的做法，或者将初步设计委托给设计专业组织机构而将施工图设计另外委托给设计和施工兼营的组织机构等的做法，将施工者在生产设计中的经验和智慧引入设计阶段，并进行实质性应用的建筑业主不断涌现出来。此外，还有很多设计单位，在设计阶段将以往的案例信息、成本、工期作业安排、临时工程以及选择合理的施工方法等有关建筑基本生产的信息资料，融合到设计文件中，或者邀请具有施工经验的人员加入设计部门从事生产设计等的做法。设计方的设计意识正在不断发生变化。

上述设计方与施工方协作进行设计的模式与制造业中的并行工程（Concurrent Engineering，CE）的概念非常接近。制造业中的并行工程指的是：从设计到制造阶段，要求各种业务同时并行处理，是为了缩短开发周期，针对批量化生产的开发过程的一种手法。美国国防部的研究机构DARPA（Defense Advanced Research Project Agency）始于有关武器部署计划的报告。与按照从策划开始，设计构想、详细设计、解析和试制等各个阶段为序（sequential）开展工作的手法相比，该研究机构的做法是，在前一项工作还没有完成之前就着手开始下一个阶段的工作，从而大幅度缩短开发周期。

在建筑领域，由于不仅受到建筑确认申请许可手续以及建筑业主方成本管理等的制约，对于公共项目还受到项目发包系统的制约，因此，要求设计和部分施工内容同时开展项目工作的做法有一定的难度，不过，在施工阶段所研究的内容是可以在设计阶段预先开展研究的，由此可使得建设项目的设计能够在时间、成本上不造成浪费，这种做法是可取的，从广义上看，可以采用并行工程的手法。特别是在设计和施工兼营的组织机构，它们正在积极地尝试将施工阶段的知识和经验运用于设计阶段的工作中。

6.2.6 工程施工监理

根据建筑师法第3条，明确规定设计以及工程施工监理工作必须由建筑师来进行，工程施工监理的管理业务只能由建筑师来担任。

社团法人日本建筑家协会将工程施工监理描述为，在工程中对工程过程进行监理业务。具体说明如下[6-2]。

"从缔结工程承包合同、开始工程施工的时间开始，就要开始监理业务。在施工期间，对设计文件的各种方法进行补充以便正确地将设计意图传达给施工方，在对施工图进行研究和审查过程中，在将设计意图具体化的同时，作为监理者参与质量管理，并按照承包合同书等明确规定的各项条款对工程项目的运作情况进行监督。在工程项目完工时，一一对照设计图纸、规格书以及承包合同书中的诸项条件进行核对确认，最后在项目移交会上为项目从承包方移交给建筑业主进行见证。”此外，民间建筑设计监理业务标准委托合同条款论证委员会对建筑监理业务规定中，具体列举了如下12条项目的标准业务，在委托方和受托方协商的基础上，确定具体工程项目的业务项目。

① 监理业务方针的协议等；
② 把握设计意图等的业务；
③ 向施工方正确传达设计意图的业务等；
④ 对照设计文件和说明书对施工图进行论证和认定的业务；
⑤ 对施工计划进行论证和建议的业务；
⑥ 工程的确认及其报告；
⑦ 因条件变更而变更设计；
⑧ 工程款支付审查业务；
⑨ 参与政府部门（官公厅）等的论证会等；
⑩ 监理业务结束后的手续；
⑪ 相关工程的调整和整合业务；
⑫ 其他特别约定的业务。

为了使上述正在开展的“监理”业务进一步合理化，将“监理”定位为“广义的工程施工监理”，而建筑师法规定的“狭义的工程施工监理”以及其他法定的工程施工监理，只对“监理”中的部分职责范围进行了限定。在建筑师法中，“工程施工监理”定义为：“监理者的责任，是将施工工程与设计施工文件进行对照，对施工工程是否按照设计文件规定实施的情况进行确认的工作。”在这个定义中，没有包括在施工工程阶段对详细图纸的交底、下达指令的意图、对施工作业人员和承包人员的指导和监督等的必要职责和权限等内容。

另一方面，对于受委托从事“监理”业务的监理者，除了法定的工程施工监理业务以外，其业务职责和权限等如何以合同形式进行约定，原则上比较自由，一般较多的是采用“**民间（旧四会）联合**有关协定工程承包合同条款”中所规定的受委委托的“监理者”的作用和职责，以及“四会联合有关协定设计及监理委托合同书、条约及委托书”中所规定的受委托的监理业务的内容。在这些标准条款所规定的“监理”业务中，除了法定的工程施工监理以外，还包括：

① 将设计意图正确地传达给施工方的业务；
② 因条件变更而引起的设计变更；
③ 对施工计划的论证和建议的业务；
④ 相关工程的调整与整合的业务；

用词解释

民间（旧四会）联合
将日本建筑学会、日本建筑协会、日本建筑家协会和全国建设业协会等四个社团法人称为旧四会，其中再加入建筑业协会、日本建筑师会联合会和日本建筑师事务所协会联合会等社团法人合称民间（旧四会）联合。

⑤ 工程费用的支付审查的业务等。

上述涉及多方面内容：①和②是有关施工阶段“设计”方面的内容，③和④具有“施工指导和监督”的特点，⑤是作为建筑业主（工程发包方）方代理的合同管理和监理方面的业务内容。

一般而言，由从事设计业务的组织机构来开展工程施工监理业务是一种通例，公共工程项目中从质量保证的角度，有将工程施工监理委托给第三方的案例。近年来，施工现场常常发生设计文件不切合实际的情况，而工程施工监理没有发挥其应有的功能是产生此类问题的重要原因之一。

基于上述问题，（日本）国土交通部，在“有关建筑师事务所开设者对其从事业务可申请报酬的标准”（国土交通部主编、建设部通告1206号）的修订意见中，对工程施工监理的方法、内容和范围等进行了明确规定，进一步明确了工程施工监理者的责任，切实有效地促进工程施工监理业务工作的开展。在这些讨论研究中，都是以设计和工程施工监理为最终目的，基于为社会提供具有质量保证的建筑物的理念，将建筑师法的基本框架以及建设业有关施工管理等领域一并纳入统筹考虑的范畴。

6.3 设计文件

6.3.1 建筑生产过程中的设计文件

建筑生产是由许多企业和人员共同参加的过程。其过程可大致分为设计与施工两个阶段。与设计和施工相关的最重要的信息资料莫过于设计文件（设计图纸与规格书）了。

早期，通过**木割术**等方法对建筑生产方法进行约定，由经常共同协作的组织机构等组成施工方，在使用材料种类比较少的年代，建筑业主与**栋梁**之间建立起来的建造建筑物的基本观念没有大冲突。

另外，设计和施工之间信息的传递与交流通过“栋梁”得以统一起来，不至于发生不一致的情况。近年来，设计单位与施工方作为不同的主体，建筑物的多样化、复杂化以及新建筑材料的开发不断推进，加之由于参与生产过程的参加者不断增加，因此设计文件的重要性正在不断增强。

如图6.3.1所示，在建筑生产过程整体的流程中，与施工方签订工程承包合同，从设计过程转入施工过程，设计文件是唯一的输出成果。

根据建筑师法，设计文件定义为：“建筑物等建筑工程实施中必要的图纸（真实比例尺寸图以及与之类似的图纸除外。）以及设计说明书”。

此外，设计文件又是在工程承包合同中，以合同书与合同条款形式将作为工程承包对象的工程内容确定下来的重要文件资料。在典型的工程承包合同条款中，规定设计文件包括：“将作为附件的设计图纸、规格书的‘设计文件’、**现场说明书**及其**问题提问及答复书**等”内容。

用词解释

木割术

近代发展起来的一种设计标准，以柱子的间隔为基准，将各建筑构配件材料的尺寸和关系用比例的形式进行表达的体系化的技术。到了江户时代用木质版本等出版发行得到普及推广。

栋梁

俗指武士社会的第一人，一门的统领者、首领等的词语。江户时代以后一般指从事木匠职业的领头的人。对建筑物设计、工程的指挥监督以及木匠的组织安排等所有业务内容进行统筹安排的人。

现场说明书

在工程招投标之前，对于工程现场，针对参加投标的参加者进行现场实际状况的说明以及在图纸和说明书中难以表达的概算条件等以书面形式提供的资料。（建设业法研究会编著，新汀公共工程标准承包条款的解说，大成出版社，1995）

问题提问及答复书

在工程现场进行的现场说明以及将其以书面形式对现场说明书中不确定部分结合参加投标的参加者的提问，发包人以书面的形式向所有参加投标的参加者进行答复的文件。（建设业法研究会编著，新汀公共工程标准承包条款的解说，大成出版社，1995）

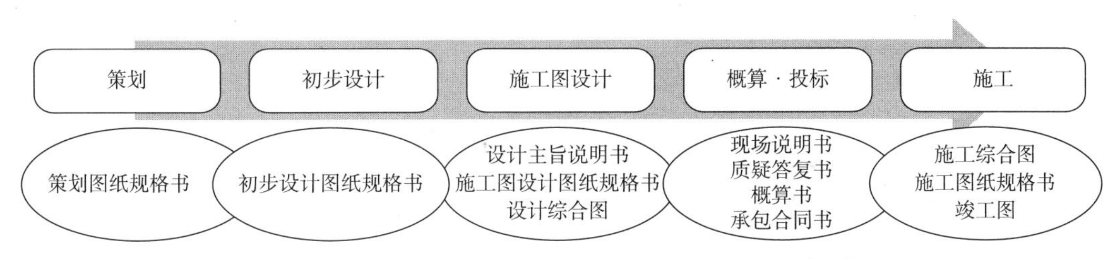

图6.3.1 建筑生产的过程与建筑生产相关的图纸说明书

设计文件分为：建筑（意匠）设计图纸与规格书、构造设计图纸与规格书、设备设计图纸与规格书等。有关这些图纸与规格书中所包含的内容，在通告1206号中以列表形式汇总了“施工图设计”的成果图纸与规格书一览表，可供参考（表6.3.1）。

施工图设计的成果图书《2009年日本国土交通部通告第15号》 **表6.3.1**

综合	结构	电器设备	给排水卫生设备	空调通风设备	电梯等
（1）建筑物概要书 （2）规格书 （3）装修表 （4）面积表及求面积图 （5）基地区位示意图 （6）总平面图 （7）平面图（各层） （8）剖面图 （9）立面图（各面） （10）剖面详图 （11）展开图 （12）顶棚俯视图（各层） （13）平面详图 （14）构造详图 （15）门窗表 （16）工程成本概算书 （17）各种计算书 （18）项目许可申请所需的其他必要图纸与规格书	（1）规格书 （2）结构标准图 （3）平面图（各层） （4）构架立面图 （5）构件断面图 （6）局部详图 （7）结构计算书 （8）工程成本概算书 （9）项目许可申请所需的其他必要图纸与规格书	（1）规格书 （2）基地区位示意图 （3）布置图 （4）供变电设备图 （5）非常电源设备图 （6）干线系统图 （7）电灯与插座设备平面图（各层） （8）动力设备平面图 （9）通信及咨询设备系统图 （10）通信及咨询设备平面图（各层） （11）火灾报警等设备系统图 （12）火灾报警等设备平面图（各层） （13）室外设备图 （14）工程成本概算书 （15）各种计算书 （16）项目许可申请所需的其他必要图纸与规格书	（1）规格书 （2）基地区位示意图 （3）布置图 （4）给排水卫生设备管线布置系统图 （5）给排水卫生设备管线布置平面图（各层） （6）消防设备系统图 （7）消防设备平面图（各层） （8）排水处理设备图 （9）其他配置设备设计图 （10）局部详图 （11）室外设备图 （12）工程成本概算书 （13）各种计算书 （14）项目许可申请所需的其他必要图纸与规格书	（1）规格书 （2）基地区位示意图 （3）布置图 （4）空调设备系统图 （5）空调设备平面图（各层） （6）通风设备系统图 （7）通风设备平面图（各层） （8）其他配置设备设计图 （9）局部详图 （10）室外设备图 （11）工程成本概算书 （12）各种计算书 （13）项目许可申请所需的其他必要图纸与规格书	（1）规格书 （2）基地区位示意图 （3）布置图 （4）电梯等平面图 （5）电梯等剖面图 （6）局部详图 （7）工程成本概算书 （8）各种计算书 （9）项目许可申请所需的其他必要图纸与规格书

设计文件是将建筑业主的要求功能加以具体化表达的图纸与规格书。它具有向建筑业主表达将建设完成的建筑物的具体内容，以及向施

用词解释

工方传达完成对象成果形式的两面属性。同时，设计文件不仅包括上述所有功能，还将包括提供用来作为办理基于建筑标准法的项目许可申请的材料。

6.3.2　设计图纸

作为将设计资讯传达给施工方等重要手段的设计图纸，在设计文件中承担了传递最大量信息内容的功能。为了正确地传递设计信息，必须在表达上进行统一，日本工业标准（JIS）就是采用设计制图的表达方法等编制形成的。图的制作必须完全正确，让任何人都能理解。

建筑（综合和意匠）图中，通过平面、空间、形状、尺寸和设计等进行表达，汇集了建筑物必要的功能和施工方法等大量的信息。

设计图是设计单位对三维空间思维的建筑物采用二维的平面类图形和剖面类图形进行表达的成果。

如图6.3.2（a）所示，平面类图形中的总平面图是表示建筑物在基地中所处位置的图形；而平面图是由建筑楼地面起一定高度的水平剖切投影图，表示各层空间分隔形态的图形；平面详图是对平面图进行详细表达的图形，主要表示墙壁的厚度、开口位置的尺寸、各种配件的大小、位置和装修等内容；顶棚俯视图是从顶棚上方透视顶棚的形状、设计式样以及安装在顶棚的各种设备的平面图。

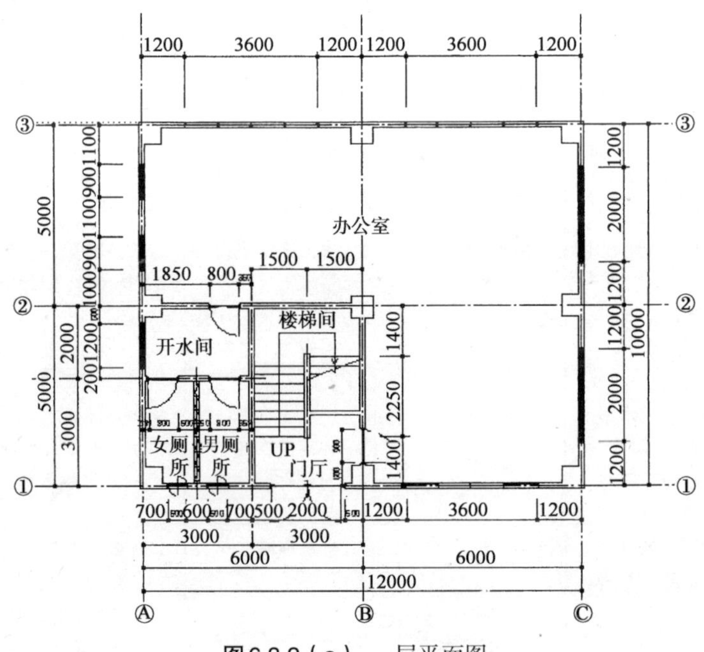

图6.3.2（a）　一层平面图

剖面类图形中的立面图是将建筑物的垂直面进行正投影表达的图形，将建筑物的外观分为4个面进行绘制，用各个面所朝向的方向命名

（例如：南立面图）；而剖面图是将建筑物或物体垂直剖切后的剖面进行图形化表达的图形，注明了建筑物的高度和顶棚的高度等尺寸；如图6.3.2（b）所示，剖面详图是将建筑物的主要外墙体垂直剖切后用剖面图的形式，是对高度进行详细表示的图形，同时还要表达出屋面、墙体、顶棚以及楼板的装修和隔热方法等做法；如图6.3.2（c）所示，展开图是从室内中央开始将东西南北所看到的墙面直接表达出来的图形，一个一个房间绘制，表示墙面的装修、开口、设备器具的位置以及尺寸等。

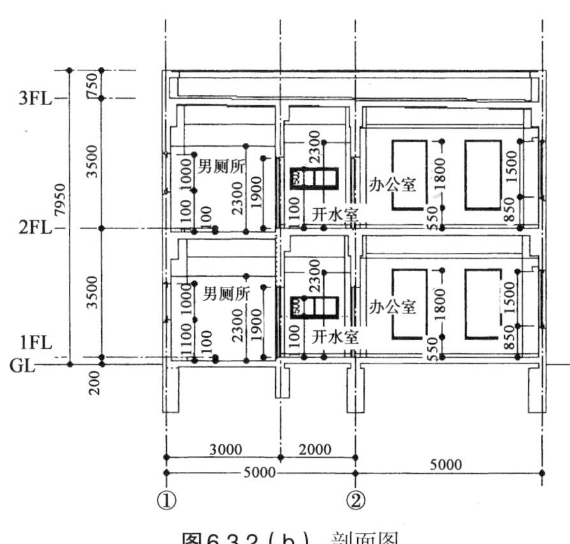

图6.3.2（b） 剖面图

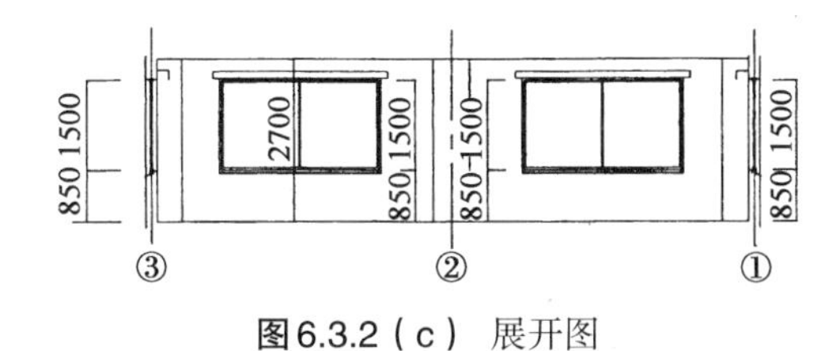

图6.3.2（c） 展开图

除上述之外还有用各个部位的详细图对详细的装修尺寸、局部装修尺寸以及材料的相对位置关系等进行表达的图形。另外还有用门窗表和五金配件布置图来表达五金类配件的安装位置、根数、个数和做法要求等内容的图形或表格。

建筑结构图是结构计算结果的反映，包括基础平面图、各层楼板平面图、屋架平面图、构架立面图、梁柱楼板清单以及详细图等，注明基础、柱和梁等结构部件的布置、断面和材料等内容。如图6.3.2（d）~（f）所示，平面图和构架立面图不同于意匠设计图，也可以认为是平面和剖面的符号图。建筑结构图必须同清单、意匠设计图和设备图进行对照，以获得综合的信息。

用词解释

用词解释

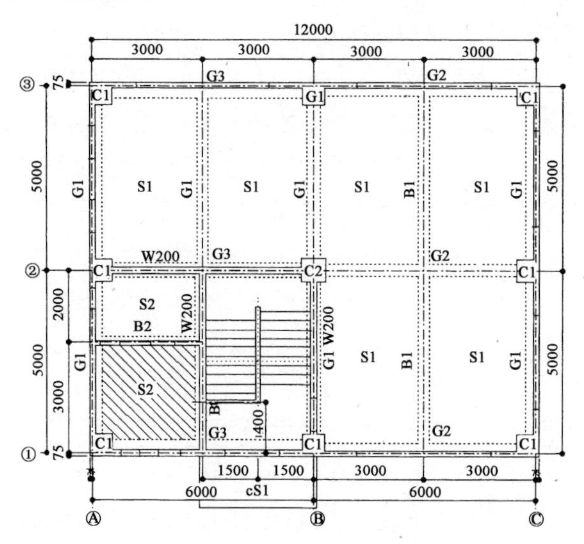

图6.3.2（d） 梁楼板俯视图

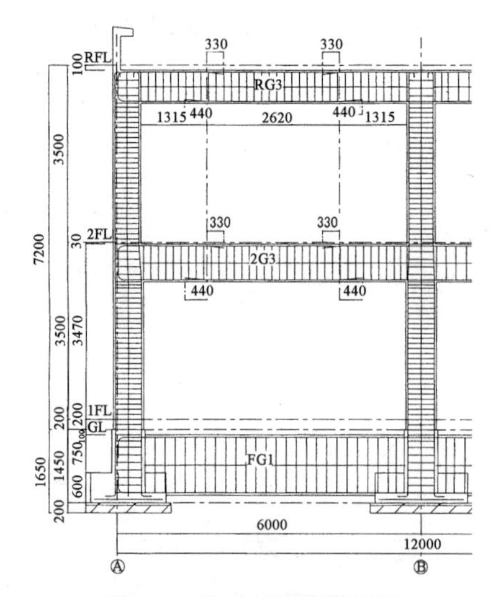

图6.3.2（e） 配筋详细图

	G1 端部	G1 中央	G2 端部	G2 中央	G3 端部	G3 中央
RF	2-D22 600 300 2-D22	2-D22 600 300 2-D22	2-D22 600 300 2-D22	2-D22 600 300 2-D22	4-D22 600 300 2-D22	2-D22 600 300 2-D22
2F	2-D22 650 350 2-D22	2-D22 650 350 2-D22	3-D22 600 400 2-D22	3-D22 600 400 2-D22	3-D22 700 400 2-D22	2-D22 700 400 2-D22

图6.3.2（f） 剖面表（梁）

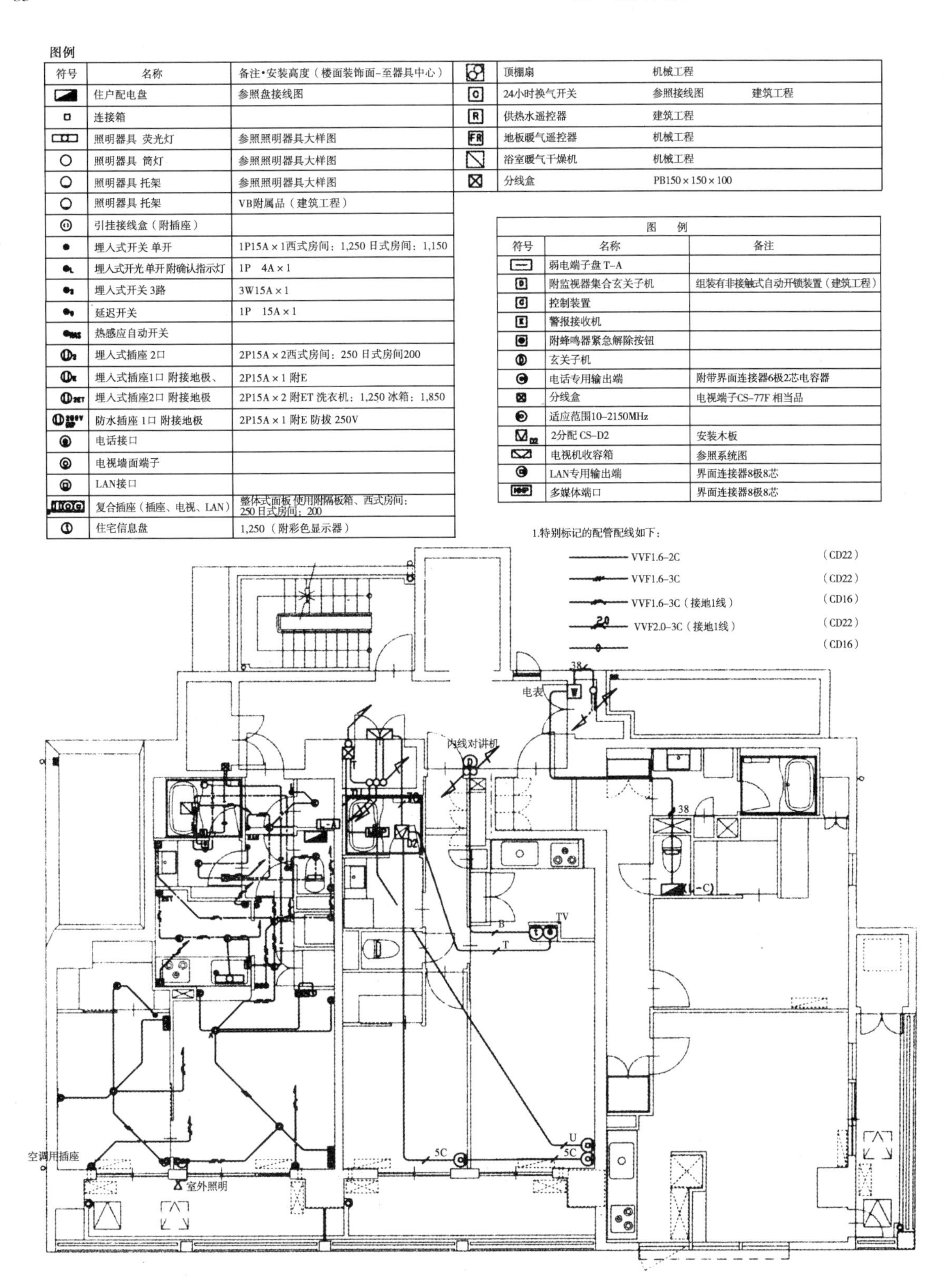

图例

符号	名称	备注•安装高度（楼面装饰面–至器具中心）
	住户配电盘	参照盘接线图
	连接箱	
	照明器具 荧光灯	参照照明器具大样图
	照明器具 筒灯	参照照明器具大样图
	照明器具 托架	参照照明器具大样图
	照明器具 托架	VB附属品（建筑工程）
	引挂接线盒（附插座）	
	埋入式开关 单开	1P15A×1西式房间：1,250 日式房间：1,150
	埋入式开光单开附确认指示灯	1P 4A×1
	埋入式开关3路	3W15A×1
	延迟开关	1P 15A×1
	热感应自动开关	
	埋入式插座2口	2P15A×2西式房间：250 日式房间200
	埋入式插座1口 附接地极、	2P15A×1 附E
	埋入式插座2口 附接地极	2P15A×2 附ET 洗衣机：1,250 冰箱：1,850
	防水插座1口 附接地极	2P15A×1 附E 防拔 250V
	电话接口	
	电视墙面端子	
	LAN接口	
	复合插座（插座、电视、LAN）	整体式面板 使用附隔板箱、西式房间：250 日式房间：200
	住宅信息盘	1,250（附彩色显示器）
	顶棚扇	机械工程
	24小时换气开关	参照接线图 建筑工程
R	供热水遥控器	建筑工程
FR	地板暖气遥控器	机械工程
	浴室暖气干燥机	机械工程
	分线盒	PB150×150×100

图例		
符号	名称	备注
	弱电端子盘 T–A	
B	附监视器集合玄关子机	组装有非接触式自动开锁装置（建筑工程）
C	控制装置	
K	警报接收机	
	附蜂鸣器紧急解除按钮	
	玄关子机	
	电话专用输出端	附带界面连接器6极2芯电容器
	分线盒	电视端子CS–77F 相当品
	适应范围10–2150MHz	
	2分配 CS–D2	安装木板
	电视机收容箱	参照系统图
	LAN专用输出端	界面连接器8极8芯
MMP	多媒体端口	界面连接器8极8芯

1.特别标记的配管配线如下：

配线	配管
VVF1.6–2C	（CD22）
VVF1.6–3C	（CD22）
VVF1.6–3C（接地1线）	（CD16）
VVF2.0–3C（接地1线）	（CD22）
	（CD16）

图6.3.3 设备图实例（提供：建筑功能研究所制作）

图　例

符　号	种　类	说　明　等	符　号	种　类	说　明　等
	集合管接头	铸铁制品		给水埋设管	耐冲击性硬质氯乙烯管
	立管清扫口	与立管同直径		排水管	硬质氯乙烯管
	脚部接头	附CO头长弯曲、提高1个尺寸等级		通气管	耐火二层管
	大弯曲L			供热水管	超分子聚乙烯管
	通气VC·防水贯通接头	铸铁制品		供热水管	耐热氯乙烯钢管
	单向进气通气阀	与立管同直径			
	伸缩接口	与立管同直径			

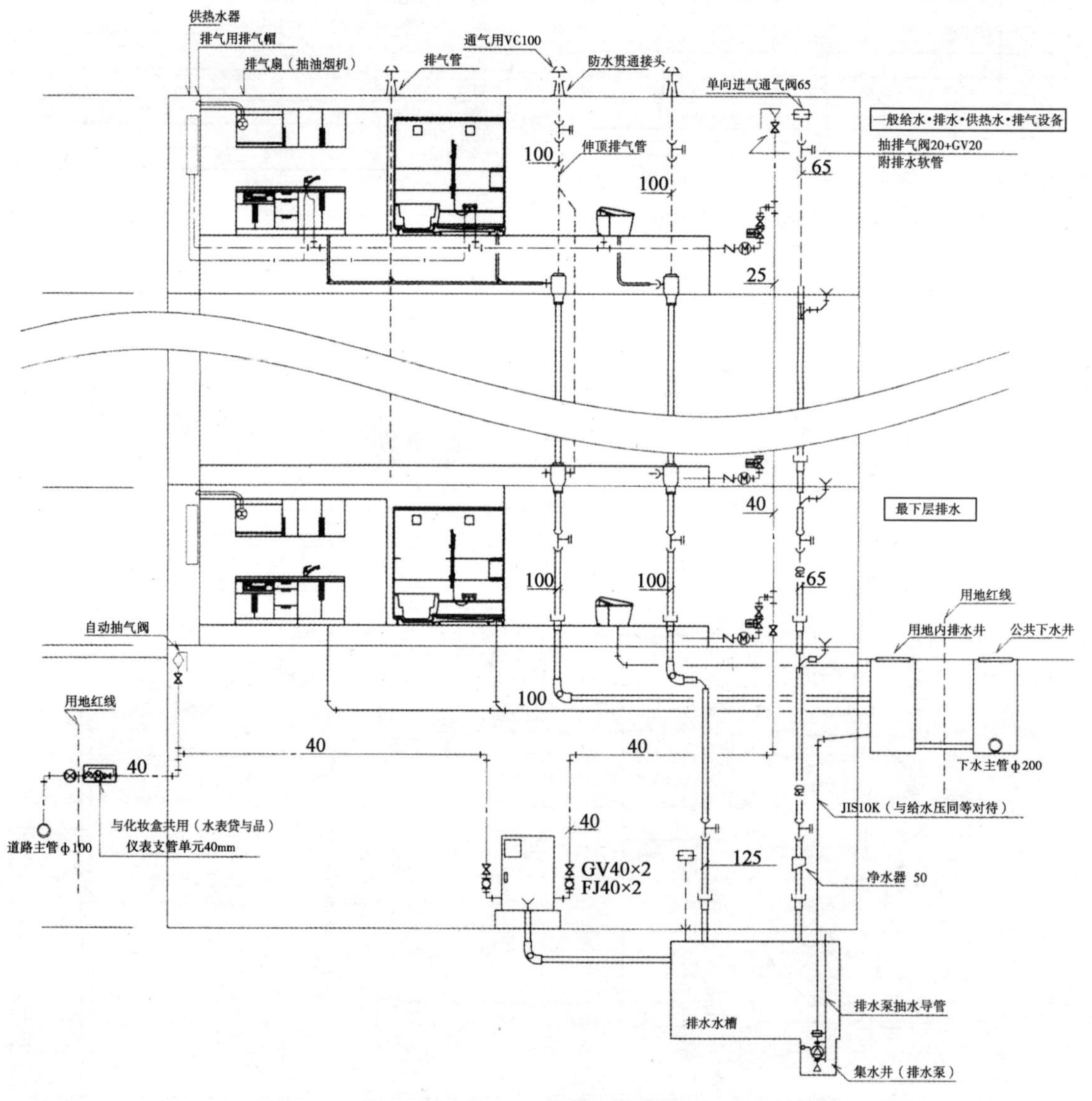

图6.3.3　设备图实例（续）（提供：建筑功能研究所制作）

与结构相关的俯视图是以平面图的形式对结构的骨架等进行表达的图形。而构架立面图是从正侧面对建筑物的柱、墙体等构架的外观进行表现的图形；详细图是对具体的交接节点的做法进行标注，用于指导施工。结构规格书是对结构体必要的性能和质量标准的表达。特别对于钢筋工程和钢结构工程，详细记载其使用材料、加工和组装的精度以及施工方法等内容。

包含设备设计（计算）结果的设备图，增加了布置位置信息的图形化内容。采用给排水卫生和空调的设备图的符号，采用空调和卫生工程学会标准（SHASE-S），电器设备图采用日本工业标准（JIS）的符号。设备图与建筑图不同，由于主要是采用符号和线条进行表示，所以图示表达中有多种的图示符号。在平面图中，有的仅表示机器设备的安装位置内容的图形，还有增加了与这些机器设备相连接的配管和配线等系统的系统图。在这些图中对于安装机器设备以及配管、配线的容量、种类和大小等都是采用符号进行表达的。在剖面类的图形中主要是系统图，表示垂直方向的机器设备的数量以及与这些设备连接的配管、配线等的系统，按照每个类型的设备进行制图。与结构图同样，设备图是对计算结果的反映，是施工图制作的信息源。在规格书中主要对质量、精度、材料和标准等进行说明，在详细图中还包含了大量施工方法的信息。

用词解释

SHASE-S
空调和卫生工程学会（SHASE）发行的技术标准（Standard（S））。

6.3.3 规格书

说明书规格书是对工程项目内容中无法用图形进行表达的内容事项，以文字或数值的形式进行表达，是设计文件的一部分。对设计图中无法明示的结构、施工方法、材料、构配件、设备和装修程度等内容进行记述。还有记述有关工程管理、监理方法以及工程运营的各种手续等内容，这些内容与图面共同成为传达生产信息的重要文件资料。

规格书根据每个工程内容对建筑物的建造方法的程度进行详细记述，为了在一定程度上确保建筑物的质量，有两种类型规格书，即：对所有建筑物制定统一的标准的“通用规格书”以及针对每个建筑物的特殊条件而制定的说明“特别规格书”。现在的规格书也称为对“做法”的记述。这是因为其内容主要是对所使用的材料规格和性能，加工、组装和制作以及检查方法等进行详细记述的结果。

通用规格书也有的是设计事务所或建设公司自己编制的，不过更多的是使用由国土交通部大臣官房营缮部主编的《公共工程标准规格书》、日本建筑学会编制的《建筑工程标准规格书》以及住宅金融资助机构主编的《木结构住宅工程规格书》等通用。

特别规格书仅适用于各个不同工程的特别事项的记载内容，用于记载通用规格书的补充事项。通常情况是同通用规格书一起使用的，在与通用规格书所记载内容不一致时优先采用特别规格书的内容。由于建筑物是属于单一生产的产品，因此每个单体建筑的说明是不同的，对于质量和性能、监理和管理等每个建筑都会在特别规格书中进行明确记述。

用词解释

6.3.4　设计内容的整合性与综合图

综合图是对建筑（综合）、建筑（结构）、电器设备、给水排水卫生设备、空调通风设备以及其他相关设计图中记载的信息进行综合化的图纸，基于这些信息内容才能有效地进行施工。对于如何由设计向施工正确地传达生产信息，与完成高质量的建筑物有着一定的关联，但对它的定位还比较暧昧。

如平面布置图是在施工图的平面详图、展开图以及顶棚平面图等图纸上面，再加上经过综合论证和调整，叠加了相关设备机器等内容的布置图，可以说是综合图的原型。根据综合图制作成的建筑和设备工程的施工图，具有高度的整合性，能够有效提高施工图的制作效率。

如果将综合图看成是将设计图进行高度整合的图纸的话，这项工作应该由设计单位来承担。图6.3.4为设计综合图的一个例子。另一方面，如果要将生产信息进行整合，处理成施工的基本图纸的话，便成为施工方应该完成的图纸，这便是施工综合图。由谁、在什么范围来完成综合图的编制工作，在实际工作中还不明确。

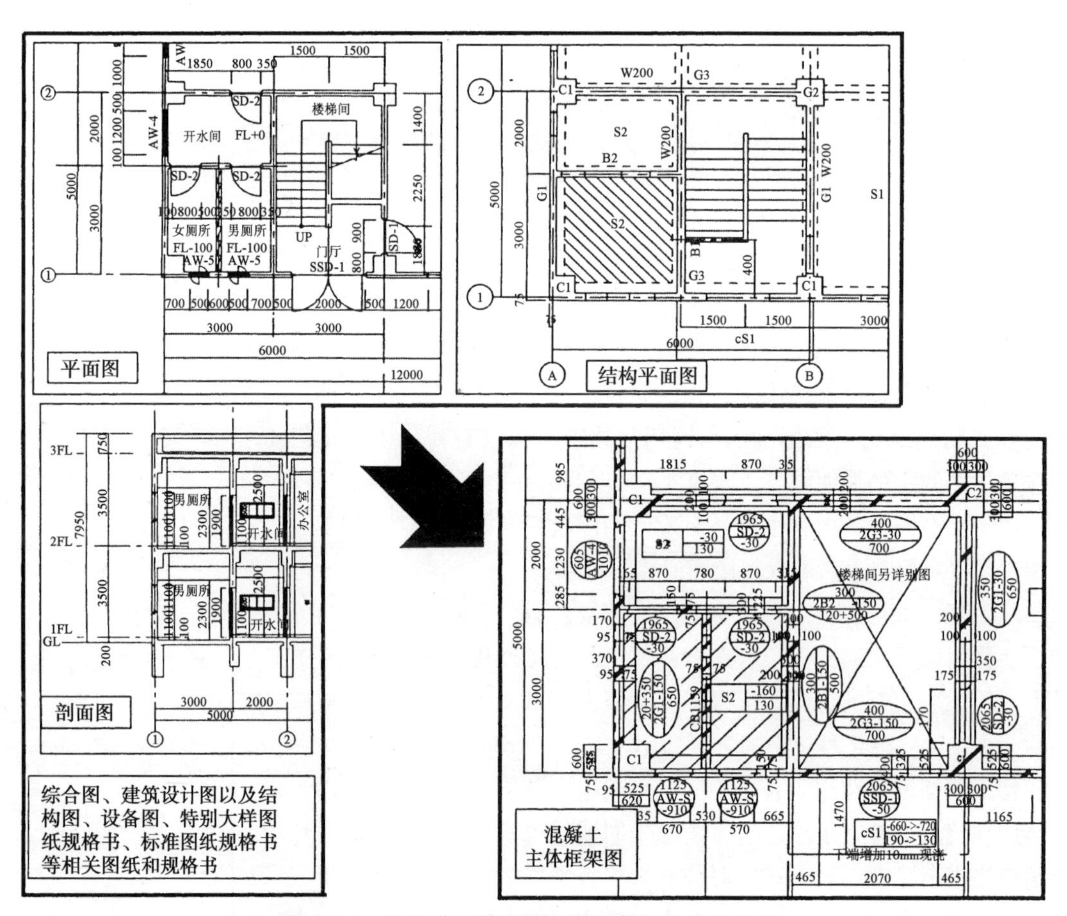

图6.3.4　从设计文件到施工图的信息内容的转换

用词解释

6.3.5 设计文件与施工图的关系

施工图与规格书（以下简称施工图书）指的是：在推进建筑工程过程中，根据设计文件由施工方根据施工需要而制作的施工图和详细图等图纸和规格书文件。在施工图书中，大致有施工图、施工计划图（综合临时计划【译注：如脚手架工程计划等】图等）和施工计划书（施工要领书、施工计划书等）。设计图是对建筑物完成后的样子进行表现的图纸文件，生产信息被分散在各种图纸中间。在施工时，不便于各工种的施工者从这些图纸中获得其所从事工作所必需的信息。而从施工方的角度出发，将各个工种在施工中所需要的信息抽取出来，加以研究，再加上新的信息内容，形成一体化和图面化的成果，这便是施工图和施工计划图。此外，将施工图的信息内容加以深化和细分的构配件材料的制作图、工作图、部件图和组装图等等也属于施工图的范畴。

若从其他视角对施工图进行区分的话，还包括对设计文件中没能表达清楚的部分进行确认，而增加的施工中必要的信息内容的图纸，以及将经过整合和论证的专业工程施工者在施工时必要的信息内容表达进去的图纸。前者还包含了与设计详细图不相干的内容，因此界定不太明确。

施工图的编制原则上，对于单一工种使用的施工图由专业工程施工者进行编制，而多个工种所使用的施工图则由综合工程施工者进行编制。后者的代表案例，如：混凝土结构图（尺寸图）。图6.3.4为混凝土结构图例。从综合图和设计文件中将制作结构体的必要信息进行集中提取并加以整合，采用一张图对平面和断面信息内容进行表达。基于这样的图纸，主体结构专业施工者和设备专业施工者等便可以编制各自所需要的施工图和构配件图等图纸了。

6.3.6 设计文件与工程施工监理的关系

在建筑师法中，“工程施工监理”定义为：“其职责是将工程与设计文件进行对照，对工程施工是否按照设计文件的要求来实施的情况进行确认。”为此，作为工程施工监理，根据项目对象的“设计文件”，应该如何界定其范围非常重要。当今实际工程的倾向是，原本作为设计文件的详图进行编制的设计信息，被放在施工阶段由施工者来完成施工图，并在此施工图基础上，由施工者和监理者或者设计单位共同协商逐步深化详细内容，在得到设计单位或者监理者认可后根据该施工图进行施工，这种做法非常多。为了实现工程施工监理的根本目的，考虑到存在这种倾向的现状，有必要对作为对照对象的“设计文件”进行范围界定。

6.4 专业设计技术

以下对专业设计技术：①作为设计工作的“结构设计”、“设备设

用词解释

计”和“生产设计”、②与工程相关者之间有联系的“综合图”、“并行工程”和“进度安排”、③与设计内容的调整和论证相关的“工程成本”、“VE（价值工程）和VM（价值管理）”和“设计会审”、④与调配方式相关的“施工者的选择”、⑤作为信息技术应用的“信息技术：ICT的应用”等进行说明。

另外，与第Ⅰ部第5章5.2建设管理技术的内容有一定重复，主要是为了便于对各个内容从整体上进行把握和理解。

6.4.1 结构设计

结构设计的目的是在基地和地域特征，工程的预算和工期，以及法规和规范等限制条件下，实现抗震性和抗风性等建筑物的安全性以及舒适性等要求的设计。一般分为：①结构规划、②模型化、③结构分析、④分析和验证、⑤详细设计以及⑥施工时的论证等过程。

结构规划是决定框架结构或墙体承重结构等结构形式，采用最适合的材料、RC（钢筋混凝土）结构、S（钢结构）结构等结构类型以及结构形式的选择的过程。模型化是根据结构形式，选择如梁柱模型、楼板模型等解析模型，假设其刚度和强度的过程。结构解析是根据标准等确定的荷载计算结果的过程，即所谓结构计算的过程。分析和验证是指从结构解析结果对其安全性、舒适性以及经济性等进行判断的过程。若结果不合理，就要返回到结构规划和模型化阶段重新进行选择。详细设计是指在分析和验证的结果判断合理的情况下，进行第2次结构物和结合部的详细确定，进而完成设计图的过程。施工时的论证还包括为确保施工的安全性而进行的施工解析、应对施工中的设计变更等内容。在结构设计中最为重要的是“结构规划”和“分析和验证”。此外，对于结构设计经济性的考虑也是非常重要的。若考虑上成本，安全性和舒适性的提高在现实中显然是受预算的限制的。在这一限制下，要求选择最合理的结构形式。

6.4.2 设备设计

建筑设备是指为了保证在建筑物内部，使用人员能够舒适地活动而设置的保障机械装置。一般分为电气设备、空调设备、卫生设备、电梯设备及其他设备，是利用电器、上下水管、燃气以及电话等基础设施进行循环处理的系统。现代设备的性能及其功能除了多样化和舒适化外，还要求具备安全性与可靠性、经济性与耐久性以及对地球环境影响的考虑等。在建筑的LCC中，由于使用设备系统在能源的使用量和CO_2排放量所占比例非常大，从节能研究和LCC的视点出发，设备设计是一个非常重要的环节。

设备设计是对①设定条件的整理和设计概念的设定，②法规以及技

LCC

Life Cycle Cost是指，对建筑物在全寿命过程中所需要的所有成本费用的统计。一般分为策划设计费、建设费、运行费、修缮更新费、维护费、解体废弃和再生利用费用等。根据用途和建筑物使用年限，在建筑物维持管理阶段的费用，据统计通常为建设费的5-6倍。

术的基本功能、性能以及说明的设定，以及③各种详细设计与建筑的整合性的研究等。

法规的和技术的基本功能与说明的设定是与初步设计阶段相对应的，是对满足具体的功能和性能的设备的种类、能力和容量进行设定的过程，其中还包括对配管以及配线等的考虑以及线路的论证。各种详细设计与建筑的整合性论证是与施工图设计阶段相对应的，并且要在确保施工以及工程费用概算可能的情况下，完成施工图设计图纸和规格书的工作。

6.4.3 生产设计、建造能力与施工能力

在建筑工程项目中设计行为本身是经验的和探索性的过程，每个工程项目中会有许多新施工技术的开发，在设计阶段将施工组织设计、建造能力和施工能力等有组织的和体系化的构造形式整合进来是非常必要的。

古阪提出了施工组织设计的5个基本项目以及各种活动内容（参照5.3）。具体方法有：各种构造与施工方法的选择系统，工期和成本概算系统，质量关系图表的运用，以及以主体结构剖面的标准化和施工操作熟练程度为目标，实现单纯化的标准化设计评价（古阪，1993）。

另一方面，江口指出构造和施工方法设计是施工组织设计的主要内容，将“在考虑生产方法、施工方法以及工艺做法等施工方法的同时，还包括在详细图和规格书中确定了的构造方法的类型及其细部处理的内容”定位为设计方要求完成的生产设计的内容，将“施工阶段的制作图、施工图、等比例图的制作以及临时工程设计和工序设计”称为施工阶段的生产设计，并将这些在初步设计阶段和构造施工方法设计阶段的生产设计的内容作为设定条件，在其所规定的框架下进行施工阶段的生产设计等现状进行了说明（江口，1980）。

Stewart Adams提出在设计阶段提高可建造性必须研究的16项内容（图6.4.1，Adams，1989）。特别指出：在设计阶段还要论证研究诸如“恰当材料的使用”、“考虑可采用的技能的设计”、“考虑单纯装配构造的设计”、“尽可能提高重复性和标准化的计划”和“合理误差的允许”等问题，并且强调这些问题也是设计规格书会直接涉及的内容。此外，“在设计阶段对现场充分的研究”和“设计阶段对物资材料放置场地的研究”等涉及部件材料的分割及尺寸的问题，它们将直接影响项目的可施工性。

ASCE（American Society of Civil Engineers）关于施工能力（Constructability）计划提出了22条的论证项目（ASCE，1991）。这些条目是以工程项目整体为对象，由于在设计阶段便要求开始考虑一些问题，对确保工程项目的顺利进行效果会更好。特别指出“作业打包化”、“劳务计划”、“充分考虑现场”、“设备的安装和更换的便利性”、“维护性”、“设备以及资材的调配和订货交付时间的考虑”、“预制性（Prefabrication）”、“预先装配性（pre-assembly）”以及“模式化”等问题都是设计阶段必须研究的问题。

用词解释

ASCE

ASCE American Society of Civil Engineers，美国土木工程协会是美国建设技术工程人员的学会，是为建设技术的进步、生产学习和促进专业技术职务服务的组织机构。

与生产设计关联：从质量视角要求的构造方法
1. 施工作业的姿势和脚手架要安全稳固
2. 施工作业顺序和内容要便于理解确定
3. 构配件的数量和种类尽可能地少
4. 结合部的作业方法和五金构件种类要少
5. 新的构造方法要进行性能检测实验和施工演练
6. 基于其结果把握施工要领、作业标准和检查标准
7. 应适合施工人员的质量能力水准
8. 不易受气候和季节影响
9. 便于养护、养护时间能短时间完成
10. 在操作安装过程中不易破损和污损
11. 对后续工序作业不会造成损伤的构造方法与工序的关联性
12. 工序和工种在同一场所避免交叉
13. 便于进行质量管理和检查
14. 便于作业完成后的检查
15. 能明确区分质量责任
16. 便于修补更换

〈来源：《构造方法手册》〉

实现可建造性重要的16个项目
1. 充分的检查
2. 在设计阶段对现场充分的研究
3. 设计阶段对物资材料放置场地的研究
4. 实现地下施工工期最短的设计
5. 尽早完成上部主体和给水工程的设计
6. 恰当材料的使用
7. 考虑可采用的技能的设计
8. 考虑单纯装配构造的设计
9. 尽可能提高重复性和标准化的计划
10. 最大程度使用临时设备
11. 合理误差的允许
12. 考虑实际施工作业的前后关系
13. 避免施工作业的返工
14. 避免后续施工作业造成损伤的计划
15. 考虑安全施工的计划
16. 充分的沟通交流

〈来源：《Practical Build-ability》〉

图6.4.1　在设计阶段的生产设计以及可建造性的要点

用词解释

6.4.4　综合图

综合图是将建筑（意匠）设计图、结构设计图和设备设计图的信息叠加到一张图纸中，即“重叠的整合图”，综合图是各个专业工种设计信息进行一元化后的成果。日本，以往的施工图，由于都是由工程施工方根据建筑、结构和设备等各个设计图来制作完成的，在施工图编制完成过程中需要一定的调整时间，同时还可能出现返工的情况。为防止返工，在施工图制作前，先将设计信息全部整合在1张图面上，根据施工图制作标准绘制出这种基本图，然后对建筑、结构和设备等设计内容的整合性进行确认和调整，这种基本图称为综合图。综合图还包括：在施工上对建筑与设备间的装配方法进行研究，根据设计质量要求对设计与施工共同认定的质量进行确认，对施工范围的确认，同时还包括对其他方式招标工程的调整等内容。一般，综合图包括平面图、展开图和顶棚俯视图等。根据具体情况还要绘制剖面详图、综合外部环境配套设施图以及综合立面图等。在综合图中，为了要绘制出与其目的相一致的成果，因而所要确认和调整的内容非常重要。此外，CAD的普及非常明显，使用其图层功能就可以非常容易地将各种图面进行重叠应用。在3维立体CAD中还能自动地对生成的构件进行关联性确认。

6.4.5　协调型设计与并行工程

适合于并行工程设计的设计类型有协调型设计。协调型设计中包括：

① 设计团队与施工队的协调；

② 建筑设计、结构设计以及设备设计的协调；

③ 多个建筑设计单位间的协调。

等三个阶段

设计团队与施工队间的协调，在公共工程项目中要从制度上进行约束是困难的。而民间工程项目的情况下，设计施工如果是采用一揽子投标方式，就可以在设计阶段确定施工承担者，并且让他们有可能参与规划设计。在设计施工分离方式的情况下，由于分属不同的组织机构，因此，有必要创造一个不仅让施工担当者能够参与共谋规划设计的环境，而且还要创造出能充分利用各种信息技术进行协调配合的工作环境。

建筑设计、结构设计和设备设计间的协调，可以避免设计文件中的不一致现象，对其进行充分的论证研究，是最终获得具有高完成度的成果所必要的和重要的环节。

例如：通过因特网的“虚拟现实设计平台”（Visual Design Studio）可以实现远距离同建筑设计单位进行协调合作。由于通信速度的提高，与电视会议一样，并行同步的协调环境平台正在逐渐地被建构完善起来。

6.4.6 进度安排

进度安排可以理解为广义的工程进度管理或PMBOK（项目管理知识体系）中的日程管理，一般而言，分为计划与管理两方面。进度计划需要明确的是：需要怎样的工程作业、各个作业必须在什么时间开始以及在什么时间结束、由哪些人来担任以及需要多少人工等。在进度管理方面，工程项目要明确工程项目进展所处的位置问题，如：是按照计划所要求的进度正常进行，还是实际状况与计划存在有怎样的差距。必要的话，要根据现状对今后的进度安排再次制订计划。

在设计阶段的进度安排中，设计团队的成员通常会在不同的组织机构和场所开展活动，在基于资讯共享的基础上，他们可以充分有效地利用互联网、企业内部网络（Intranet）和LAN（局域网）等网络技术。在资讯网络上，团队内部的电子数据信息交换、信息的统一管理已经成为可能，所有成员可以共同拥有最新的工作进度安排。

进度计划，可以分为对工程作业的定义、作业顺序的设定、所要时间的估算、进度表的表达。计划程序包括：从具体确定各个作业的详细内容开始，到将这些内容整合在一起，从而确定整个进度安排的“叠加型计划”，以及先从确定整体进度开始而后再分别确定各个作业的详细内容的“分割型计划”的两种类型。通过对这两种类型的整合，能够获得更准确的进度计划案。进度管理可以利用监测把握现状，以及分析现状与计划的差距，进而改善进度安排。由此，可以更进一步地从进度计划以及管理结果出发来把握各个设计业务的生产性，以及对项目进展方向进行倾向分析等工作。将这些信息作为制定类似工程项目的进度计划时的参考资料，而且还可以作为数据库发挥作用。此外，随着互联网等的网络技术的进步，建筑设计团队的全体成员可以共同拥有资讯环境，这将使得对工程项目整体的管理和多个工程项目的管理成为可能。从**Fast-Track（快速轨道法）**的采用和生产设计的推进视点来看，进度安排的思

用词解释

Fast-Track（快速轨道法）
所谓“Fast-Track”，是指在设计尚未结束之前，当工程某些部分的施工图设计已经完成，即先进行该部分施工招标，从而使这部分工程施工提前到项目尚处于设计阶段时便开始。

用词解释

考模式不仅限于设计阶段，而且力求向工程项目的全过程推广展开。

6.4.7　工程成本

工程成本（Cost Engineering）是在设计阶段校核项目的适宜性，进行概算和预算的工作，并且根据测算结果对设计内容进行调整的技术过程。工程成本大致有：①概算和预算（Cost Estimate）和②成本管理（Cost Control）。

预算是在某个时期，从建筑图纸上读取并抽出所有有关人工和资材的数量，再考虑其相应单价，合算后得出的总的工程费用。成本管理是随着设计的进行，把握成本的变动情况，弄清其变动的依据，进而对具体内容进行调整，使得建筑业主的预算与成本能够吻合的过程。

作为成本管理阶段中的成本调整技术有：VE（价值工程）和VM（价值管理）（参照6.5）。

6.4.8　价值工程（VE）与价值管理（VM）

建筑生产过程中的VE(Value Engineering价值工程)，其概念公式为：

Value（价值）=Function（功能）/Cost（成本）

其中，如何确定F（功能）有待进一步研究。对于F（功能）的评价存在一定难度，其结果是随着成本的上升，VE对顾客而言存在一定风险。其中，对于VE可以导入顾客满意度（Customer Satisfaction：CS）的概念，并赋予实际的指标。

VM（Value Management价值管理）的概念公式为：

VM=CS+VE

VM指的是为了提高顾客的满意度而进行VE的实践过程。有两层意思：①功能指的是通过与顾客的交流确定的事项内容，对其进行研究则是CS的对象；②VE是通过CS所确定的“在最低成本下，实现给定条件的各种功能而进行的活动”。

与多个有组织的、体系化的研究手段相同，理想的VM是与设计进度相对应的，是以多阶段反复进行的多层次的VM。在建筑设计的哪个阶段要重复进行几次有关价值管理的研究过程，这要取决于工程项目的基本特征而定。通常由于在设计的初期阶段CS活动领域非常广泛，随着设计进程的深入，VE所涉及的范围将变得越来越广泛。

6.4.9　设计会审

设计图与规格书要确保在工程预算、工程施工合同以及作为施工依据等方面内容的正确性。然而，建筑设计过程是建筑设计人员、结构设计人员以及设备设计人员等不同专业人员共同开展的工作，要实现目标并非易事。同时还要兼顾生产设计、建造能力和施工能力等方面的问题。

用词解释

设计会审（Design Review）根据JIS Z 8115的定义："在项目的设计阶段，在兼顾价格和工期等因素的同时，从性能、功能以及可靠性等方面对设计进行审查，以求进一步改善设计的环节。审查要求设计、制造、检查和使用等环节的各个部门专业人员参加。"也称为"设计审查"。将以往对成品进行检查排除不合格品的做法引入对建筑物制造过程的检查机制中，并将其定位在对设计过程的设计审查。

不同环节进行的设计会审的例子：

① 着手设计时进行的决策会议；

② 初步设计过程中进行的设计会议；

③ 初步设计总结整理阶段进行的设计会议；

④ 完成施工设计图和规格书时进行的设计审图；

⑤ 工程施工开始、对施工图进行的监理审图；

⑥ 工程完工交付使用后的服务对策。

等6个基本活动内容。

设计会审并非仅仅是站在检查立场上的工作。例如美国佛罗里达州立大学的研究团队，针对如何在设计上充分考虑身体残障人员，基于庞大的调查结果，经过反复再论证，制定了超过360页的设计审查准则[6-27)]。像这样将丰富的知识有效地应用于设计审查中，已成为一个重要的发展方向。

6.4.10 施工单位的选定

施工单位的选定与设计质量的实现、成本管理和工期管理有着密切的联系，非常重要。一般来说，民间工程项目可以由①招标、②预审、③（投标）确定参加者、④提案说明书和概算说明书的评价（投标）、⑤谈判交涉、⑥签订合同等步骤构成。在选择施工单位时，不仅仅单靠价格，还要对其技术能力、在过去类似工程中的工程业绩等进行综合评价来确定。对于公共工程，已经导入了综合评价中标的方式，根据价格与技术能力进行综合评价。

此外，合同方式的选定同样重要。根据合同方式不同，建筑业主乃至投标人所担负的风险不同。根据工程项目的特点，采用恰当的合同方式非常重要。例如，总价招投标方式是日本最普遍采用的合同方式，最初在确定工程项目招投标金额时，若最初的设定条件不发生变更的话，则总金额就不会发生变更。对于建筑业主而言是一种风险较小的合同方式，而对于施工方而言则风险较大，因此，在招投标金额中存在相当大的风险。

6.4.11 信息化技术与ICT

在各个领域的设计阶段中应用信息技术是非常普遍的。信息技术也可以表现为ICT（Information and Communication Technology）。例如，结构计算和结构分析模拟技术，风的流体分析、日照分析以及室内温热和气流等的环境模拟仿真，乃至为生产设计提供的概算和施工模拟仿真技术等等。

通过电子邮件进行信息交流，利用互联网实现信息资讯的共享，在设计阶段实现了相关人员对信息资讯的共享。利用**群件**软件，可以使得在不同的多个企业间利用ASP（Application Service Provider）的服务增加，可以按照认定和指令、碰头会以及传阅等分类方法，实现工作流程的信息传递，对于建筑工程这样的组织机构而言无疑是一种非常有效的平台软件。

三维计算机模型辅助设计技术（3D Object CAD）正在不断得到发展和普及。以三维计算机模型辅助设计技术为中心的工作环境，不仅促进了建筑设计、结构设计和设备设计间的协调配合，而且利用概算以及施工模拟仿真功能，还使得设计单位对自己的设计业务以及在并行推进中所需要的业务支持成为可能。被称为BIM（Building Information Modeling）的这一研究动向，正在快速被人们所认知。作为研究课题：①建筑物模型庞大的数据量的处理问题、②数据间实现联动所需的标准化问题、③三维计算机模型辅助设计在操作中对人员的高技能要求。其中对于②中的标准化问题，IAI（International Alliance for Interoperability）的数据的标准规定IFC（Industry Foundation Classes）等的研究已取得重大进展。

6.5　建筑预算与报价

6.5.1　预算与报价的含义

建筑预算是根据设计文件，对构成建筑物的各个部分的数量进行计算、测算、分类和统计的工作。开展这一业务的专业人员的资格中有如“**建筑预算士**（民间资格）”等。根据由预算士组成的日本建筑预算协会的定义：“建筑预算是指为了测算建筑物在生产中所必要的事先成本的工程费用，根据设计文件对构成工程费用的各个部分进行明确，编制详细的分项清单的行为活动。”[6-11]。

有关建筑预算和报价的定义，有许多见解，一般而言算出建筑物各个部分数量的基础工作称为“建筑预算”，而将算出的工程数量乘以单价算出预测的工程费用则称为“报价”。

现在，专业人员进行的概预算业务，不仅涵盖数量计算和造价预算，而且还拓展到在初步设计等设计初期阶段就将粗略预算应用于成本计划，在整个设计过程中对工程项目进行成本控制，进而完成报价等更加广泛的业务范围。

用词解释

ICT

以往信息技术通常称为IT（Information Technology），近年来，包括信息技术与沟通技术在内的ICT（Information and Communication Technology）得到广泛应用。

群件

群件（Groupware）是为组群团队利用LAN（Local Area Network局域网）进行工作的成员提供高效的工作环境的软件平台。

ASP

ASP（Application Service Provider）指的是通过互联网等网络提供应用软件及其附带服务的提供商。以往，由组织机构的信息系统部门负担的在各个电脑上安装软件、管理等费用以及所花费的功夫等环节都可以省去。

IAI

IAI（International Alliance for Interoperability）是在建设项目的生命周期中在各类专业工种之间，对软件及其应用中所使用的数据标准进行定义，以促进共享数据的利用为宗旨而设立的组织机构。建设的生命周期，即：在设计、施工和维护管理中实现高效的信息交换和作业过程。

IFC

IFC（Industry Foundation Classes）IAI的定义，指的是构成建筑物对象的表现标准。根据IFC得出的模型，建设业界的所有业者不仅都能够共享的模型，而且还能够实现对建筑业界的软件及其应用间的数据共

6.5.2 概略预算（概算）

（1）概算与详细预算

概略预算（简称为概算）涉及的业务包括从建筑策划阶段开始直到施工图设计结束的范围，甚至包括根据尚未完成的图纸和资料开展概算的业务。因此，概算通常是在各设计阶段（策划、初步规划与初步设计），运用成本研究和成本控制的手法，对工程项目实施可行性进行论证。与详细预算不同的是，在现实概算中还没有确立统一的数量概算和概算方法。其原因是：建筑物的单一属性以及概算中所使用的给定条件（图纸、资料）内容的多变性，最近人们已逐渐认识到在设计的各个阶段进行概算的重要性。

预算是在施工前，根据施工图纸对确定的设计内容可能产生的施工费用进行预测的工作。一般而言，在投标、签约阶段，建筑业主和投标人双方根据同一套设计文件和概算要领（建筑数量预算标准和详细项目表的标准格式）进行预算。同时，预算也称为精细预算或明细预算，有的简称为预算。通常，预算的行为基本上都是指这种详细预算。此外，在预算中使用的施工图的成果图书内容也是国土交通省通告第15号中所规定的内容。下面就各阶段中有关概算的目的和必要的给定条件进行概述。

（2）各设计阶段的概算目的和必要信息量

为了与策划阶段、初步规划阶段和初步设计阶段等设计阶段相结合，进行成本管理和成本计划，要对各设计阶段进行概算，不断平衡设计内容和成本的关系。在此情况下，充分理解各设计阶段中概算的目的和必要性非常重要。概算业务，并非花费越多的人工和时间就越好。实际上，概算中所包含的必要内容的信息量与各设计阶段由设计作业产生的信息内容出现不一致的情况是很常见的，因此，根据具体设计阶段要求获得哪些概算信息要区别对待，基于此，才有可能获得与设计阶段及设计信息相对应的、必要的和充分的概算结果。

（a）策划阶段

在项目构思阶段，可能存在尚未确定具体设计单位的情况。此时，概算的目的就是论证该项目实施的可能性（FS：Feasibility Study）研究。此外，在充分把握建筑业主需求的同时，在理解工程项目的建设理念的基础上，对多个规划案进行论证，最后确定最适合的方案。经过这些过程，然后根据**成本分配**等编制今后的成本计划。例如，“在建筑方面要投入×××元，在设备方面需要投入×××元”等等。

在策划阶段，必要的信息内容包含：

· 建设场地（基地条件）

· 建筑物用途

· 层数

用词解释

享化及其相互运用。

建筑预算士

（社团法人）日本建筑预算协会认定的民间资格，对从事建筑概预算业务的技术人员的能力进行检定，并赋予相应资格称号。2009年4月登录者数量达13246人。

FS

Feasibility Study 在策划和构想阶段根据项目收支计划，从所有方面、多方位和多角度对工程项目实现的可能性进行论证研究。

成本分配

为了高效地开展设计工作，在限定的预算内参考其他类似建筑物的数据资料等而对预算分配进行适当调整。

- 建筑面积（施工面积）
- 结构类型
- 概略的等级
- 设备方式
- 必要的表现草图

（b）初步规划阶段

根据策划阶段所确定的条件编制而成的初步规划图，确认项目规划是否符合预算是这一阶段的主要目的。同时还要确认在结构、装修和设备等的预算分配是否恰当，平衡设计等级和判断预算结果是否妥当等。

在这一阶段所给定的条件中，还包含部分还没有图面化的表现草图等补充材料。概念图是处于策划与初步设计的中间阶段的项目表达形式，是为其后进行的初步设计做铺垫的，这一阶段是先行整合逐渐具体化的、与建筑设计相关设计信息和内容的阶段。根据**80–20原则**，尽早开始对项目的成本进行验证，是一种非常有效的方法。因此，可以说初步设计阶段的概算将成为日后左右工程项目成败的最重要的阶段。这个阶段，如果所确认的内容还存在问题的话，可以通过成本验证尽早地对设计内容进行反馈，并且根据验证结果，对平面规划乃至结构规划进行设计内容上的调整和修改。该阶段所使用的平面图，即使还没有最后确定所有功能用房的分隔也没关系，只要在图纸上明确区分使用用途即可。例如，酒店，有客房区、入口门厅和主立面等**外部区域**、走廊等共用部分和机房设备室等**内部区域**等分区平面图。

在策划阶段的信息中需要加入的初步规划阶段的信息内容如下：

- 临时设计图
- 概略结构剖面（包括基础施工方法）
- 设备中主要机器装置与系统
- 图纸（平面、立面、主要剖面图和概略的装修表）
- 各种等级（主要装修材料和设备规格说明书）
- 必要的表现草图

（c）初步设计阶段

初步设计阶段的目的是，根据初步规划阶段给定的条件制作初步设计图，确认其结果与项目计划的预算是否吻合，防止在后续工序的施工图阶段超预算、过度的质量和规格以及设计变更所引发的返工等问题。

在初步设计阶段要确定大量的设计内容，如果在初步设计结束时，才发现设计结果同预算发生较大的偏差的话，将对整个工程项目造成极其严重的影响。有时候，工期的滞后等会对工程整体造成很大程度的影响。鉴于此，就要求在该阶段得出的概算结果与施工图设计结束后得出的预算的结果相差越少越好。

在初步规划阶段的信息中，需要增加初步设计阶段所必需的信息有

用词解释

80–20原则
设计产品时，设计作业进展到20%的阶段，决定成本的80%的主要因素就已经确定。

外部区域
一般而言，住宅等“公共”性较强的部分多指是入口玄关和走廊等部位，酒店等则多指的是入口门厅和正面等外表部分。

内部区域
相对于公共区的外表面部分，多指机房设备室和仓库等内部用房。

以下几个方面内容：

· 临时工程、土方工程规划（综合临时工程、吊装规划、挡土墙规划、基坑排水工程规划等）

· 结构（结构剖面、桩基础=规格、根数）

· 意匠（详细面积、各装修表、剖面图、主要剖面详图和门窗等）

· 设备（规划概要=机械配置与系统的数量、各种规格与容量）

※包括能够判断区分建筑与设备间相互对接关系的资料

· 外部场地设施平面图

以上列举了策划、初步规划和初步设计各个阶段的概算的目的和必要条件，建筑工程项目的建筑业主不仅要求设计单位能够设计出令他们满意的设计和质量，以及具有功能性的设计内容，而且还要求设计单位确保设计能够控制在预算内，在成本的合理性和可靠性均具有保证的情况下完成工程项目。因此，从策划开始，以及在初步规划和初步设计设计过程中，运用合理的概算方法对成本进行验证非常重要。

6.5.3 分部工程预算与分项工程预算

预算的方法可分为分部工程预算与分项工程预算两种。这两种方法在对数量进行预算的方法上是一致的，但将其计算得出的结果展开为详细项目清单的过程和详细项目清单的格式特征有所不同。

（1）分部工程预算与分项工程预算的格式特征

分部工程预算由于是根据屋顶、外墙和外部开口部等建筑物的构造与构成内容，以及功能进行分类，便于具体的理解，因此是建筑业主和设计单位经常采用的格式。但是，由于在工程招标和材料采购等方面不便利用，还可能在很多方面增加施工方的麻烦，因此在投标合同阶段进行的预算中基本不采用此法。

这种按分部工程分类的格式能最有效地发挥其作用的阶段是从初步规划、初步设计直到施工图设计为止的阶段。其主要特征是容易把握建筑物的构成要素和成本关系，便于进行方案等的比较研究。因此，在初步规划和初步设计阶段的成本管理中一般采用按分部工程分类的格式。再者，现在从数量计算到编制详细项目清单一般比较多地采用预算专用软件，从按分部工程分类的格式再转换为按分项工程分类的格式（反之则有难度）等也是可能的。

按分项工程分类的格式是政府和民间广泛使用的格式。这种分类格式采用了与从临时工程开始到结束为止施工现场一整套的工程项目内容完全相同的分类构成格式，由于便于在工程招标和材料采购中使用，对施工方而言是一种便利的格式。

一般来说，详细项目清单是由中标的施工单位来编制的，对施工方而言，利用价值较高的当属按分项工程分类的格式了，应用很普遍。但

用词解释

分部工程预算

例如，按构造部位分类格式列出的外部开口部位中的各详细项目若要按照工种分类的格式表达的话，则成为：门窗的门窗工程，表面涂料的粉刷工程等等分类的表达方法。也称为按构造部位分类的详细项目清单格式（参照P.57）。

用词解释

是，按分项工程分类的格式对于业主和设计单位来说，要理解其内容却较难。例如，拿屋顶来说，沥青防水的防水、基底水泥砂浆抹灰的抹灰、防水混凝土的混凝土以及累计的工程项目等等都存在差别。因此，这种格式对于屋顶需要多少量、外墙体需要多少量等等每个部位和构造的构成内容和成本是难以理解的格式。

（2）按分部工程分类的格式与按分项工程分类的格式的标准分类

按分项工程分类格式	按分部工程分类
1. 工程的临时设施工程	1. 工程的临时设施工程
2. 基坑工程	2. 基坑工程与基础工程
3. 基础工程	2.1 基坑工程
4. 钢筋	2.2 基础工程
5. 混凝土	3. 主体结构
6. 模板	3.1 基础结构
7. 钢结构	3.2 上部结构
8. 预制混凝土	4. 外装修
9. 防水	4.1 屋面
10. 石材	4.2 外墙面
11. 面砖	4.3 室外开口部
12. 木材	4.4 室外顶棚
13. 屋面及檐沟	4.5 室外其他
14. 金属	5. 内装修
15. 抹灰	5.1 室内楼地面
16. 门窗	5.2 室内墙面
17. 幕墙	5.3 室内开口部
18. 油漆	5.4 室内顶棚
19. 内外装饰	5.5 室内其他
20. 器具及其他	

6.5.4　成本数据

预算业务中使用的成本数据根据其用途有各种各样。这里首先就单价的种类及其内容进行说明，重点说明市面上发行的具有代表性的记载这些单价的刊物以及其他成本数据。

（1）单价的种类及其内容

在计算工程费用中使用的单价，大致有以下3类。

（a）单价（材料及人工等的单价）

· 材料单价相当于混凝土、钢筋、钢结构的钢材和木材等材料的单价。

· 人工单价相当于现场和工厂的工作人员的单价，如，钢筋工、模型工每日 ××× 元/日等。

用词解释

（b）综合单价（材料和人工等合计单价）

按分项工程分类格式使用的单价基本上都是综合单价，是采用频率最高的单价。一般称为“材料和人工合计”的单价。例如，抹灰工程中“砂+水泥+泥瓦工+转包费用”是由“材料+材料+人工+经费”合计的综合单价。

（c）合成单价（由多个复合单价或多个单价合计后的单价）

主要是按分部工程分类格式和预算中经常使用的单价，由表面到基底的材料及其施工费用所有的合计构成合成单价。例如，屋面防水中“防水混凝土+混凝土浇注+沥青防水+基底抹灰找平”是由“材料+人工+复合+复合”合成的合成单价。

（2）详细项目清单中使用的成本数据

（a）发行刊物的数据

将市面上的交易价格（即市价）等，由厂家、商社和专业公司的调查人员通过问卷访问调查收集记载的数据。除访问调查之外，还包括电话和传真等通讯调查。由于在记载的价格中还有部分是市场价格之外的“公布价格”即“厂家希望价格”，所以在具体利用时，应该在对市场动向调查的基础上确定采用的单价。代表性刊物中有以下几本：

《建设物价》=财团法人・建设物价调查会发行的月刊

《预算资料》=财团法人・经济调查会发行的月刊

《建筑成本信息》=财团法人・建设物价调查会发行的季刊（一年4期）

《建筑施工单价》=财团法人・经济调查会发行的季刊（一年4期）

（b）专业工程施工行业的预算单价

在使用专业工程施工企业的预算数据时，可以考虑以下几种情况：

・刊物中未刊载的工程内容

・专业性高的工程内容

・以往实际施工案例少的工程内容

例如，挡土墙、桩基础、钢筋的加工费、PC板、定做的金属物件、定做的家具、门窗、手术室、书架、标识工程等。

（c）以往工程的数据（background data）

利用以往实例中实际使用的单价和价格。这些数据由于是按照建筑物的使用功能和规模分别进行分类收集、分析形成的，因此根据实例设定的价格具有较高的信赖性。特别是在规划初期的策划阶段将发挥重要作用。需要注意的是在实际利用中，必须兼顾建设场地和时间调整等各种条件。此外，这些数据由企业作为重要的财产不断持续地进行积累和分析，这里边需要投入大量的人力和时间。因此，利用现在一般公开的实际业绩的数据也是一种有效的方法。例如，“JBCI”（财团法人・建筑工程物价调查会：一年1期）等。

用词解释

6.6　工程发包与资源调配

6.6.1　工程的发包方式[6-10)]

工程项目发包方式在“4.3**工程采购概要及特征**”中论述过，除了设计施工一揽子发包方式和设计与施工分离的发包方式等根据业务内容分类的方式外，根据工程分类以及投标方式、合同方式等不同的组合，还会产生许多不同的形式。此外，公共工程与民间工程存在很大差异，在工程的规模和地域上也存在差别。本文就后者的“工程分割”、“投标方式”以及“合同方式”概述如下。

（1）工程分割

对于较大规模的工程或者多个建筑物同时建设的情况下，通常将工程分割开分别进行发包。例如，建筑工程与设备工程分开进行发包的案例非常多，一般再将设备工程进一步分为电器、空调卫生和电梯等内容分别进行发包。此外，对于工厂和商业设施等在建筑物中附属生产设备和装修（租赁）等类型的项目，通常要以另外的方法对工程项目进行分开发包。不过，对于集合住宅小区等的建设，为了分散业主和施工方的风险，通常是按每栋建筑物进行发包的。

（2）投标方式

国家和地方公共团体等的公共机构在进行工程发包时，一般以竞争性招投标来选择施工单位。这是为了保护纳税人的利益，这种公平透明的方法被赋予履行的义务。虽然任何人都可以参加一般性竞争投标，但通常还要根据工程的具体内容采用带有附加条件的投标方式。对于民间工程项目而言，主要有特别指定随意合同的方法。近来，随着选择施工单位的程序的透明化，招标人有责任公司股东进行相关情况的说明。由多个施工单位参与投标或投标单位按照发包单位提出的目标价格进行报价的做法逐渐多起来了。以下介绍其中主要的方法。

1）一般竞争性投标

这是一种在满足注册行业类型和资格等一定条件的情况下，任何施工单位都可以自由参加的方式。透明性高，以最低价的参加者中标。

2）公开招募型指定竞争性投标

在广泛的范围内公开招募施工单位后，业主一方组织委员会等机构，针对与该工程项目相关的技术力量进行审核，并基于此指定其中10家左右参加投标的单位的指定方式。这样可以防止没有技术力量的施工单位中标。

3）指定竞争性投标

从注册单位名录中指定10家左右与工程项目的规模、区域特性相应的施工单位作为投标对象的指定方式。以往多采用这种方法，但从降低成本和防止商议的角度出发现在一般比较少用。

4）特命随意契约

考虑以往的实际业绩等，选择一家签订随意合同的方式。民间工程项目中采用此法的占有相当数量，而在公共工程项目中，仅限于灾害应急对策等紧急情况下的工程项目以及只能有限的企业才能完成的特殊施工方法等的项目。

（3）合同方式

在日本国内，一般都采用总价招投标方式。这种方式是为了减少建筑业主的风险，在工程项目着手前，就将工程项目的招投标金额确定下来。然而，对于施工方而言，在施工条件不能发生大的变化，同时不发生设计变更等情况下，则要承担一定的风险。作为其他的方式有：根据工程中所需的费用来确定招投标金额的实际费用精算方式，以及只确定每个施工作业的单价，在工程项目施工完成后再确定实际数量的单价合同方式。由于这些方式都存在要到最后才能确定工程费用等原因，对于建筑业主有很大风险。与这种方式不同的还有，指定设备工程等专业施工单位的**成本增加方式（Cost On方式）**以及加入了由施工单位提出的缩减成本提案的VE（Value Engineering价值工程）方式（投标时、合同后）等。

用词解释

成本增加方式（Cost On方式）

建筑业主选定专业工程施工单位，在确定了工程费用的基础上，在其工程费用中加上直接承包的管理费用后，向建筑的直接承包公司进行工程发包的方式。设备工程中这种实例很多。

6.6.2 材料与劳动力的调配

与建筑业主直接签订合同建立合同关系的直接承包工程的总承包商（General Contractor），从厂家和专业工程分包商（Sub-contractor）那里调配工程项目中必要的各种材料和人工。工程总承包商通常是通过设立专门调配部门，采取将其业务进行一揽子总包的方法。在资材和人员调配时，明确与工程项目施工全过程相关联事项所必须的时间点，确保不发生迟延现象。特别是，对于在工程项目的早期阶段在桩基础、柱和梁的钢结构以及主体结构工程中所需要的预制混凝土构件等资材的调配问题，必须将工厂制作等所必要的订货交付时间与向哪里调配等问题进行充分论证后方能进行发包。此外，对于人工同样要根据社会的繁荣与萧条以及季节气候等因素，注意把控好调配中可能发生的变化情况。

随着经济全球化进程，国外调配的材料和制品在不断增加。归根到底是要在早期阶段就确立好具有高信赖性的施工计划方案，使工程项目的调配工作朝着有利的方向展开，从而实现工程项目的顺利进行。

6.7 现场施工与工程施工监理

6.7.1 工程现场施工

（1）何谓工程现场施工

施工是在建筑物的策划－设计－投标和合同－施工－维护管理的生命周期中，实现物理性的建筑物的过程。如图6.7.1所示，工程现场施工是

用词解释

指在施工过程中与建设施工现场以外的资材和构配件的制造和制作相配合，在建设施工现场建造建筑物的形的行为。狭义意义上，通常所说的施工指的是工程现场施工。

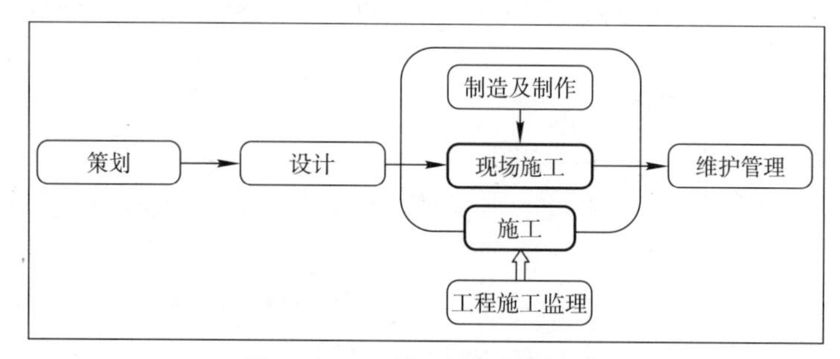

图6.7.1　工程现场施工的定位

（2）工程现场施工的特征

建筑生产的特征除了部分的预制装配式住宅和系统型建筑等类型外，每个建筑工程项目可以说都具有：①单品生产、②因生产场所在室外受其场所变化的影响、③每次都必须重新组织施工组织机构等特点。由于施工的特征受到这些因素极大的影响，因此，要根据这些特征成立相应的生产组织和生产体系。虽然，靠增加在工厂的构配件制造和预制装配的比例，能够有效地减少因施工场所的变化而产生变动因素的影响，然而要完全消除现场施工本身是不可能的。

（3）工程施工组织的形式

与建筑工程相关的主体由建筑业主、设计单位、监理者和施工单位构成。而施工单位又可分为总承包商（GC：General Contractor）、专业工程承包商（将总承包商的一揽子发包方式下面的专业工程承包商称为分包商或者SC（Subcontractor））、资材和构配件制造商等。

根据与这些主体的相关性，施工组织的形式也是多种多样的。大致上可以分为：将工程项目一次性打包起来向总承包商发包，和分别向若干个专业工程承包商进行分包的两种方式。日本典型的工程项目主要采用前者，即：与建筑业主签订一揽子招投标合同的总承包商在多个分包商的共同协助下进行施工的“总承包商直接承包型”。其中，根据设计单位的定位，又可以进一步分为：设计与施工分离的形式和总承包商将设计包含在内的承包形式。不过，由于后一种方式属于“将工程项目分离发包”的类型，建筑业主通常在接受设计事务所和CMr（Construction Manager 施工管理）的建议的同时，与每个专业工程签订合同。签订专业工程合同的单位可以是从大的，如：建筑工程和设备工程等分割单位，一直到小的，如：钢筋工程、模型工程、涂饰工程和电气工程等详细分割单位。不论如何，在分离发包的情况下，施工组织中总承包商通常参与进来主要承担建筑工程或者主体结构工程，而不需要承担全部施工打包的责任。

（4）工程施工的流程

从施工管理的角度进行概括，施工由①作业准备、②施工计划、③施工管理和④竣工交付使用等4个阶段构成。

1）作业准备

施工前的作业准备，最重要的有两个内容：其一，为了对施工对象建筑物有一个全面的理解，就必须充分把握由设计图纸和详细规格书等构成的设计文件的内容；其二，把握施工条件及其准备工作。每个施工场所的法律条件、周边环境和地基条件等施工条件各式各样，只有正确地把握施工条件并做好充分的准备，才能顺利地推进工程施工。

2）施工计划

在充分把握施工条件、进入施工时，要确立该工程项目整体的施工方针。即：在充分考虑QCDSE–Q（质量：Quality）、C（成本：Cost）、D（进程：Delivery）、S（安全：Safety）、E（环境：Environment）的基础上确立基本方针。

遵循这个基本方针，各种专业工程要制定具体的施工方针。进而，明确施工条件和关键问题点，明确重点管理项目及其目标值。

其次，根据这个施工目标，进行①脚手架计划等综合临时工程计划、②整体施工进度表、周工序表的编制、③现场事务所与吊机的设置、施工前有关法规手续的办理、④协作公司的选定与施工计划书及施工要领书的编制、⑤钢结构等的制作构件的计划与发包、⑥施工图的制作，等施工计划。

3）施工管理

根据施工计划实施施工管理。施工管理是按照QCDSE各要素类别的管理与各项工程科目类别的管理组合起来进行管理。很多情况下，工程的进度会受天气、周边环境以及劳动力的供需等因素的影响而无法按照计划要求进行，因此在重视确保工程进度的同时，在发生偏离计划的时候，必须尽快对进度进行调整修正，并进行施工管理。

为此要注意以下几点：

① 从以往的经验中，事先做好预测，准备好回避风险的措施策略；

② 充分运用施工质量管理表和作业标准进行过程管理，防止不测问题的发生；

③ 实施对重要点及重要场所的检查，尽早进行修正。

4）竣工交付使用

工程完工后，在各部门检查和建筑业主的检查等之后，进行建筑物的交付。在交付时，交付的内容有：钥匙、政府部门的批准申请许可书、竣工图纸和详细规格书以及使用说明书等。

6.7.2 工程施工监理

一般而言，工程施工监理是指在接受建筑业主的委托后，建筑师在

用词解释

QCDSE

QCDSE是指Q（质量：Quality）· C（成本：Cost）· D（进程：Delivery）· S（安全：Safety）· E（环境：Environment）5项合起来的对象领域的内容。

用词解释

工程施工阶段与施工方分处不同的立场，参与工程的检查监督。

与工程施工监理密切相关的业务就是施工管理的业务。施工管理是建设业法中确定的业务内容。建筑业法第26条规定，施工者“在进行所承包的建筑工程项目施工时，必须在施工技术上安排与该建筑工程相关的管理人员（‘主任技术员’或者‘监理技术员’）”。具体而言，同条款第三项中，“为了使得工程现场建筑工程得以合理地实施，主任技术员和监理技术员必须履行相关建筑工程的施工计划的编制、工程进度管理、质量管理、其他的技术上的管理以及在技术上对从事该建筑工程项目人员进行指导监督的职责。”作为施工者业务，规定了施工管理的内容。

今天，在进行一般的建筑生产的方法中，为了工程项目能够顺利进行，首先设计单位根据建筑业主的委托编制设计图纸和详细规格书，建筑业主将设计文件作为工程合同的图纸和规格书的重要内容，与施工者签订工程承包合同。切实遵守设计文件的要求进行施工，是工程承包合同的当事者——施工者的责任，在建筑师法和建筑基准法中，明确了在工程中由建筑业主选定工程工程施工监理人员，工程工程施工监理必须对照设计文件对工程进行工程施工监理。

在这种情况下，建筑师法中除了规定的法定的工程工程施工监理业务以外，一般而言，建筑师还要根据更加广义的“监理”业务委托合同来推进工程工程施工监理工作。此外，这种“监理”业务的理想形式未必是固定不变的，实际上在建筑生产过程中建筑业主、设计单位和施工者等所承担的作用和责任的方式，通常是不断变化的和不确定的，并且随着历史不断发生变迁。

如图6.7.2所示，根据日本近代建筑技术的发展，建筑生产始于明治初期，多数以直接经营的形式进行建筑生产的运营。在此情况下，建筑技师以及建筑师作为全能的工程项目总指挥和监督者，全权掌控图纸和详细规格书的制成，并在施工阶段中根据提交的详细图纸等发布指令，作为施工作业人员的技术指导和监督，并且负责管理人工和资材等费用支付等工作。

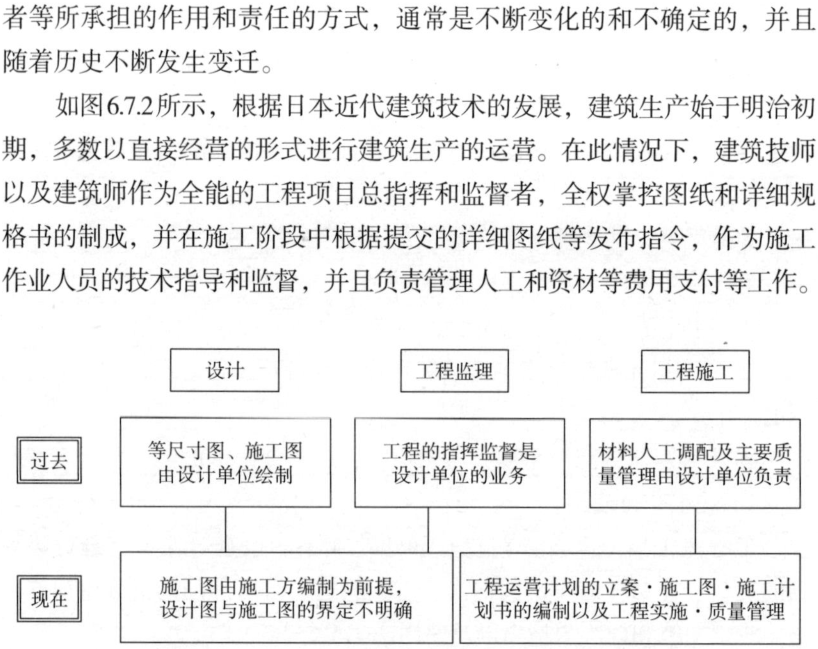

	设计	工程监理	工程施工
过去	等尺寸图、施工图由设计单位绘制	工程的指挥监督是设计单位的业务	材料人工调配及主要质量管理由设计单位负责
现在	施工图由施工方编制为前提，设计图与施工图的界定不明确	工程运营计划的立案・施工图・施工计划书的编制以及工程实施・质量管理	

图6.7.2　设计・工程监理・工程施工作用的推移

来源：（社团法人）**日本建筑师会联合会**《设计与施工的联系》（1994.5）

日本建筑师会联合会
根据建筑师法，日本各都道府县部门设立的由建筑师会员组成的建筑师会社团法人，力图保持建筑师的品位及其业务的改善和进步，以更加广泛地为社会公共福利事业做出贡献为宗旨而设立的组织机构。

逐渐地到了近代建筑技术在建筑界全面普及时，工程的运营和管理的作用已经向施工一方偏移。在现代，施工业务以“承包”的形式通过签订合同来加以实施的做法已成通例，在这种情况下，工程施工进行阶段对必要的计划、作业和进度等的管理，已经从担当设计的专业人员手中分离出来，例如由与建筑业主签订承包合同的工程建设企业来主要承担。

伴随着这一状况，工程监理以及承担监理的建筑师在建筑生产过程中的作用正在发生着变化。从前的参与方式如果说用**“指导监督型”的监理**来表现的话，今天的监理业务可以说就是（由施工方的）**“自主管理确认型”的监理**来概括了。

在工程施工阶段施工者与工程工程施工监理者（或监理者）的关系，如果除了法定的工程工程施工监理业务之外，如上所述随着实际情况的变化，其发挥的相应作用效果等也会发生变化，因此要视每个个别工程项目签订合同的具体情况而定。

6.8 维修保养、拆除报废与再生利用

6.8.1 维修保养

以环境问题为背景，迄今为止采用的**拆旧和建新**的时代已经终结，如何使得建筑物延长使用寿命已成为重要的课题。建筑物是由于各种各样的原因而老化的，通过合理的维修保养可以防止或推迟老化的进程。同时，充分有效地发挥建筑物的使用功能，在建筑物的使用过程中减少能耗。

建筑的“生命周期成本”的概念已经确立，实践表明，竣工后的建筑物的使用以及维护过程中产生的成本较之建造时的成本往往要大得多得多，因此，建筑物的维修保养的重要性已经受到广泛的重视。使用老旧的设备机器能源效率就会低下，外墙体隔热效果如果差的话则会造成能源的浪费。这些都与建筑物的运行成本密切关联。从浪费能源的建筑向节能建筑改造更新（renewal）已成为社会发展的潮流。

2006年，日本修改“有关节约能源的使用合理化的法律”（通称“节约能源法”），对于迄今为止特别是在法规中尚未确定的一定规模以上的改造更新工程项目，要求其提交“节省能源计划书”，并作为一种义务加以规定，要求与新建建筑具有同等的节能性能要求。在这种背景下，对于空调和电气等设备、外墙体隔热以及屋顶绿化等，要求采用少量能源即可确保建筑物的舒适度的节能构造做法，正在不断地得到开发和应用。

在对既有建筑物节能更新改造的基础上，ESCO（Energy Service Company：节能服务公司）所开展的业务将有助于推进该领域应用研究的发展。其特征与通常的节省能源、咨询与节省能源机器的开发・销

用词解释

“指导监督型”的监理
从设计说明书的决定，直到详细的制作方式以及质量管理，甚至到现场的运作管理等，都是由设计者・监督技师亲自来担任（日本建筑师会联合会《设计与施工的联系》，1994）。

“自主管理确认型”的监理
为确保和确认所要求的质量，将施工者进行的施工和自主施工管理的过程置于设计・监理者的监督和检查之下，由设计・监理者来进行指导监督的形式（日本建筑师会联合会《设计与施工的联系》，1994）。

拆旧和建新（Scrap and Build）
最初的意思是指在工程设备或组织机构中对成本以及效率核算较差的部门进行调整，设立新的部门的做法，对于建筑而言指的是一并拆除老旧建筑物和设备，代之以最新锐的技术的采用等建造的建筑物和新设备等的做法。

用词解释

售·设计·施工等不同，它提供了包括资金和津贴奖励在内的与改善能源利用效率相关的所有业务，将通过改善能源效率而节省下来的那部分经费纳入工程费用核算，以确保产生一定的效率改善效果。

· 在第Ⅱ部第11章11.8项目的维护保养与改修工程中，就维修保养的内容以及维修保养的诊断进行论述。有关改造更新工程，内外装修、设备以及耐震的改造更新实例交叉进行论述。另外，还就延长建筑物寿命对使用用途进行功能变更的问题进行论述。

6.8.2　拆除报废与再生利用

只要建筑生产的行为在持续，建筑的报废拆除工程就无法避免。改造更新工程和功能变更也是建筑物的部分报废拆除的行为。而重建则是将既有建筑整体报废拆除的行为。报废拆除工程会产生**建设副产物**，这些物品将涉及在何种程度上实现循环再利用以及对必须废弃的物品如何进行合理处置等问题。

另一方面，噪声、振动、尘埃以及从报废拆除工程工地产生的大量的**建设废弃物**等对近邻将造成重要的影响。此外，伴随着许多报废拆除各种大型构配件等的危险作业，因此尤其重要的是要确保报废拆除工程施工现场场地内的安全，以及确保拆除物的坠落及倒塌等对第三者的安全。在制定报废拆除计划时如何最大限度地降低对周边造成的影响，分类别实现建设副产物的循环再利用进而减少建设废弃物是进行该类工程施工的要点。

在报废拆除工程中必须根据具体条件选择合理的施工方法。现在使用的报废拆除施工方法有：①利用机械破碎的施工方法、②利用油压式压碎和剪断的施工方法、③利用机械磨削的施工方法、④利用火焰熔断的施工方法、⑤利用膨胀压力和钻孔扩大的施工方法、⑥利用火药类的施工方法。特别指出的是，在报废拆除中对于既有的桩基进行报废拆除和撤去时必须选择合理的施工方法。

在建设副产物中包含有可循环、再利用的物品。在日本1年中约有1亿吨的建设废弃物产生。1991年制定的“关于促进再生资源利用的法律”（通称“再生利用法”）中将建设废弃物指定为再生资源，作为原材料可以利用的资源。而且将具有这些可能利用的物品称为建设再生资源，力图有效地对其进行利用。

混凝土渣、砖和石材等无机质块状物基本被用作填埋材料，用以替代其他的道路基础材料和碎石块来使用。随着再生利用法的实施，开始利用市场上的污泥等开发环保水泥、轻骨料（原料：玻璃瓶）、瓷砖等（原料：污泥等）的再利用正在逐渐得以进展。在朝着零污染的目标建设循环型社会中，建筑废弃物的循环和再利用是今后的重大课题。

建设副产物

建设副产物合理处理促进纲　要（1993年1月12日，建设省经建发3号）的第3项对此进行了定义。指伴随建设工程产生的一系列附属物。拆除工程产生的物品除了返还给建设发包商的物品之外，所有的物品都相当于建设副产物，具有价值的可销售物品、作为原材料可再利用的物品、作为一般废弃物来处理的物品、作为产业废弃物进行处理的物品以及要作为特别管理的产业废弃物进行处理的物品等。

建设废弃物

在建设副产物中，作为一般废弃物、产业废弃物以及特别管理产业废弃物进行处理的物品。

用词解释

◆引用及参考文献◆

6-1) 岩下秀男・巽　和夫他著：新建築学大系22　建築企画　彰国社(1982)
6-2) 社団法人日本建築家協会：建築家の業務・報酬（2002）
6-3) 社団法人日本建築士事務所協会連合会：建築士事務所の開設者がその業務に関して請求する事ができる報酬の基準と解説（1979）
6-4) 民間建築設計監理業務標準委託契約約款検討委員会：四会連合建築設計・監理業務委託契約書（2007.6改定）
6-5) 株式会社安井建築設計事務所HP(http：//www.yasui-archi.co.jp)より抜粋引用
6-6) 社団法人建築業協会・社団法人日本建築家協会・社団法人日本建築学会・社団法人日本建築士会連合会・社団法人日本建築士事務所協会連合会：公共建築の設計者選定方法の改善についての提言（2003）
6-7) 水川尚彦・宮井周平・古阪秀三・金多隆・石田泰一郎・大崎純・原田和典：第24回建築生産シンポジウム「多様化する職能の類型化と生成過程の考察」建築学会（2008）
6-8) 古阪秀三・遠藤和義著：生産設計の現状と課題　第4回建築生産と管理技術パネルディスカッション報文集「建築生産をめぐる諸問題」日本建築学会（1993）
6-9) A.Griffith：Buildability The effect of design and management on construction Herriot-Watt University (1984)
6-10) Constructability Task Force,Construction Industry Institute : Constructability , a Prime, Construction Industry Institute (1986)
6-11) 古阪秀三総編集：建築生産ハンドブック　朝倉書店（2007）
6-12) 建築企画の実践編集委員会編集：建築企画の実践　彰国社（1995）
6-13) D. Chapell, A. Willis：The Architect in Practice, Blackwell Science, (2000) (UK)
6-14) 建築のテキスト編集員会編：初めての建築設備　学芸出版社(2000)
6-15) 施工図の描き方　彰国社(1969)
6-16) 槇野雄二著：設計総合図と施工総合図の位置づけ　施工No.415　彰国社(2000)
6-17) 松村秀一他著：建築生産　市ヶ谷出版社（2004）
6-18) S.Adams: Practical Buildability, Butterworth (1989)
6-19) C.T.Hendrickson, T.Au:Project Management for Construction, Prentice Hall (1989)
6-20) The Construction Management Committee of the ASCE Construction Division: Constructability and Constructability Program:White Paper, Journal of Construction Engineering and Management, American Society of Civil Engineers (1991)

用词解释

6-21) PMI Standard Committee: A Guide to The Project Management Body of Knowledge, PMI (1996)

6-22) PRIMAVERA:Primavera Project Planner Ver.3.0 Planning and Control Guide, PRIMAVERA (1999)

6-23) Microsoft Corporation:Microsoft Project 2000 ユーザーズガイド, Microsoft Corporation (2000)

6-24) 古川修著：新訂建築学大系３　建築経済　彰国社 (1959)

6-25) 江口禎著：構法計画ハンドブック　朝倉書店 (1980)

6-26) 木本健二著：工程計画と管理のためのソフトウエア，建築雑誌「建築のためのフロンティア第２回」日本建築学会 (2002)

6-27) Accessible Design Review Team:Mary Joyce Hasell, Rocke Hill, James L. West, Tony R. White, Sara Katherine Williams, Robert R. Grist and University of Florida College of Architecture "Accessible Design Review Guide:An Adaag Guide for Designing and Specifying Spaces, Buildings, and Sites, Mcgraw-Hill (1996)

第Ⅱ部

建筑生产Ⅱ

第7章 建筑施工

7.1 建筑施工概要

用词解释

7.1.1 建筑施工的特征

建筑施工是指利用物理原理建造建筑物或构筑物的全过程。该过程一般包括工程项目立项、设计、招标投标、施工、竣工、维护保养等整个过程。具体是指在现场进行制造、加工及建筑材料构件的装配组装等活动。

建筑施工有如下特点：

· 生产的单件性，要求根据工程项目的具体特点进行单独设计。

· 建筑产品的固定性，每个工程项目的施工场所各不相同。

· 现场组织体系的灵活性，根据工程项目的实际情况，临时组织施工人员。

· 工业化程度较低，施工现场需要集中大量的劳动力。

· 施工组织形式多采用**多层承包形式**，施工人员多为**短期雇佣人员**。

· 受季节、气候等自然条件影响较大。

多层承包形式
总包以下的合同关系，1次分包、2次分包、3次分包等金字塔形的分包形式。

短期雇佣
为避免经济波动及季节变化对工作需求的影响，经常采取非长期的雇佣关系。

7.1.2 建筑施工的主体

建筑施工的主体由业主、设计单位、监理单位、施工单位等组成。

（a）业主

一般将建筑工程项目的投资方称之为业主。

（b）设计单位

设计单位接受业主的委托，承担相应的设计责任进行设计图纸的编制。设计单位有多种组织形式，如独立的设计单位、隶属于业主的设计单位或从隶属于施工单位的设计单位等。

（c）监理单位

工程监理依据设计图纸确认施工单位是否按设计图纸施工。如施工内容与设计图纸出现误差，监理单位有权对施工单位发出整改指令，如施工单位不听从监理指令，监理单位可向业主报告。一般建筑工程项目的监理人员多由该工程项目的设计人员担任，为协调设计单位和施工单位的公平及公正关系，也可采用第三方监理形式。另外，工程监理除承担业主委托的施工监管业务以外，也可承担诸如合同管理等其他业务（参照3.2.2）。

（d）施工单位

施工单位是指通过与业主签订承包合同，承揽工程施工的建筑施工单位。建筑业法规定，施工单位在承揽工程建设施工业务时，必须取得营业执照及相应等级的施工许可证。同时规定，施工单位在施工时必须配备**现场代理人、主任级技术员、监理技术员**等相关技术人员。如4.2节所述，施工单位分为总承包单位、专业承包单位、资材构配件生产单位等。

日本比较典型的工程承包形式是总包单位直接与业主签订总包合同，再与多家分包单位共同完成施工任务。在采用这种承包形式的工程项目中，总包单位对工程质量及工期全权负责。

根据设计单位的主体性质，工程承包形式还可分为①设计与施工分别发包②设计与施工整体发包的两种发包形式。由于国家投资的公共项目必须采取公开招投标，因此多采用①设计与施工分别发包形式。

对于企业及个人投资项目，一般从项目立项开始，总包单位即根据本单位的技术优势，参与项目方案、概预算以及工期等方面的提案及研讨。所以该类项目大都采用②设计与施工总承包形式。其他也有采用平行发包形式，即业主在设计单位及CM咨询单位的指导下，直接同专业分包单位签订合同。这种情况下，项目的主体工程由大型建筑公司完成。业主及CM咨询单位对施工的全体责任负责。

7.1.3 建筑施工的历史概述

日本于明治时期开始从西方国家引进西洋式建筑。当时的业主及建筑工人的管理、技术水平较低，设计人员既要承担设计职责，还要对施工的全过程进行指导和监督。随着施工单位技术及资金实力等方面的提高，出现了规模较大的总承包单位，并逐渐推行签订承包合同，由法人或现场代理人对工程负责的承包体制。近年，专业分包单位的技术水平也在不断提高。在施工过程中，总包单位逐渐赋予专业分包单位更大的权限和业务空间。

例如：专业分包单位可以根据本单位特点制定所承担分部工程的施工方案，经过总包单位确认后，即可按该方案施工。

与建筑施工有关的新动向：

- 实施ISO9000标准规格，提高了工程记录的重要性
- 设计及施工图纸绘制中CAD技术得到普及，数据交换更加快捷方便
- 计算机、互联网技术日益普及，各种电子数据得到了广泛应用
- **Sick House问题**得到重视，新近颁布的**建筑废弃物再生法**使社会对环保建筑的关心日益高涨

7.1.4 日本建筑产业概述

在日本建筑产业鼎盛期的1992年，建设投资额达到84兆日元（约占日本国内总产值GDP的17%），1992年后逐年建设投资逐年递减，2007年投资额减少至48.7兆日元（约占GDP的9.4%），根据预测，今后建设投资额仍呈递减趋势。20世纪90年代虽然建设需求呈现减少势态，

用词解释

现场代理人

一般是在合同签订时确定现场代理人（统称为作业所长），在建设业法未做强制规定。在公共工程标准合同范本中作如下说明：现场代理人是指代表承包方执行合同，常驻施工现场负责工程运作、决策、变更分包合同金额、申请领取工程款等。现场代理人可以由主任技术员或监理技术员兼任。

主任级技术员

根据建设业法，施工单位在进行工程施工时，不论是总包单位还是分包单位，不分承包金额的多少都要设置主任技术员。主任技术员主要负责编制施工计划、工程进度等技术管理。

监理技术员

在进行工程总承包时，施工总承包合同额超过4500万日元或分包合同额超过3000万日元时，现场必须配置监理技术员代替主任技术员。监理技术员的工作内容包括主任技术员的工作以外，还须对分包单位进行指导、监督工作。

建设废弃物再生法

与建筑资材再利用有关法律的总称（2000年发布）。在使用混凝土、木材等建材的新建、改建工程中必须实行资源再生措施。

Sick House问题

建筑物内由于VOC（挥发性有机化合物）引发的人体疲劳、头疼、眩晕、刺激皮肤、呼吸道等症状成为近年比较严重的社会问题。2003年建筑基准法进

取得从业资格许可的建筑企业仍达到近50万家。进入2000年，由于其他产业的加入，建筑企业达到60万家。其后逐年减少，截至2007年3月，登记在册的建筑企业约有50.8万家（图7.1.1）。

日本建筑业的平均从业人员数量基本维持在500万人左右，经济发展鼎盛期的1991年达到600万人；1997年由于其他产业人员的加入，升至685万人。随着建设投资的递减，2007年从业人员数量减至552万人（如图7.1.2所示）。该段时期建设从业人数占全产业就业人员的比例由原来的10%降至8.6%，其中专业技术人员及管理人员合计55万人（9.9%），技术工人及普通工人合计377万人（68.3%）。

用词解释

行修正，对建筑材料中的磷化物、甲醛含量做了具体限制，并原则上要求含起居室的建筑物实行24小时机械通风换气。

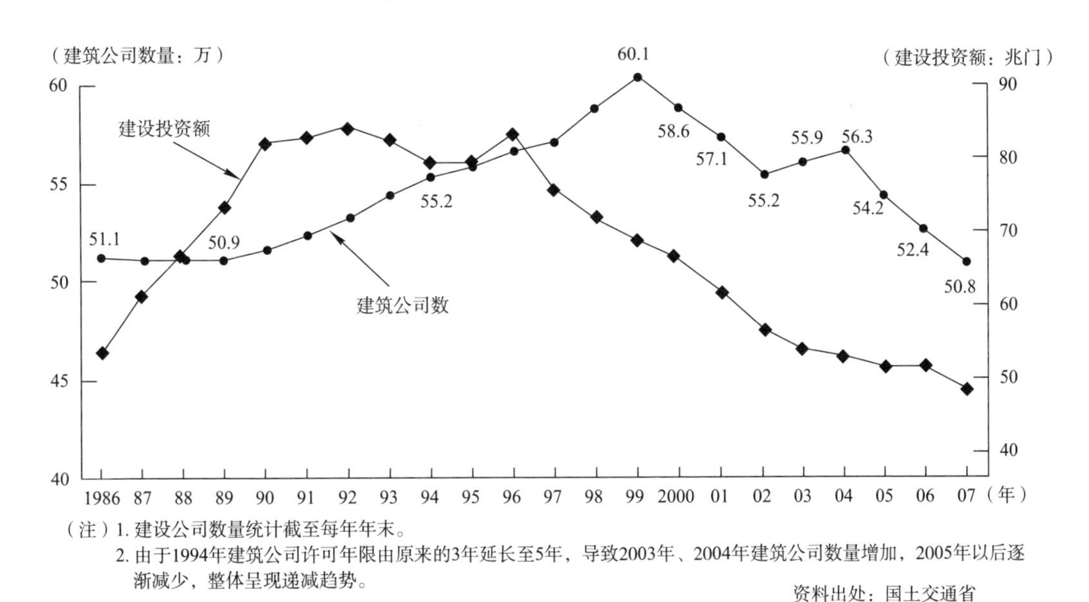

（注）1. 建设公司数量统计截至每年年末。
2. 由于1994年建筑公司许可年限由原来的3年延长至5年，导致2003年、2004年建筑公司数量增加，2005年以后逐渐减少，整体呈现递减趋势。

资料出处：国土交通省

图7.1.1　建设投资额及建设公司数量变化走势图[7-2]

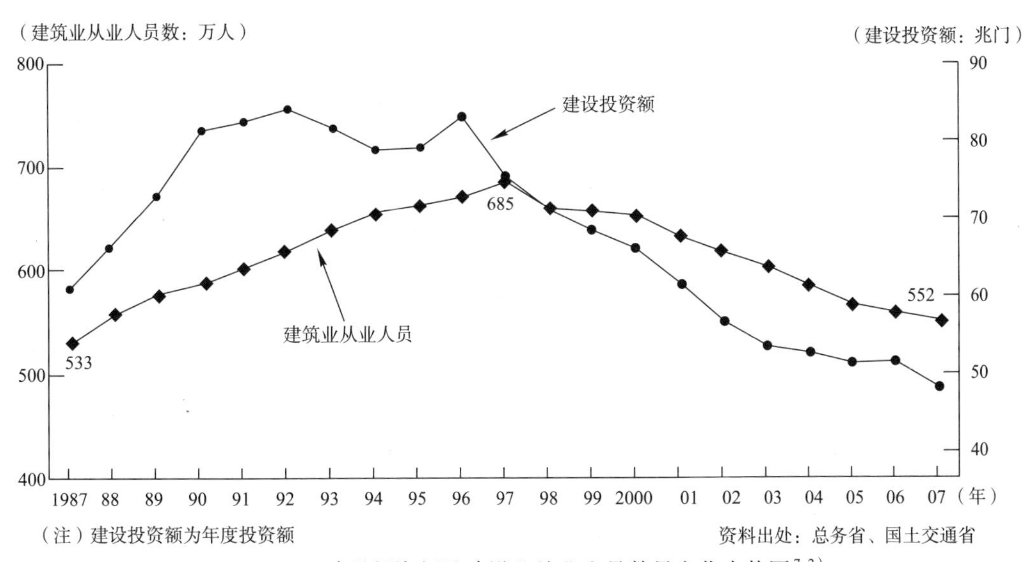

（注）建设投资额为年度投资额

资料出处：总务省、国土交通省

图7.1.2　建设投资额及建设业从业人员数量变化走势图[7-2]

用词解释

工资统计调查

由厚生劳动省实行的劳资调查，调查内容主要包括劳动力的雇佣形式、就业状况、职业类型、性别、年龄、学历、就业年限、工作资历等。昭和23年以后每两年调查一次。

7.1.5 施工现场的劳动就业条件

由于建筑工程施工场所不一，及工人的雇佣形式多采用层层招工、临时雇佣等原因，导致建筑行业就业方面呈现诸多问题。根据2007年日本厚生劳动省的**工资统计调查**，建筑行业男性工人的年工资平均低于全产业平均工资的15%。2007年全年**劳动时间**约为2093小时，虽然较1989年已呈减少趋势，但仍高出全产业平均劳动时间（1850小时）10个百分点。

1992年建筑业从业人员的平均年龄为41.8岁（其中男性工人的平均年龄为45.1岁），之后虽有所下降，男性工人的平均年龄达到42.8岁，但仍高于其他产业的平均水准。就业率方面，（如图7.1.3所示）1990年建筑业人员不足率为4.2%，至1998年逐年改善，并在该年度出现人员过剩现象。但总体上由于青壮年就业人数过少，2006年又呈现出1.8%的就业人员不足现象。

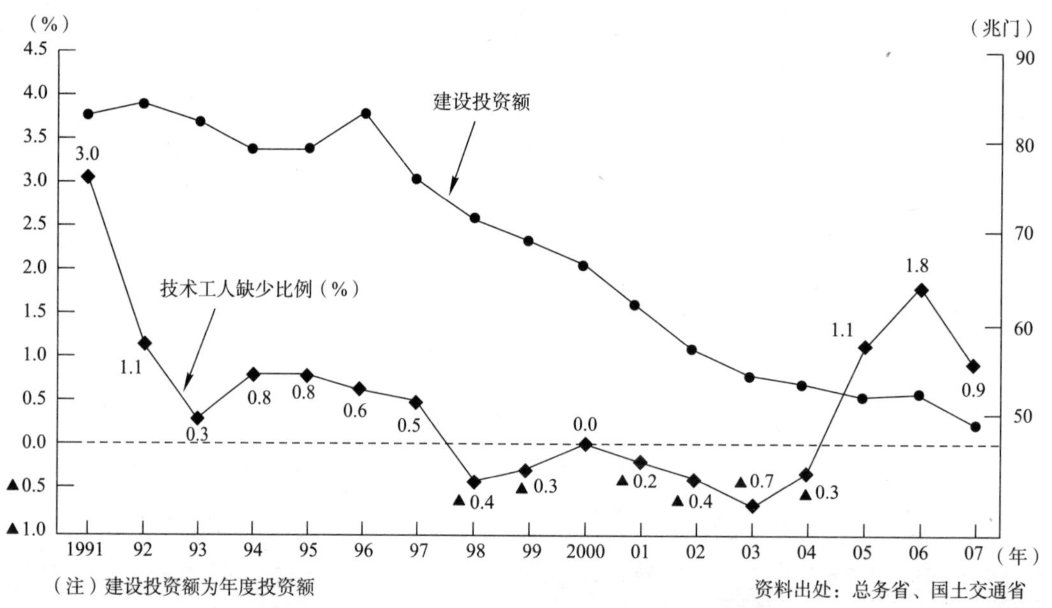

图7.1.3 建设投资额及技术工人供求变化走势图[7-2]

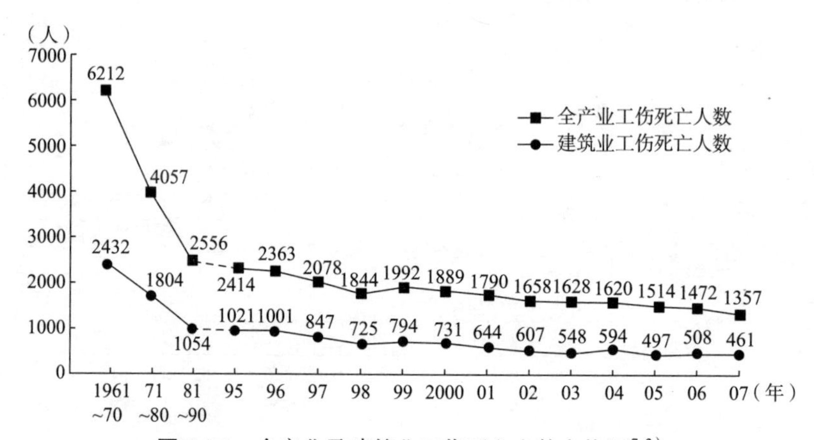

图7.1.4 全产业及建筑业工伤死亡人数走势图[7-2]

建筑业的另一个重大问题是室外及高空作业导致的安全事故。（如图7.1.4所示）虽然1980年后，**建筑业工伤死亡人数**较1980年前减少了一半。但占全产业人数1%的建筑业，工伤死亡人数却超过全产业死亡人数的3%。加强施工现场的安全保障仍是建筑业急需解决的重大问题。

7.2 工程施工过程

如图7.2.1所示，本节将从施工管理角度概述工程开工到竣工全过程的具体内容。

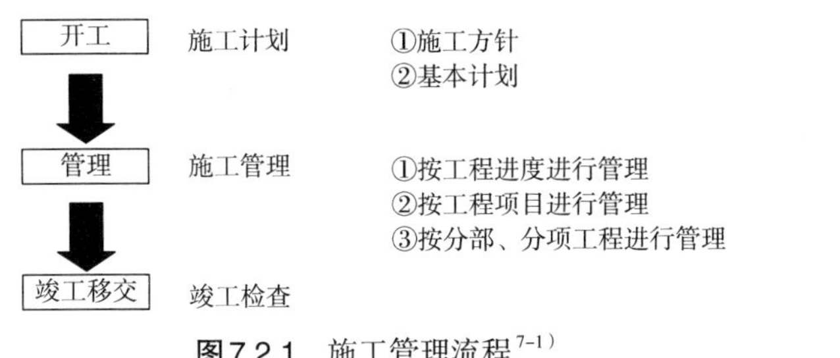

图7.2.1 施工管理流程[7-1]

7.2.1 工程施工计划

（1）施工方针

确定施工任务后，施工单位首先要指派现场代理人（作业所长）作为施工单位的总负责人常驻施工现场，指挥施工现场的运行。作业所长需先根据业主对工程项目的要求及周边环境条件确定工程施工基本方针，并将基本方针内容传达给现场管理人员及分包单位。

（2）施工基本计划

作业所长根据施工基本方针，协同作业所人员、总公司相关管理部门、分包单位共同制定工程施工基本计划。调查场地、近邻、劳务及材料供给等基本情况，通过比较及论证，确定基础工程、主体工程、装饰工程的施工方案，以及编制工程进度计划及工程临时设施计划等。同时办理政府部门相关申请及报批手续。

7.2.2 工程施工管理

如图7.2.2所示，施工管理由项目管理、分部分项工程管理、工程进度管理等3大项内容构成。根据工程的内容、规模、施工体制等，作具体调整。因此，如何实施管理对企业的组织能力、管理人员的技术水平等方面提出了较高要求。

（1）工程进度管理

施工过程分为开工准备阶段、施工阶段（日常管理）、竣工及交付阶段。各阶段的计划、管理内容差异较大，如出现管理脱节对全过程管

用词解释

劳动时间

根据厚生劳动省每月劳动统计调查，以雇佣劳动力超过30人以上的单位为调查对象。

建筑业工伤死亡人数

工伤死伤统计数据，包括度数率和强度率。度数率：100万单位工时的死伤人数。强度率：每1000单位小时的误工时间。※本章图7.1.4中表示的是死亡人数，非死伤人数。

理都会产生巨大影响。

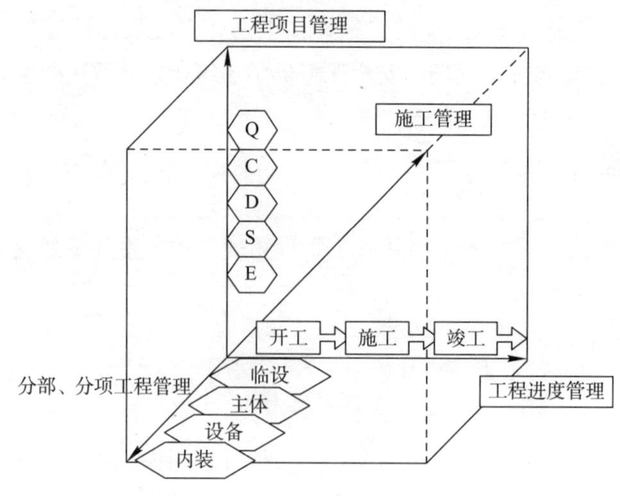

图7.2.2 施工管理3大主线[7-1]

开工准备阶段主要是接受通过经营活动承揽下来的工作任务，组成作业所。其后举行开工仪式，勘察现场，同时编制工程施工计划。施工计划编制的完善程度直接影响到后期工作能否顺利进行。在工程施工阶段，主要通过每月及每周召开的定期会议、每日早会及其他例会，协调管理现场施工的正常运作。由于施工中客观存在着许多不确定因素，经常无法按照预定目标顺利进行。因此，**PDCA循环**管理至关重要，必须随时检查工程实际实施情况是否与计划产生偏离，以便及时更正。在工程竣工及交付阶段主要是进行工程竣工检查验收、及时向业主提交竣工资料等。

（2）工程项目管理

工程项目管理（QCDSE管理）包括质量（Quality），成本（Cost），工期（Delivery），安全（Safety），环境（Environment）等5大项的管理。QCDSE管理以外，应对施工现场近邻住户及政府部门以及为顺应IT（Information Technology）时代要求，提高了对情报管理的重视程度。

质量管理经历了从**TQC**到**ISO9000s**的时代转变。管理内容不仅仅包括检查、记录，其中事前预测与计划的管理尤其重要。近年来，随着住宅质量法的颁布，如何满足业主对建筑产品的高质量要求是质量管理面临的新课题。

成本管理主要包括编制开工时的作业所预算及工程进行过程中的预算管理。成本管理要同时对应业主的**收入管理**及对分包单位的**支出管理**，因此具有双重性。最近，利用计算机进行预算管理得到推广普及。在建筑**材料采购管理**方面，各大型建筑企业加强对现场购买和公司集中购买的管理，出现了工程材料的跨国采购、网上竞购等多种采购方式。

用词解释

PDCA循环

PDCA循环是指计划（Plan）、实行（Do）、评价（Check）、执行（Act）管理过程。该管理体系又被称为戴明循环。

TQC

Total Quality Control的省略语，是指全面实行质量管理，综合各种质量管理办法，加强从业人员的凝聚力，从而达到提高企业的总体实力的目的。1960年制造业为首导入TQC，1970年后期大型建筑企业逐渐采用该管理方式。

ISO9000s

国际质量标准规格，由（9000~9004）5种规格构成。1987年最初规格制定发行，2000年进行修订，由原来的「保证制品质量规格」改进为「质量保证、提高顾客的满意度」。日本国土交通省的也积极推行ISO9000的贯标工作，近年建设业取得ISO9000认证的企业在逐渐增多。

收入管理

根据工程进度，向发包单位申请・收取工程进度款。收款管理是现金管理的重要环节。

支出管理

根据工程进度，向分包单位支付工程进度款。支付款项前须确定支付时间、支付形式、现金比例等。

材料采购管理

关于建筑资材及劳动力的管理。根据企业条件、工程的规模，材料采购分为由现场分散管理或由公司集中管理等两种方式。

工期管理主要是根据工程总进度计划对月进度及周进度实施管理。通常施工单位先自行编制工期进度计划，再根据业主要求对工期进行调整。工期管理一般采用PERT等网络计划图进行工期安排。

在预算管理和工期管理中，掌握技术经济指标非常关键。技术经济指标是指完成某项工程或工作所需要的人工及资材数量。例如：模板工1天可以完成的模板面积为10m²/人日（或者说要完成1m²模板需要0.1人工/m²），1台吊车1天可以吊装钢构件35p/日等。在编制工程计划时，可根据以往类似工程的技术指标数据，推算本工程所需要的人工及材料数量。施工过程中定期检查技术指标的完成情况，及时对施工顺序作出调整。

安全管理是为了确保工人的人身安全，依据劳动基准法等其他法规而进行的管理。通过每月的定例会议及每天的早会、危险预测活动等防止安全事故的发生。1999年，日本劳动省颁布《**劳动安全卫生管理系统**》（OHSMS：Occupational Health Safety Management System），近年多家企业积极采用ISO9000s、ISO14000s及**环境管理体系**等管理系统模式以加强本企业的质量和安全管理。

随着社会对环境问题的重视，进行建筑施工时对环境的保护也愈发显得重要。严格执行建筑废弃物管理的法规，加强对建筑污染品的管理及促进建筑废弃物的再利用是建筑企业应承担的主要社会责任。

情报管理不仅仅包括会议及资料数据的传递，利用IT（Information Technology）技术使作业所的信息转播、数据共享更加迅速、准确是情报管理的重要内容。由于参与工程项目管理人员的IT能力及企业情报管理硬件的差异，情报管理将成为今后施工管理的一项重要课题。

其他方面，诸如对应政府部门关系及如何处理扰民行为等也是施工管理的重要内容。

（3）分部分项工程管理

分部分项工程管理包括临时设施、基础工程、主体工程、装饰工程管理等。各分部分项工程中又细分为计划、准备、管理、记录等步骤，但是在细化管理的同时往往忽视整体工程，很容易影响到分包单位之间的利害关系。因此，协调分包单位之间的关系，是保证分部分项工程顺利进行的重要工作。一般是由总包单位实施该协调机能，总包单位协调能力的高低直接影响到分包单位能力的发挥。大型工程一般由专人负责一项分部工程；在小型工程中，一般每个管理人员都要负责多项分部工程。

7.2.3 工程竣工移交

工程完工后，经过以下检查验收程序，即可将建筑物或构筑物交付业主使用。

竣工交付程序如下：

用词解释

劳动安全卫生管理体系
为劳动者提供安全、健康的劳动环境而制定的管理系统的总称。包括《劳动安全卫生管理系统指针》（厚生劳动省告示第53号：平成11年）（改正告示第113号：平成18年）等多项规格。

环境管理体系
国际标准化机构发行的环境管理体系的总称。1996年初版发行，2004年体系内容进一步得到细化，环境管理体系逐渐同ISO9001脱离，成为独立的管理体系。

用词解释

① 施工单位竣工自检；

② 设计监理竣工检查；

③ 政府部门检查；

④ 业主检查；

⑤ 交付使用。

竣工交付时，施工单位要将验收合格证明资料、竣工图、建筑物使用说明书、钥匙等提交业主。

竣工交付后，施工单位的责任并未到此结束，仍须承担相应的质量担保责任。《民间联合协定合同条款》中规定，木结构建筑物保修期为1年，砖石、金属、混凝土结构建筑物保修期为2年。另外附加规定，如果是由承包单位故意或重大过失造成的建筑物瑕疵，上述保修期相应延长至5年和10年。通常，竣工交付后的第1年和第2年，施工单位还应对建筑物进行检查，如发现问题施工单位负责进行维修。

◆引用及参考文献◆

7-1） 古阪秀三総編集：建築生産ハンドブック　朝倉書店（2007）

7-2） （社）日本建設業団体連合会 他編：建設業ハンドブック（2008）

第8章　工程施工计划

在进行建筑工程施工时，为保证建筑对象满足设计图纸及规格书的外观及质量要求,尽量避免在施工期间发生安全事故而编制的施工方案、安全措施等统称为施工计划。施工计划的范围涉及基础工程、主体工程以及临时设施工程等各个方面。施工计划的指导作用不仅体现在施工技术方面，在现场组织方面也起到非常重要的作用。

一般工程项目大致可分成设计和施工两大部分，施工计划大多也是根据已经完成的设计图进行编制。对于特殊工程项目，例如大型高层建筑、城区改造工程等则采用比较复杂工法项目，施工计划也可在设计阶段与设计同步进行编制。

以下，简要介绍施工计划初期阶段的施工方针及基本施工计划的编制。

8.1　确定施工方针

8.1.1　掌握项目要求事项

（1）发包单位的要求及发包意图

施工单位首先要掌握业主对工程项目的期待内容，其次要明确业主的发包意图。以上两项内容是制定适合本项目的施工方针的必要条件。为掌握业主对工程项目的要求，施工单位首先要在开工前听取设计单位的意见，还需要直接同业主进行积极的交流，尽量获取业主的需求信息。另外，业主也应明确施工单位是建筑物的完成者，业主和施工单位、设计单位之间需要建立同等的相互信赖关系。业主将自己的需求和意图如实准确地传达给施工单位，会对提高建筑物的完成质量起到很大的促进作用。

（2）设计主旨及内容

设计资料不仅包括设计图纸、标准规格或特殊规格标准，还包括**质疑及答疑书**，**预算说明书**以及现场交底书等各种资料。施工单位认真分析以上资料，才能充分理解设计意图，解决设计疑点。另外，工程监理也是根据**监理方针书**，确定监理计划、质量管理方法及管理重点等。因此，理解设计主旨、掌握施工计划的重点及预见可能发生的问题，对制定合理的施工方针非常重要。

用词解释

质疑及答疑书
在选定施工单位时，投标单位可就业主提出的图纸文件通过质疑书形式进行质疑，业主须就质疑进行回答。

预算说明书
编制预算时的条件、说明等事项。包括：提交资料、合同签订的方法，预定工期，工程进度款的支付方式等。

监理方针书
关于设计内容的说明、对施工单位自主检查的要求、施工过程中各施工单位的信息沟通等，以质量管理为主的方针。

用词解释

8.1.2　编制基本施工方针

施工方针不仅在编制施工计划阶段，在整个施工过程都起到重要的指导作用，也可将之称为现场运作的基本方针。作业所长根据本企业的经营宗旨及企业对本作业所的目标要求，结合本工程的特点，编制基本施工方针。其主要内容包括对Q（质量）、C（成本）、D（工期）、S（安全）、E（环境）等方面的目标管理及注意事项，还需考虑业主的要求、质量等级、周边环境特点、工程特征等各方面因素。综合施工技术和管理两个方面编制基本施工方针，例如在质量及环境管理方面如何对应ISO9000标准等。另外，作业所作为企业的窗口，还必须履行应承担的社会责任，做好对外公开企业信息工作，处理好同工人及周边居民的和谐关系等。

8.2　基本施工计划

根据上述基本施工方针，将图8.1.1所示的内容反映到基本施工计划中。首先掌握施工条件，其次论证基础工程、主体工程等重要工程的施工方案。最后，编制工程进度总计划表及临时设施计划图。作业所汇总上述资料后，即可向质量监督部门提出施工申请，办理各种施工手续。同时，也可开始着手准备施工机械的租赁、购置办公用品、采购初期阶段的资材等。

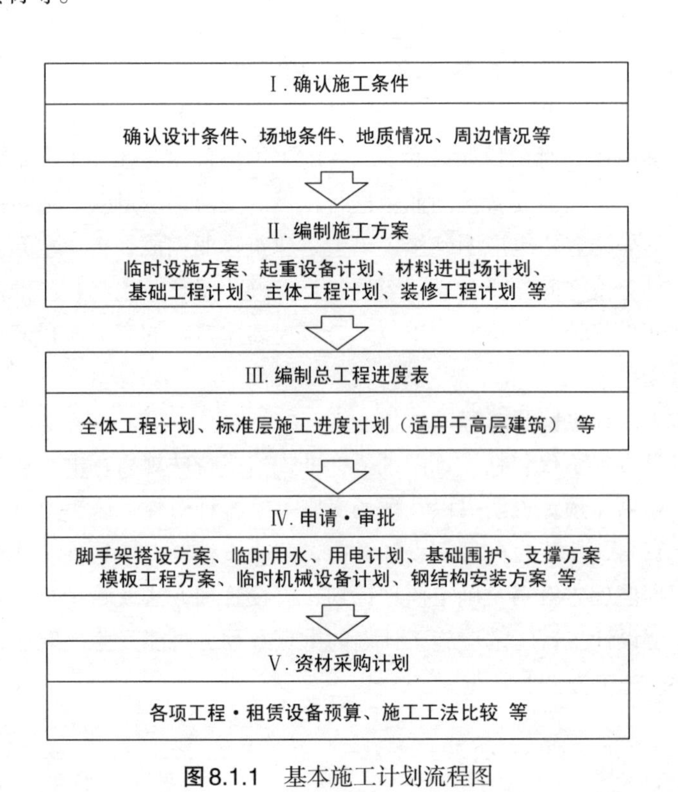

图8.1.1　基本施工计划流程图

8.2.1 掌握施工条件

如前节所述，研究和审查设计图纸、充分理解业主的要求是编制施工计划的前提条件。在此基础上，通过具体调查，才能掌握详尽的施工条件。

（1）施工区域的自然条件

通常可以从勘察设计图纸大致掌握施工区域的自然条件，但为保证施工的顺利进行，通常施工单位要从实际操作的角度考虑，通过以下工作校核或补充勘测、调查资料中不充分的部分。调查或施工过程中，如发现**文物古迹**，须根据文物保护法报告相关政府部门。

① 核实土地红线：道路控制线及建筑用地的控制线。

② 勘测地形：尺寸、面积、标高、方位等。

③ 调查原有建筑・残留基础：地上・地下的原有建筑物或构筑物、围墙、树木等。

④ 核实地下埋设物：给排水管道、煤气管道、电力管线、电话管线等。

⑤ 实测电波情况：电视、广播信号等。

（2）地基的地质情况

一般设计单位在结构设计阶段已对地基承载力等进行了验证。但这些数据往往不能满足施工阶段土方开挖、基坑围护等施工方案的编制要求。因此，施工单位有必要在现场实地进行试验性开挖、**地质勘察、贯入度试验、静载试验**，确定基础的土壤特征及性质、地下水位等，以选择安全、合理的施工方案。

（3）近邻情况

施工过程中不可避免的将对周边的建筑物或设施造成影响，所以在编制施工计划时必须做好相应的预防措施及对策。施工单位应事先掌握以下情况：

① 道路状况：道路的宽度、交通限制、通行量、信号灯及公交站位置等。

② 公共设施：电话线、电力线、燃气管、消火栓及雨水井位置等。如对上述设施造成影响，必须报告相关市政部门现场确认，根据市政部门指示采取对策。同时，确认施工用水、用电的接入地点。

③ 近邻建筑物：周边建筑物的名称、所有者、竣工日期、面积、结构类型等。对有可能造成影响（噪声、振动、基础下沉、粉尘等）的建筑物，在图纸上做好标记。最好同建筑物所有人一同，对建筑物的现状（位置、高度、墙壁裂缝、新旧程度）等进行拍照记录。

④ 相关设施：与工程有关的市（区）街道办事处、警察局、消防局、劳动监督部门、电话、电力、煤气公司，最近的铁路车站、医院等。

（4）其他

降水（雪）量、气温、暴雨、台风的发生频率等气象信息。各个季

用词解释

文物古迹
埋藏在地下的文物。如发现出土文物应交给管辖区的公安部门。当无法判明文物所有者时，原则上归所属都道府县所有。文物调查费用原则上由业主承担，由于调查导致延长工期而发生的费用也由业主来负担。

地质勘察
采取钻探孔取土，根据土样数据编制地质剖面图、柱状图而进行的土质调查。

贯入度试验
利用一定的落锤能量，将标准探头打入土中30cm，根据锤击数N来测定土的性质的一种现场测试方法。

静载试验
在地基面上放置刚性较强承载板，逐渐增加荷载，根据荷载和地基的沉降数据获得地基的承载力、基础反力系数的试验方法。

节与节假日的公众活动、定期举行的仪式、游行等也应在施工计划中有所反映，以便调整相应的工期。

8.2.2　基本施工方案

充分掌握设计内容、预算条件、近邻情况等制约条件后即进入编制基本施工方案阶段。编制对象集中在对全体工程影响较大的分部工程、临设工程及机械设备配置等。根据Q（质量）、C（费用）、D（工期）、S（安全）、E（环境）等方面的衡量标准，选定最佳施工方案。

（1）桩基·基础工程

根据地形地貌以及土质条件确定施工工法、施工工序。由于基础工程是最早进行的分部工程，专业分包单位应提早编制详细的施工方案。

（2）基坑围护及土方开挖工程

土方工程同桩基及基础工程一样，根据地形地貌以及土质条件确定施工工法、施工工序。如采用逆向开挖等特殊工法时，施工工序也随之发生很大变化，编制施工方案时要特别考虑。

（3）钢结构工程

钢结构工程一般首先确定钢构件拼装顺序，然后拟定起重设备及钢构件的入场计划。搬运吊装过程中需要使用大型车辆、**吊机**，必须事先确认是否受场地的限制。另外，钢结构构件需在工厂内加工制作，要充分考虑工厂的加工周期。

（4）混凝土工程

混凝土工程要事先在综合临时设施计划图上标注浇筑混凝土时高压泵车及搅拌车的停放位置、行驶线路等。特别是在使用高强度混凝土等特殊混凝土时，要充分考虑混凝土的浇筑方式和质量管理方法，以保证浇筑后混凝土满足设计要求。

（5）玻璃幕墙及PCa挂板工程

在安装玻璃幕墙及挂板部件时经常要使用大型吊装设备。吊装前需充分考虑施工顺序及材料入场时间，以保证吊装工程的顺利进行。

（6）临时设施工程

在综合临时设施计划图中，需包含以下各方面内容：

① 临时设施（办公室、休息场所、仓库等）：位置、尺寸、层数；

② **临时围墙**与出入口：尺寸、位置、结构类型；

③ 脚手架与**临时通路**：建筑物外部脚手架位置；

④ 工程用动力与用水设备：接入位置、线路、容量（管径）等。

（7）起重机械设备

施工用塔吊、升降机、电梯的机种、台数、设置位置。行走式吊车的移动范围及行走路线。

用词解释

吊机

通过动力将物体垂直吊起，水平移动的机械设备。建筑施工现场多采用带有旋转装置的吊机设备。

PCa

在工场加工制作，现场组装的混凝土构件。为与PC（预制混凝土）区别，标记为PCa。

临时围墙

为保证行人的人身安全及现场的防盗措施，施工现场一周设置的临时墙壁。近年，考虑环境的美化，多在临时围墙上进行图案设计。

临时通路

通常采用脚手管、木方、脚手板等进行搭设，为作业人员的通行及材料搬运而设置的临时通道。

8.2.3 编制总体工程进度表

工程项目实施前,一般需要编制总体工程进度表。其目的是明确工程所包含的施工工序以及各工序所需要的施工时间，通过合理分配和调整，达到满足工期的要求。总工程进度表包含从开工到竣工期间的全部分部、分项工程、塔吊等重要设备的设置期间以及主要项目的检查时间等，多采用横道图或网络图两种表示方法。总工程进度图也是编制月进度、周进度、深化施工图出图计划及工程的重要节点等主要依据。

8.2.4 工程审批手续

根据建筑基准法等法律法规，建筑工程各相关单位必须及时办理政府部门各项审批手续，否则会影响工程的顺利开工、竣工及实施。工程开工前后必须办理的主要手续如表8.2.1所示，其中的大部分手续是由**劳动基准监督署**负责办理的审批手续。近年来，随着互联网的普及，申请手续趋向快捷化，多采用网上申报、电子表格等。以下，就与施工计划有密切关系的“建筑工程计划审批”及“建设机械设置审批”进行简要说明。

工程开工前后主要申请资料 表8.2.1

分类	文书名称	相关法律	提出部门	备注
劳动基准监督署	工程报告书	劳动基准法实施法则第57条	所辖劳动基准署长	·适用所有工程 ·施工现场前提出
	特定总包单位工程开工报告	劳动安全卫生法第30条 劳动安全卫生规则第664条	"	·开工后即刻提出
	全面安全卫生责任人 **总包单位安全卫生管理人**任命书	劳动安全卫生法第15条 劳动安全卫生规则第664条	"	·适用于50名以上作业人员 ·开工后即刻提出
	建设工程计划书	劳动安全卫生法第88条 劳动安全卫生规则第90–91条	"	·工程开工前14天内提出
	建筑物、设备设置报告	劳动安全卫生法第88条 劳动安全卫生规则第85–86条	"	·该作业开始前30天内提出
	吊车设置报告	劳动安全卫生法第88条 吊车使用安全规程 吊篮使用安全规程	"	·根据吊车的机种，型号分别提出

用词解释

劳动基准监督署
根据劳动基准法、劳动安全卫生法对实际工作条件进行指导、监督及负责办理劳动保险等业务的政府部门。

特定总包单位
承揽建设工程及造船业务的总承包单位（将工作内容部分分包，部分自行实施的单位）。

全面安全卫生责任人
作业人员超过50人以上的施工现场，负责现场综合管理的责任人。一般从作业所长中选任。

总包单位安全卫生管理人
在设置总括安全卫生责任者的施工现场，专门负责技术管理的责任人。

吊车
利用动力起吊重物的机械设备。通常设有桅杆或吊臂，也有通过钢链手工操作。

用词解释

续表

分类	文书名称	相关法律	提出部门	备注
道路	占用道路申请书	道路法第32条 同施行规则第7条	道路管理者	·搭建围墙或连续占用道路时
	道路使用申请书	道路交通法第77–78条 同施行规则第10条	所辖警察署长	·临时占用道路进行施工
振动噪声	特种作业申请书	噪声限制法第14条 振动限制法第14条	市镇村长	·工程开始前7天内提出
	特殊设施使用申请书	噪声限制法第6条 振动限制法第6条	"	·设施使用前30日内提出

（1）建筑工程计划审批

根据劳动安全卫生法第88条规定，进行以下范围内的工程施工，距开工前14天必须向当地劳动基准署提出施工申请。

① 建筑高度超过31m的新建、改建、报废拆除工程；

② 深度超过10m以上的挖掘工程；

③ 岩土钻探工程。

报审资料主要包括：

① 施工现场周边地形图；

② 可反映建筑工程概要的图纸；

③ 机械设备配置图；

④ 施工方案及相关图纸；

⑤ 安全措施资料；

⑥ 工程进度表。

（2）建设机械设置审批

同（1）根据劳动安全卫生法第88条规定，如拟建工程计划使用以下机械设备时，须提前30天向当地劳动基准署提出设备设置申请。

① 支撑模板用排架：高度超过3.5m以上；

② 临时架空通道：高度及宽度超过10m、使用期间超过60天以上；

③ 脚手架（升降·悬挑脚手）：高度超过10m、使用期间超过60天以上；

④ 吊装机械：塔吊、电动葫芦、电梯、升降机、吊篮等。

报审资料主要包括：

① 可反映施工现场状况的资料或图纸；

② 机械设备设置计划、图纸及设备说明书；

③ 安全措施资料。

8.2.5 工程资源调配计划

用词解释

工程资源调配计划是指根据基本施工计划所确定的施工方案及工期，调配工程所需的机械及资材。资源调配计划的内容主要包括调配物资的品种、质量、价格以及订货周期等。为保证按时供货，在进行资材调配时，还应考虑资材接受检查及运输所需时间。在工程开始阶段，调配的资材对象主要有：施工用机械及设备（包括临时设施）、钢结构部件、预制混凝土构件、现场临时办公用品等。

近年随着经济状况的进步及IT产业的发展，资材的调配方式也有了很大的改进。以前，施工企业一般自行购买机械设备，现在经常采用向专业公司租赁设备形式。另外，大型企业为节约成本，摆脱对分包单位或长期合作单位的依赖，采用从国外组织货源或者通过互联网采购的方式也屡见不鲜。

第9章　工程施工管理

9.1　施工管理体制

用词解释

9.1.1　现场组织及业务分担

（1）总包单位的施工管理

施工管理的目标是通过一系列管理行为使工程项目达到“质量（Q）、成本（C）、工期（D）、安全（S）、环境（E）”等5个方面所要求的标准。

总包单位作为工程项目的总承揽人，根据工程承包合同的各项条款（工期、价格、质量等级等），履行建筑物或构筑物的施工义务，并承担相应的责任。工程项目一般是由总包单位和多家分包单位共同完成。因此要求总包单位首先要慎重选择分包单位，在对工程项目进行总体指挥监督的同时，还需随时协调各家分包单位的关系，以避免分包单位交叉作业时发生混乱，即总包单位要对施工现场的质量、安全及进度进行全面管理。

以下，以施工总承包模式为例，分析总包单位的现场组织及业务分担。

（2）总包单位的现场组织及业务分担

（a）作业所的组成及业务内容

工程开工前，总包单位要在施工现场设置“作业所（工程项目部）”，配置必要的施工管理人员。根据工程项目的规模、特征条件等，灵活配置作业所的人员、定员数量及作业所的设置期间。按照职责分配，作业所一般设置“所长”、“主任”、“组长”、“组员”等职位。作业所所长即为建设业法所规定的“现场代理人”，作为工程项目承包单位（法人）的代表常驻施工现场，指挥现场的运作，处理施工及履行合同的各种事项。

根据工程内容，作业所所长之下的成员构成也各不相同。小型作业所可能由一人负责多项事务。大型工程的作业所，一般由多个管理小组构成（如负责编制施工方案的计划组、负责工程机械及临时水电的机电组、预算管理组、安全组、事务组等），比较复杂的工程项目作业所定员可能超过百人。图9.1.1是作业所组织体系的典型案例。

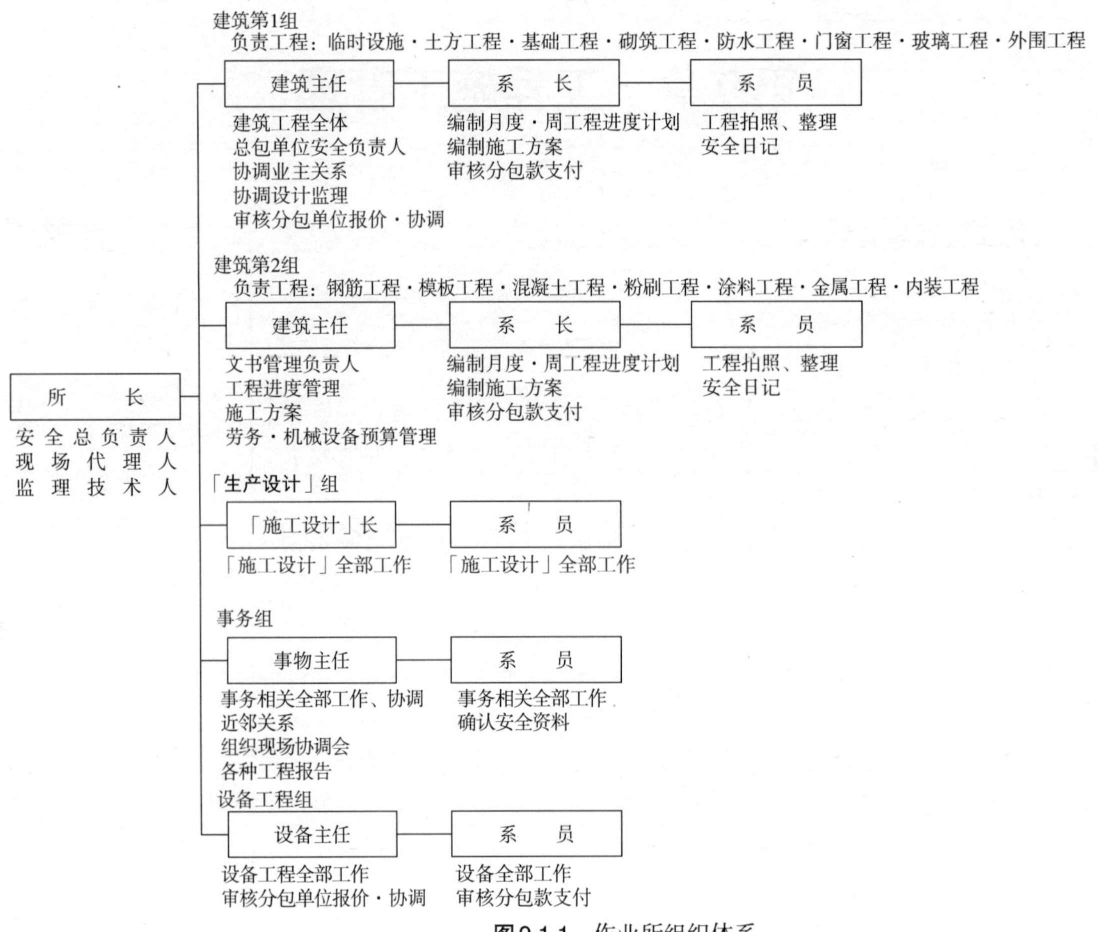

图9.1.1　作业所组织体系

用词解释

生产设计

一般是指在设计阶段对施工的难易程度、经济性、质量的稳定性等方面对设计进行修正，以提高施工的可行性。（参考第6.4.3）本章所指的生产设计主要是指在施工阶段，施工单位编制的施工图设计过程。

作业所施工管理内容及分工　　　　表9.1.1

	工作内容	所长	主任	系员
G综合	编制现场施工方针及评价完成结果	◎・○	☆	
	协调业主、设计单位、政府部门关系	◎	○	△
	编制・发行施工计划书	◎	☆	○
	审查・签发施工要领书	□	◎	○
	审查・签发生产图	□	◎	○
	编制竣工移交资料，负责建筑物移交	◎	☆	○
Q质量	过程管理		◎	○
	材料入场・中间检查	□	◎	○
	检查不合格品及处理	□	◎	○

用词解释

续表

	工作内容	所长	主任	系员
Q质量	防止不合格品对策	◎	○	△
	竣工检查	◎	☆	○
C成本	编制预算	◎	○	△
	分包单位预算管理	◎	○	△
D工期	编制综合工程进度表，工程进度管理	◎	○	△
	施工计划·生产设计进度管理	◎	○	△
	月进度管理	□	◎·○	△
	周进度管理	□	◎	○
	每日工程协调管理		□	◎·○
S安全	编制安全卫生管理计划书	□	◎	○
	召开安全会议	□	◎·○	△
E环境	现场周边环境保护	◎	☆	○
	建筑垃圾处理	□	◎	○

范　例	策划		信息管理	实施·检查
	总包单位	分包单位		
◎：责任人	确定·发布	确定	确定方针、执行指示	评价结果、次工程开工许可
☆：副责任人	审查	二次审查	执行、调整方针	确认记录、结果
○：担当人	编制设计资料	第一审查	文书·记录保管	实施·监视·检查·记录
△：辅助	辅助设计	资料受理·返还	辅助资料发行·保管	辅助记录
□：报告受领人	受领报告	受领确定后的报告	受领各种报告	受领评价结果、许可资料

（b）总包单位的施工管理业务

大型总包单位通常设有采购部门、施工管理部门、技术部门、研究所等。作为作业所的辅助部门，上述部门负责资材的统一购买、工程质量的日常检查、施工技术的研发等。ISO9001质量认证系统、ISO14001环境认证系统以及劳动安全卫生管理系统也是由内勤职能部门负责，监督作业所及其他部门贯彻执行。

用词解释

一级技能士、二级技能士
根据职业能力开发促进法制定的日本国家资格制度，如在机械行业设立了修理，其他行业的厨师、保洁等技能士资格。在建筑行业，设置了一级和二级架子工、抹灰工、模板工、钢筋工、管工等技能士资格。

基干技能者
响应国土交通省在1995年「建设产业政策大纲」中提倡设立熟练技能工能力认定制度。各专业团体设立不同专业的基干技能者资格制度。

（3）分包单位的组成及业务分担

施工管理的综合性要求不可单纯依靠总包单位的管理能力，不容忽视分包单位的管理。分包单位从总包单位接受工程任务，在总包单位的指挥和监督下进行施工，并对所承包的工程质量、安全、进度负责。分包单位根据总包单位的工程进度表、施工组织设计、临时设施计划、质量标准等，细化施工图、编制本单位的施工及制作加工要领书、具体施工方案、自检质量标准等。

（a）分包单位的种类

按劳务及材料的供给方式，分包单位主要分为以下两种类型：

① 劳务供给型：分包单位只为以下工程提供有专门技能的劳动力。脚手架工程、基础工程、钢筋工程、模板工程、抹灰工程等。

② 包工包料型：分包单位在提供劳动力的同时，进行部分工程的材料加工、工程施工。如门窗工程、砖石工程、装饰工程、设备工程等多采用此方式。

（b）分包单位的组成

分包单位由“项目负责人”、“带班长”、“工人”组成。项目负责人作为分包单位的代表负责工程合同的管理、确认工程进度及安全体制。带班长负责管理工人，协同总包单位进行施工管理、安全巡视等。根据职业能力开发促进法，建筑业工人按工种分为架子工、钢筋工、模板工、抹灰工等类型，按技术级别分为**一级技能士、二级技能士**等。近年，在国土交通省的支持下，各分包企业团体建立了**基干技能者**制度，力在加强对熟练技能劳动力的培养和扶持。

（4）其他单位

（a）材料供应商

工程项目的材料采购主要分为总包单位采购（如商品混凝土、钢结构构件）及分包单位采购（如装饰工程材料、设备安装工程材料）两大类型。在材料供应商中，诸如加工玻璃幕墙的大型玻璃制造厂家、铝合金型材加工厂家等，往往拥有先进的技术装备或试验室等。

（b）租赁商

指提供租赁业务的厂家。根据工程需要，总包或分包单位可向租赁厂家租借资材，如脚手架、安全网等临时设施及塔吊、吊车等工程机械等。

9.1.2　工程施工管理体制与建设业法

为健全施工管理体制，2008年修订后的建设业法做了如下规定：

（a）禁止工程转包

工程转包是指总包单位或分包单位将承包的主体工程或全部分包工程转给其他单位的行为。该行为实际是承包单位不履行实质的管理职责，容易造成无法确保质量的重大危害。因此，建设业法原则上禁止工程转包。

（b）关于技术人员配置的相关法规

建设业法规定施工现场必须配置“主任技术员”、“监理技术员”。具体规定如下：

① 主任技术员：与工程承包金额无关，所有的总包、分包单位都必须配置主任技术员负责工程的技术管理。

② 总包单位将承包工程进行分包，其分包额如超过3000万日元（仅总承包土建工程时，分包额超过4500万日元），必须配置监理技术员。

③ 除私人住宅项目外，工程承包额超过2500万日元（仅承包土建工程时，承包额超过5000万日元）的工程项目必须配置监理技术员。

上述“主任技术员”是指拥有国家承认的专门学历并有实践经验的一级、二级职称人员。“监理技术员”是指拥有国家承认的一级资格（一级建筑士.一级施工管理技士）或者持有国土交通大臣特别认可资格的人员。

（c）施工体制台账及施工体系图

为确保工程质量、工期，防止安全事故的发生，总包单位通常建立施工体制台账，将合作过单位的名称、施工内容、工期、技术负责人等信息登记备案，以便选择合适的分包单位或材料供应单位。根据施工体制台账编织施工体系图，明确各分包单位的施工内容及责任分担关系（图9.1.2）。建设业法规定，分包合同额超过3000万日元（土建工程合同额超过4500万日元）的工程，必须建立施工体制台账及施工体系图。

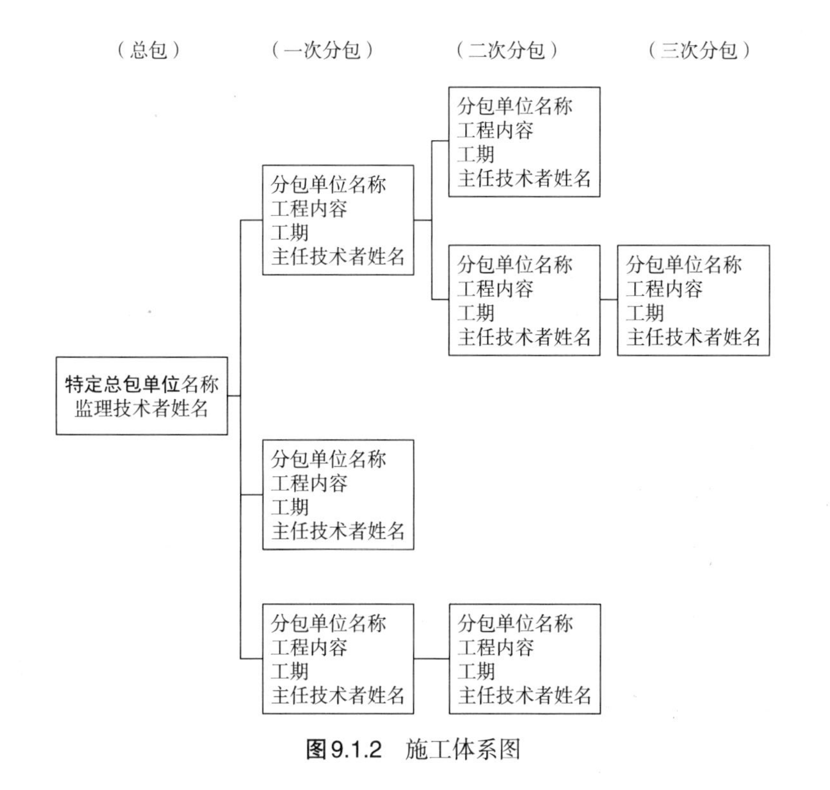

图9.1.2 施工体系图

用词解释

特定总包单位

根据建设业法，如总包单位将所承包工程中3000万日元以上（建筑工程单项承包额达到4500万日元以上）的工程内容分包给其他施工单位施工时，总包单位必须具备特定建设单位资格。

用词解释

动工前准备会议（Kickoff meeting）
建设项目开始前，召集相关部门、人员，明确项目的要求、应解决的问题等而举行的会议。

9.2　作业所（项目部）运作方式

以下，以总包单位的施工管理为例，将作业所的运作方式及施工管理内容分为开工准备阶段、施工阶段、竣工及交付等3阶段进行说明。

9.2.1　开工准备阶段

（a）工程任务交接

企业职能部门召开**动工前准备会议（Kickoff meeting）**，经营、预算、计划等部门将工程相关信息（业主要求、基本施工计划、施工管理上的留意点、管理目标等）传达给作业所。

（b）学习设计图纸，分析施工条件

作业所全员学习熟悉设计图纸、标准图集、规范，确认设计要求。如发现设计与性能要求不一致时，需及时提出质疑。调查施工现场及周边环境情况（调查内容参考11.1.1），掌握施工条件。

（c）确定基本施工方针及基本运作计划

作业所所长全面考虑建筑物及工程项目的要求及施工条件，制定工程的基本施工方针及重点质量目标。同时编制实现质量目标的施工计划及工程进度计划・预算管理计划等。

（d）业务分担及确定分包单位

作业所所长负责确定作业所的各项工作内容及各成员负责的业务范围，根据工程实际情况，选定合适的分包单位。

（e）开工准备及办理相关手续

搭建临时围墙、临时办公室，张拉临界线，设置界桩等开工前准备活动。依据建筑基准法、建设业法、劳动安全卫生法办理必要手续。

（f）向近邻进行工程说明，开工

根据需要向周边居民及近邻单位进行工程项目说明。向社会公开工程概要、工期、施工内容、安全环境对策等。以上准备工作结束后，举行开工仪式。

9.2.2　施工期间

（a）施工图

编制施工图、施工方案：总包单位根据设计图纸、施工规范等编制“设计施工图”（内容参照9.3.2）、工程总进度表、施工计划图、各分部分项工程施工方案等。各分包单位根据上述图表编制更详细的施工图、施工及加工要领书等。根据要求，部分资料须经监理人员确认审核。其他还包括：安全操作、成本管理、环境管理等计划资料。

（b）定例会议

施工期间为协调施工单位与业主及监理单位、总包单位与分包单位之间的关系，交流信息，传达指示及报告等而定期召开的会议。具体事例如表9.2.1所示。

定例会议（例） 表9.2.1

会议名称	会议内容・目的	频度	出席者
综合定例会议	工程状况确认、监理报告、协议未决事项	1次/月	业主・监理・总包单位
周定例会议	周进度确认、设计・监理协调	1次/周	监理・总包单位
工程・安全协调会	次日工作内容及安全指示事项	1次/日	总包单位・分包单位
安全卫生协调会	安全计划、对策、安全检查结果及整改报告	1次/月	总包单位・分包单位
安全大会	向全体施工人员传达每月施工进度及安全目标，提高安全意识	1次/月	总包单位・分包单位
班组长会	自主安全检查协调	1次/月	分包单位

（c）日常管理业务

日常管理是指执行既定计划（Plan）、实施（Do）确认计划与实际是否一致（Check）、实施改善（Action）等一系列活动（也称PDCA循环）。质量（Q）：工程各阶段由分包单位、总包单位、监理单位实施的检查。如实际值超出标准偏差，须采取修正，完善施工要领等改善措施。工程进度（D）：根据月、周工程进度表及每日的工程计划，确认工程的完成情况，调整拖延工期的相关工序。安全（S）：安全管理与质量、工期管理同等重要。每日作业开始前召开“安全早会”、“**KY（危险预测）活动**”，安全负责人进行“现场巡视”、确认“安全指示事项”，通过日常安全教育，提高全体作业人员的安全意识。成本（C）及环境（E）管理：定期总结管理现状，与原定计划进行对比分析，如未完成既定目标应该及时采取对应措施。

9.2.3 竣工与交付

（a）竣工检查

竣工检查是指工程完工后，由相关单位、部门检查建筑物是否满足设计及规范要求。竣工检查主要包括“施工单位自主检查”、“政府部门检查”、“监理单位检查”、“业主检查”等。商品住宅还需要召开**内览会**，组织房屋购买者进行交钥匙前房屋内部检查。

（b）建筑物交付使用

进行建筑物交付时，工程承包单位需向业主提供以下资料：

用词解释

KY（危险预测）活动
为预测操作过程可能发生的危险，提高操作人员的安全意识而进行的事前会议。KY是危险预测的省略语。

内览会
对于商品住宅，竣工后交付前，购买者进行的验收检查。

用词解释

工程施工监理报告
工程监理人员根据设计图纸及相关法规对工程进行监督管理后，向业主提交的报告。

①工程竣工申请书、②工程竣工证明书、③工程检查确认通知书、④检查合格证明书、⑤工程交付证明书、⑥钥匙交接证明书、⑦建筑物维修保养资料、⑧各种使用说明书、质量保证书、⑨竣工照片。

设计单位、监理单位向业主提交竣工图、**工程施工监理报告**。

通常在进行建筑物交付使用时，举行竣工交接仪式。

（c）移交维护、维修服务部门

作业所向本单位负责维护、维修的部门移交各种工程记录资料。为解决工程竣工后发生的建筑物质量问题，2008年修订后的建设业法规定，施工单位有义务保存竣工图、业主会议纪要、施工体系图（可明确反映分包单位责任区分的相关资料）等资料。

9.3　施工图

9.3.1　设计图纸

设计图纸一般包括：特别式样书、设计概要说明、建筑图、结构图、设备图等。具体的设计图纸种类如表9.3.1所示。

设计图纸的构成（例）　　**表9.3.1**

做法说明 建筑、结构、设备		
概要等 工程概要、现场状况图、场地测量图、建筑物面积表、工程分区图、地平平均标高图		
建筑图	结构图	设备图
配置图	地基勘探图	电气设备
各层平面图	桩位图	配置图・系统图
各层立面图	基础平面图	受变电设备图
剖面图	各层结构平面图	动力电箱・分电箱配线图
面积图	轴线详图	电灯・插座配置图
外部装修图	柱芯线图	照明器具规格书
内部装修图	基础梁板剖面图	防灾设备图・非常用发电设备图
平面详图	柱剖面图	给排水卫生设备图
剖面详图	主次梁剖面图	配置图・系统图
节点详图	墙、板配筋图	机械・器具明细
展开图	节点配筋详图	各层平面图
吊顶镜像图	焊接标准、连接标准	空调换气设备
门窗图・门窗平面图	钢结构构件剖面图	配置图・系统图
防水・隔热材喷涂范围图	钢结构施工详图	设备明细
外围图		风管・管道平面图

如图9.3.1所示，建筑图、结构图、设备图作为合同文书的组成部分，是对建筑物形状、尺寸、结构、内外装饰、机械的形状、配置、使用材料等，用图形、表格等形式进行的说明资料。

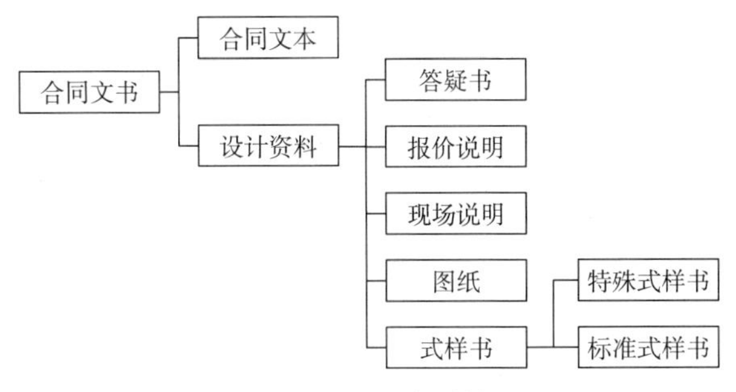

图9.3.1 工程合同构成

当无法或比较困难用图纸来描述材料的样式、性能、施工及检查要点、质量标准时，通常用规格书代替图纸作为施工的参考资料。适用于一般通用事项的称为标准规格书；适用于个别工程、特定工种的特殊事项的称为特别规格书。根据公共建筑协会编制的《公共建筑工程标准规格书》规定，当设计图纸资料表达的意思不一致时，按以下优先顺序执行：①答疑书；②现场说明会说明书；③特别规格书；④图纸；⑤标准规格书。特别规格书的记载事例如图9.3.2所示。

■ 地基工程 基础载荷试验相关规定

检查项目	试验项目	备注	
基础载荷试验	平板载荷试验	试验数量	2处 建筑物基础下
		试验实施深度	基础开挖深度
		最大载荷	300 kN/m^2
		载荷方式	阶段式反复实施[选择①]
	试验开始前须将试验要领交与工程管理人员		

· 根据试验结果可能发生设计变更
· 试验及检查方法
地基工程学会「基础平板载荷试验方法・说明」

图9.3.2 特殊工程施工说明样例

设计图纸是将业主的要求、建筑法规、建筑物的形状尺寸、结构安全性、居住性、防灾安全性、**美观性**等因素转换成图面、式样书而采取的表现形式。施工单位在签订工程承包合同后，通过施工质量来实现设计图纸所表示的设计质量。

用词解释

美观性
是指建筑物外观的观赏性、艺术性、是否符合都市景观的要求，其抗老化性能以及在保养方面的难易程度等。

用词解释

9.3.2　施工图

（a）根据设计图纸编制施工图

施工单位在进行施工（加工制作）前，需根据工程的复杂程度，自行深化设计图纸，绘制施工图，经监理确认后按照图纸进行施工。绘制施工图的理由如下：

① 由于分项工程是由专业分包单位来完成，绘制内容详尽的施工图可以明确施工范围，有利于工程的具体操作及确保工程质量，同时为总包与分包单位签订合同提供依据。

② 设计图纸一般可以表示建筑物的基本形状及尺寸等，但往往无法满足精确到mm单位的施工要求。另外，建筑图、结构图、设备图等的节点详图可通过施工图来进行补充、汇总。

③ 当特别规格书所要求的性能同设计图出现差异或对个别节点的准确性产生疑问时，可通过绘制施工图对上述疑点进行比较分析，及时解决问题。

（b）施工图的种类

施工图分为总包单位编制的施工设计图及分包单位编制的施工图两种类型。参与施工的各家单位以总包单位编制的施工设计图为标准，施工设计图的内容包括各分项工程的说明、标注尺寸及装饰明细等。分包单位编制的施工图，主要用于工厂内的构件加工及现场安装。内容包括详细尺寸、节点详图、安装说明、与其他工序的关联说明等。图9.3.3为混凝土构造图例、图9.3.4为钢结构加工图例、图9.3.5为施工图的种类汇总表。

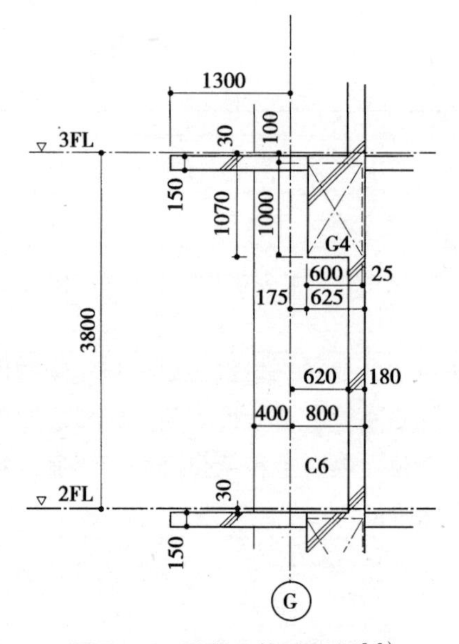

图9.3.3　混凝土构造图例[9-3]

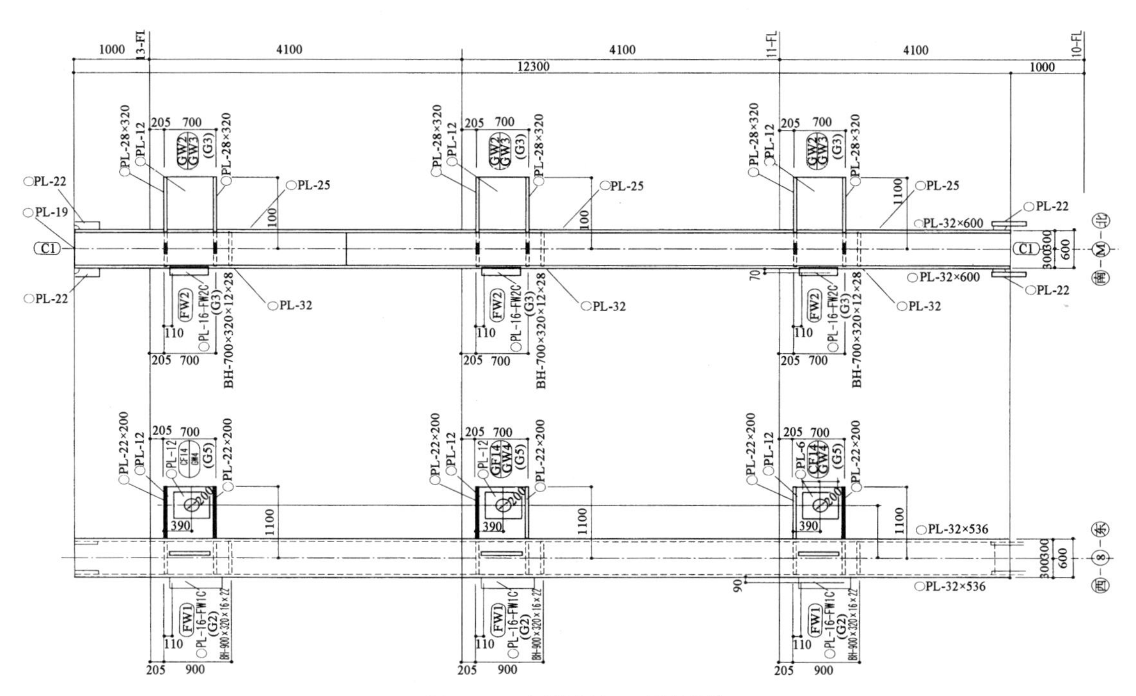

图9.3.4 钢构件加工图例[9-3]

「施工设计图」 ： 主要由总包单位编制	
综合图	该图综合反映施工阶段的建筑・设备数据信息、以进行各工种间的协调
主体图 （混凝土构件图）	该图详细标注混凝土构件尺寸、模板，钢筋工程依据该图进行支模及钢筋绑扎 也用于工程调整内外装饰工程及设备安装工程人相互配合
桩基平面图、基础平面图、各层平面图、各层地面布置图、各层剖面图、部分详图	
装修图	该图反映装饰工程的具体内容。与其他各项工程调整完成后进行编制
各层平面详图	
分割图 ： 吊顶图（吊顶板分割图）、瓷砖分割图，装饰砖石等	
节点详图	
外围图	
施工图 ： 主要由分包单位编制	
工作图・加工图・制作图	该图用于工厂内的材料加工
钢结构・钢筋・模板・门窗・金属构件・石・家具・设备器具等	
分割图・安装图	该图记载安装尺寸及安装方法，用于现场实际操作
幕墙（PCa・金属）、ALC、门窗、石、金属、木、设备器具等	

图9.3.5 施工图的种类

用词解释

架台
为工程运输车辆或移动式吊车行走而搭设的临时设施。

安全生命线
为防止高空坠落，用于挂置安全带的绳索。

9.3.3　综合图

对于住宅小区、医院、学校等公共建筑，需要充分考虑建筑工程和设备工程的相互配合。在编制施工图之前，将与工程有关的全部信息进行汇总，表示在一张图纸上，该图纸称为综合图。一般是在平面图、内部分区图、吊顶图上详细标注设备管线、器具的位置、尺寸等。在设计阶段，设计单位已考虑建筑及设备工程的整合性。在施工阶段，施工单位通过编制综合图可以进一步完善设计的合理性。

9.3.4　施工计划图

将工程施工计划及有关事项反映在图面上作成施工计划图。施工计划图所包含的内容如下：

① 临时建筑物、临时围墙、现场出入口、车辆通行道路等临时设施。

② 施工顺序、必要的临时设备、工程机械等。

③ **架台**等临时构筑物的构造、**安全生命线**、安全网等安全设施等。

施工计划图的主要内容如表9.3.2所示。由总包单位编制临时设施、主体工程施工计划图（临时设施布置图、钢结构安装图、混凝土浇筑计划图、脚手架搭设计划图等）。其他工程计划图由分包单位根据施工计划图分别编制。

施工计划图种类[9-4)]　　**表9.3.2**

分类	图纸名称	备　注
基本计划图		根据设计图，将施工基本内容进行归纳汇总
场地条件图	场地测绘图 障碍物调查图 埋设物调查图 场地周边状况图	
临时设施计划图	临时设施配置图 围墙・出入口配置图 施工动力设备配置图 施工用给排水设备配置图 临时用房配置图	临时设施设置、进出线路、现场材料搬运路线、临时道路 办公室、仓库、分包单位办公室、休憩场所、民工宿舍、活动办公室
基础工程计划图	桩基工程计划图 挖掘工程计划图 支撑围护计划图 架台工程计划 排水计划图 扰民对策计划图	开挖方法、顺序、放坡坡度 护壁、连接梁・锚杆、各节点详图、拆除、拔出 钢板分割配置图、主梁、支撑柱埋深 静点降水、深井、集水井及排水线路

续表

分类	图纸名称	备　注
主体工程计划图	钢结构安装计划图 混凝土浇注计划图 模板工程计划图 吊装·搬运设备计划图 脚手架·通路计划图 养护计划图	吊装设备、顺序、操作台、拼装、焊接脚手架 浇注方法、工区划分 排架、排板、工区划分、材料周转 电梯、升降机
装修工程计划图	装修脚手架计划图 养护计划图 吊装·搬运设备计划图	同主体工程

用词解释

通过编制施工计划图可以明确施工中应该解决的问题，事先制定相应对策。在施工计划图中可以说明施工方法，表示工程机械、临时设备的技术参数，确保安全的手段、措施及注意事项等。通过编制完善的施工计划图，总包单位可以提高工程的整体指挥效率、更好的协调分包单位的相互关系，编制施工计划图是促进工程顺利进行的重要手段之一。

9.3.5 工程进度表

工程进度表是工期管理的重要方法之一，主要对施工工序、施工时间、前后工程关系等进行表述。工程进度表也是施工单位与业主、监理，总包单位与分包单位间进行开工指示、确认工程进展情况的重要手段之一。一般工程进度表采用横道图（图9.3.6）及网络图（图6.3.7）两种表示方式。

（a）总进度表

表示工程开工到竣工整个期间的工序内容、各工序的开始及结束时间的进度表称为总进度表。编制总进度表时需根据钢构件、玻璃幕墙、门窗等主要构件、部件的制作加工时间，调整工序和时间，以确保各工序所需材料的订货时间。分包单位根据总进度表，采购资材、分配劳动力等。施工期间，总包单位根据总进度表随时确认现场的实际进展情况，在定期会议上定期向监理及业主进行汇报。

（b）月及周进度表

根据总进度表，编制月度、周进度计划，用于日常工程管理及作业指示。

（c）“生产设计图”进度表

除工程进度表以外，总包单位还须编制“生产设计图”进度表（如图9.3.8所示）。通过“生产设计图”进度表对施工设计图及施工图的编制进行进度管理，确定图纸的完成、审核、确认时间。

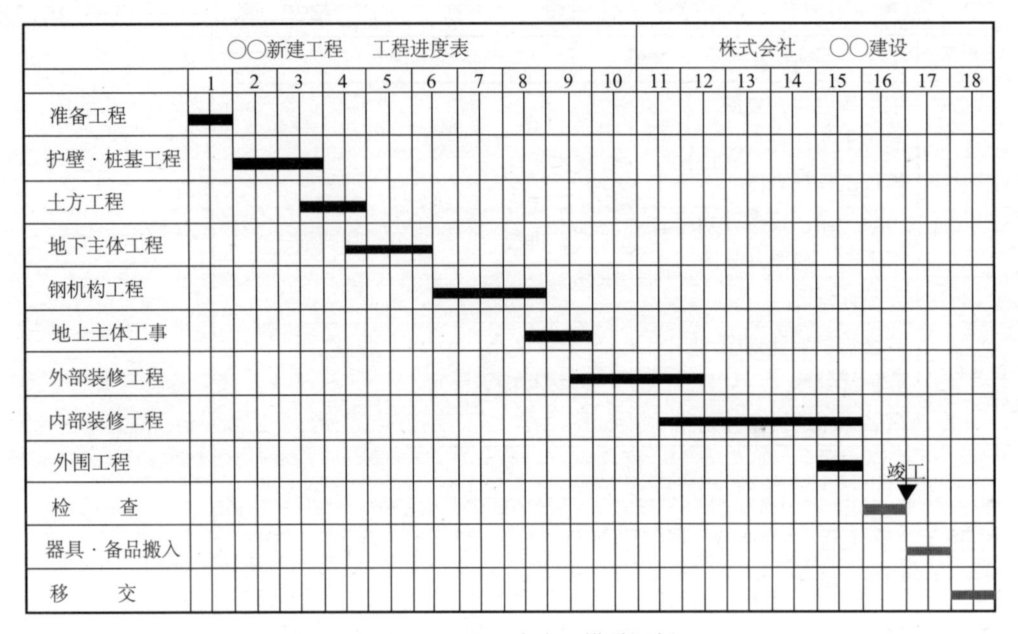

图9.3.6　工程进度表：横道图例

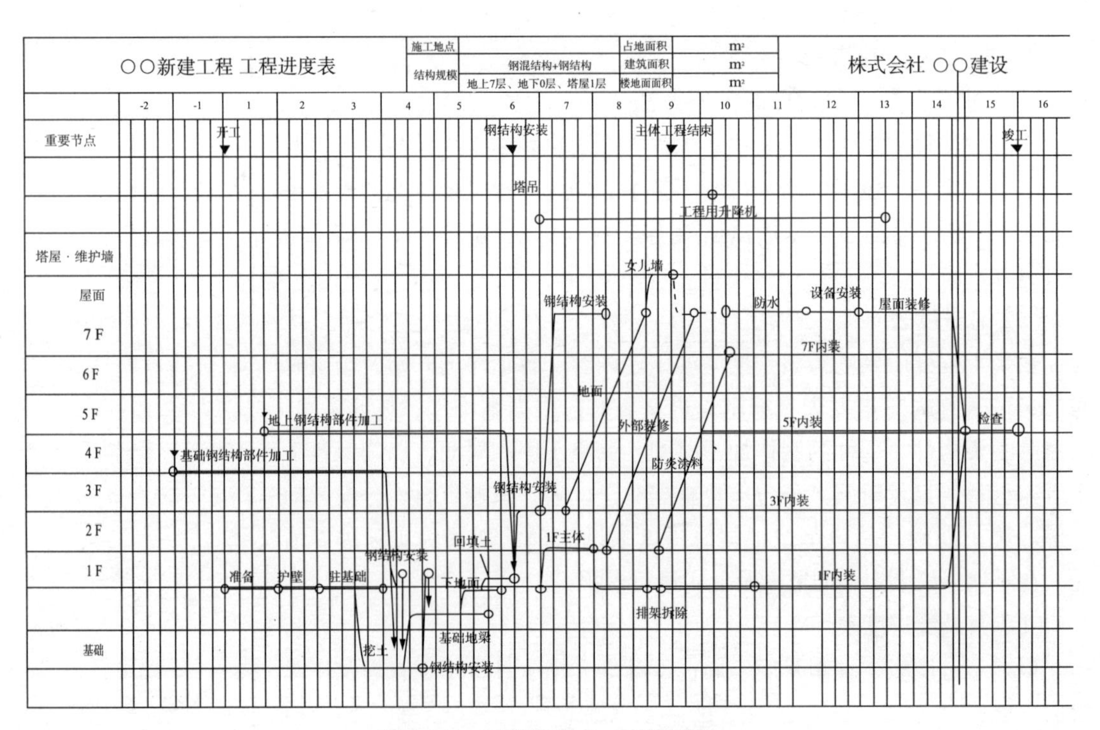

图9.3.7　工程进度表：网络图例

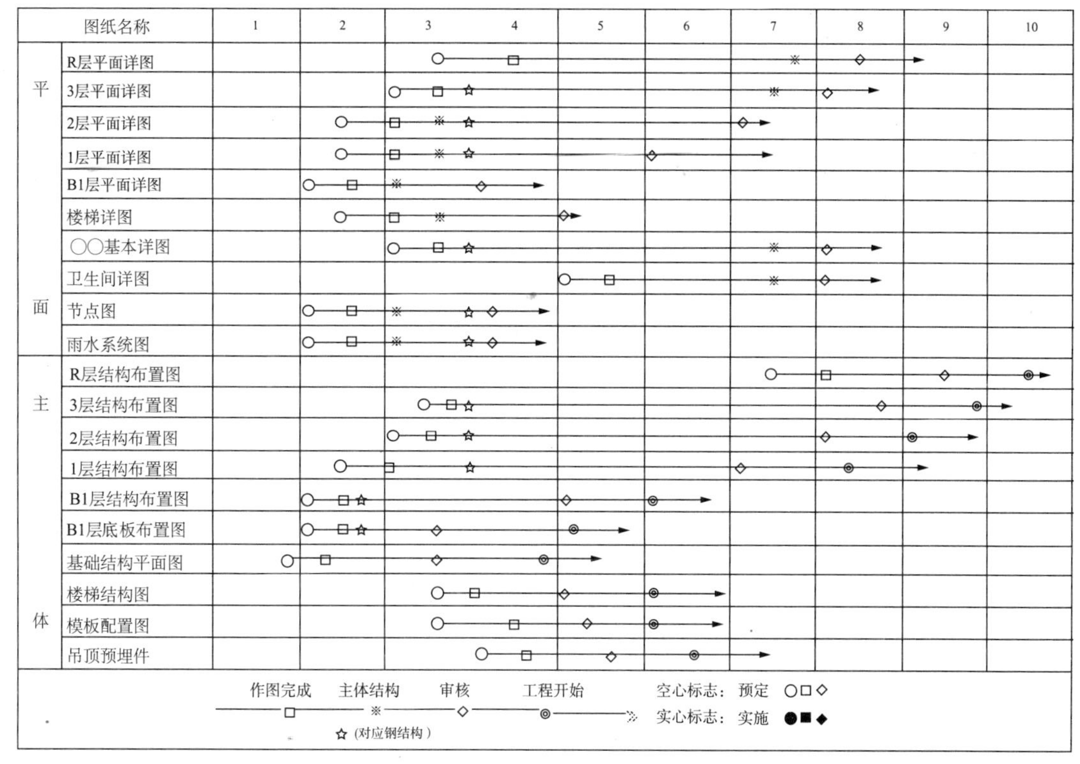

图9.3.8 “生产设计”图编制进度

9.3.6 计划书及要领书

用词解释

（a）施工计划书及施工要领书

施工计划书与施工要领书是关于工程的施工方法、临时设备、施工要领、质量控制要点，安全措施等的说明资料。

施工计划书由总包单位根据各工程的实际情况进行编制。施工计划书中记载的施工方法必须经监理同意后方可采用。施工计划书中还要向分包单位明确施工条件，质量、安全上必须遵守的规范标准等。施工要领书由分包单位根据施工条件编制具体的施工方法。

施工计划书的内容需根据工程项目的特点及分部、分项工程的技术要求、复杂程度进行具体编制。以“钢结构安装工程”为例，大致包括以下内容：

①总则；②工程概要；③钢结构分项工程概要；④工程组织体系；⑤工程进度；⑥材料；⑦施工顺序；⑧柱角施工；⑨材料搬运；⑩构件拼装；⑪高强螺栓安装；⑫现场焊接；⑬质量管理；⑭安全管理；⑮环境管理等。

其他内容还包括：钢结构构件明细表、组装计划图、焊接检查要领书等。

用词解释

(b) 制作加工要领书

不同工程项目使用的钢结构部件、玻璃幕墙、门窗等，所使用的材料也各不相同。制造厂家必须根据实际情况编制相应的制作加工要领书，明确说明加工材料、制作加工要领、质量管理的标准等。

(c) 施工质量管理表

按照施工顺序将施工阶段所进行的检查项目、检查人员、检查方法、控制标准、整改措施等质量管理内容进行汇总形成施工质量管理表（如图9.3.9所示）。在施工过程中，各施工单位遵照该表进行施工质量管理。

公司	○○○○○新建工程			编制	H.00.00.00	凡例	关于摘要栏○标志的说明（分包单位使用本表时注意） 同意：总包单位的同意 协商：同包单位协商后，总包进行指令 旁站：总包单位进行旁站检查，根据检查结果下达指令 确认：分包单位的自主检查 提交：提交完成情况报告，并提交工程照片	印章			
全体工期	H. . . ~ H. . .	施工注意事项	1.	修改				所长	副所长	主管	系员
分期工程	钢　筋　工　程		2.	②							
工程期间	H. . . ~ H. . .		3.	③							
				④							

操作顺序	工序·流程：流程图	工序·流程：工程名称	管理项目	重要项目	分担：总包单位	分担：分包单置	管理值（标准）：管理值（基准值）其他	检查时间	检查方法：检查方法	检查方法：频率	检查方法：管理资料（各种表格）	检查栏	超出管理值的处理方法	摘要（○）：同意	摘要（○）：协商	摘要（○）：旁站	摘要（○）：确认	摘要（○）：提交
①	基　础	放线检查	是否按图施工		○		施工图	绑扎前		全数			修正					
		基础钢筋	垫块，支架				最小60mm	绑扎后	尺量	根据种类	检查表		调整垫块	○			○	
			长·短边方向			○	设计图	〃	目测	全数	〃		重新绑扎	○		○	○	
			钢筋直径，数量			○	〃	〃	〃	〃	〃		〃	○		○	○	○
			位置			○		放线后	目测，尺测	〃	〃		返工	○			○	
②	柱钢筋	柱子钢筋	主筋直径，数量			○	设计图	绑扎后	目测	全数	检查表		重新绑扎	○		○	○	○
			搭接位置·长度			○	设计图	〃	目测，尺测	根据种类	〃		〃	○			○	
			箍筋绑扎			○	四角，全周，无间隙	〃	目测	〃	〃		〃	○			○	
			箍筋间距			○	设计图		尺量	〃	〃		〃	○			○	○
			垫块			○	柱边2列最小30mm。直接接触土面情况最小40mm	放置后	目测，尺测	〃	〃		调整垫块	○			○	
③	梁钢筋	梁钢筋	主筋数量·直径			○	设计图	绑扎后	目测	全数	〃		重新绑扎	○		○	○	○
			吊筋位置			○	〃	〃	目测，尺测	根据种类	〃		〃	○			○	
			长度			○	〃	〃	〃　〃	全数	〃			○			○	
			锚固位置长度			○	〃	〃	〃　〃	〃	〃		〃	○		○	○	○
			搭接位置			○	〃	〃	目测	根据种类	〃		〃	○			○	

图9.3.9　施工质量管理表例[9-4]

◆引用及参考文献◆

9-1）http://www.yoi-kensetsu.com/topnews_win/topnews3.html

9-2）日本建築学会編：建築工事標準仕様書・同解説　ＪＡＳＳ２　日本建築学会（2006）

9-3）日本建築学会編：鉄骨工事技術指針・工場製作編　（2007）

9-4）古阪秀三総編集：建築生産ハンドブック　朝倉書店（2007）

第10章　建筑施工管理与技术

建筑工程项目的建筑施工管理包括工程质量管理、工程预算管理、工程进度管理、工程安全管理。为了方便，在使用中我们通常取其英文单词的第一个字母，即QCDS（Quality, Cost, Delivery, Safety）作为简称。在实际应用时，则根据其重要性的先后顺序被称为：SQDC。随着建筑生产活动的扩大，建筑生产管理的要求也在不断增加。目前，建设项目的施工工程管理还包括环境管理、采购管理、生产信息管理、工程现场周边的扰民问题及与相关政府部门的应对协调管理。

10.1　工程的质量管理

建筑业主享有建筑物的产权，同时，建筑物也是社会财产的一部分。考虑到众多相关因素，大型建筑物和超高层建筑物的报废拆除工程并非易事。一幢建筑物的报废拆除往往会带来比较大的社会损失。我们必须确保所建造的建筑物的主体结构的质量，这样才能赋予这个建筑物能够承担保护人类生命财产的使命。由于建筑工程项目的实施具有室外、单一订单生产的特性，因此，工程项目的实施中需要有与其相适应且安定的生产环境。如上所述，在建筑工程项目的实施中，工程质量的管理是非常重要的。

日本建筑业从1970年后期引入了TQC(Total Quality Control）管理理念，这也标志着日本建筑产业的质量管理体系的创建。TQC的精髓是推动企业全员参与质量管理活动并使之标准化。在建筑工程项目的施工现场首先要组织成立QC小组，使用**QC的7个手法**对具体施工过程进行**统计型的质量管理**，并对相关的其他工序的施工质量管理提供保证。1990年日本建筑行业开始引进了ISO9000管理体系（质量管理体系）。在建筑工程项目的实施业务中实行这一质量管理体系，使管理的责任及职务的权限更加明确，日常业务流程的数据化及数据记录的保存维护成为标准。

10.1.1　工程质量管理的目的

严格按照设计文件所要求的质量标准，建造符合要求的建筑物是建筑工程项目质量管理的目的。为了达到这一目标，首先要编制与工程相适宜的施工方案并在工程的实施过程中严格执行管理，避免不良事故的发生。建筑工程项目的质量管理主要包括设计和施工两个方面，对企业来讲它包含“社会上的”及“企业内部”两个层面。

用词解释

QC的七个手法

在建筑工程中利用统计的方法进行质量管理时，通常使用的方法被称为“QC的七个手法”。

这七个手法是：①排列图法，②因果图法，③直方图法，④检查表法，⑤图表法，⑥散布图法，⑦控制图法。随着TQC管理方法的发展，还开发出了能够处理语言数据的，其中把总括关联图法及矩阵图法等称为“QC的七个新手法”的质量管理方法。

统计型的质量管理

在管理中使用数理统计的方法，“以事实为依据进行管理”的质量管理方法，被称为统计型的质量管理。这一管理方法是在产品的生产过程中捕捉、分析的产品离散性，并进行主动的控制管理。这个管理方法的目的是在更经济的前提下保证产品质量。

用词解释

（1）社会层面

首先作为竣工成品，建筑物属于社会的资产。同时在其生产施工流程中也具有社会性，工程管理要保证达到“符合法律法规要求的质量标准”及“符合社会要求的质量标准”。

遵照法律法规的规定进行质量管理，就必须遵守法律法规，这是最基本的原则。在建筑生产过程中相关的法律法规有《建筑基准法》、《建筑士法》、《建设业法》等等。与建筑相关的所有专业技术人员，都必须遵守这些相关的法律法规。

除了遵守法律还要按照社会的要求实施质量管理，这就要尊重并满足社会要求。近年来，社会整体环境变化非常显著，时常出现法律法规无法覆盖到的死角。这些问题有时会演变成诉讼事件或引发社会问题。在与施工现场紧密相关的扰民问题中，有很多是在法律规则之外，得到大家共识须遵守的社会规范。作为一个有责任的企业，我们应该遵守这些社会准则。

（2）企业内部层面

由于一般的建筑业主或发包人并非建筑的专业人士，通常将与建筑工程质量相关的技术工作委托给具有专业技术能力的设计单位和施工单位。以建筑业主的期望为目标，企业首先要在内部，建立一个保障目标能够顺利实现的质量管理体系。它的精髓就是“按照客户需求实施的质量管理”和“遵守公司标准的质量管理”。

在工程项目的决策时，建筑业主会对建筑工程项目提出直接的要求，这也会反映到后续的委托合同中。企业的质量管理就是要按照建筑业主的要求对工程进行质量控制，以保证向业主提供能满足其希望的成品建筑物。

以公司内部标准而进行的质量管理，是企业为满足自身标准而进行的自发的质量管理行为。企业根据公司长年积累的经验、知识、特长为基础，制定公司的质量标准，建立企业自身的质量管理体系。在工程中通过实施这些管理，企业充分利用所积蓄的资源，最终达到向建筑业主提供满意的成品的目的。

企业一般都会着眼于长期持续的发展和长期的繁荣。因此，公司不能仅满足于能够向顾客提供符合其要求的成品，而且要能够以专业技术专家或前瞻的角度向客户提供好的建议。作为一个优秀的企业这些是必要的，也是十分重要的。

10.1.2　工程质量管理组织体制

根据“设计施工一体工程项目”及“设计与施工分离工程项目”的工程合同方式，质量管理体系也相应地分为两种。质量管理体制中必须明确各个流程中的不同部门的管理项目、管理责任分工、管理时间、管

用词解释

理对象、区域及管理方法。

（1）设计施工一体化工程项目

日本的设计施工一体化项目通常为由一个建筑承包企业来同时承担设计和施工两方面的工作。由于设计和施工业务为同一个企业来实施，工程项目从设计到施工通过统一的体系负责，可以贯穿连续地进行质量管理。即提供从工程的规划设计、施工图设计、生产设计、施工策划、施工、竣工移交及维修保养，全寿命周期的连续的质量策划及管理。

工程质量管理工作中，首先要掌握建筑业主对质量的需求，然后根据需求进行必要的策划，制定质量管理方案。在设计阶段，一般由项目经理牵头，组成由建筑设计部门、建筑技术部门、工程材料供货部门、施工部门相关人员参加的管理团队。这个管理团队负责对工程质量进行策划和管理。在设计施工一体化项目中，参加人员都来自同一承包企业。成员们以平等的身份频繁进行沟通协商。

在工程施工阶段，首先成立由施工部门牵头的管理团队。团队对施工方案的详细内容及管理进行研究协商。设计技术人员按照设计阶段确定的方针把握工程的大方向。根据各方的协商结果，编制施工质量管理方案，并提交监理公司审批。

在施工质量管理方案中，应该明确质量管理方针、管理目标及各项质量标准。工程质量管理必须严格按照方案执行。总公司或分公司的建筑设计部门或技术部门要能够随时向工程施工现场提供各方面的支援。如工程上发生质量方面的问题时，建筑设计部门及建筑技术部门的专家应该立刻提供技术支援。

在竣工后的维修保养阶段，企业的质量管理部门为了能够顺利地应对可能发生的质量缺陷及日常维修，需要制订长期维修保养计划。综上所述，在建筑设计施工一体化项目中，施工单位可以向顾客提供自身企业全公司的服务，项目可以随时得到公司一级的各个职能部门支持。

（2）设计与施工分离的工程项目

在设计和施工任务分别由不同企业承担的工程项目中，通常工程的设计业务由设计事务所担任，建筑施工企业负责工程的施工。工程项目的质量策划及管理基本上与设计施工一体化方式相同，但施工企业在设计任务完成后才开始参加质量策划及管理的工作。施工企业从设计事务所收到项目质量管理要点后，根据其管理侧重点编制质量管理方案。在设计施工分离方式的项目中，工程设计文件在生产设计方面出现缺陷的可能性很大，而且经常发生设计阶段对项目质量管理方案不充分的事情。在这种情况下，施工企业要参考设计阶段完成的设计文件、绘制施工详图及综合图。在充分掌握了质量管理上的问题后，与设计单位及工程施工监理单位协调解决存在的问题。

用词解释

OJT教育

“OJT（On the Job Training）”是通过实际的操作实践，来掌握工作所必需的技术、能力及相关知识的教育培训方法。在与实际操作密切相关的具有复杂专业技能及高专业性的工作中，将工作的技能要领以文字的形式进行说明是比较困难的，OJT培训方法能够有效地达到教育目的。

10.1.3 工程管理方法与流程

旧的质量管理是以成品完成后的检查为主要手段的，它主要强调对缺陷的整改。随着TQC及ISO9000体系的引入，以统计型的质量管理为基础的质量管理体系开始普及。质量管理的策略从单纯的应对检查出的问题，改变为在各个工序中保证达到其各自的质量目标。新的质量管理方法，要求编制质量管理方案、施工方案、操作规程、质量标准、质量控制项目一览等，并严格按照实施。在进行具体的质量管理工作的同时也要重视“质量管理体系”及“质量管理教育”，这是非常重要的。

（1）质量管理体系

现在的质量管理是以质量管理体系为中心，以实现各工序的质量标准为前提的。在工程施工前要对实施内容进行充分的研究，制定便于所有管理人员实施的组织体系，这样才能够按照质量管理方案最终建造出符合要求的产品。在实施中一般要对质量管理范围、管理流程、检查流程进行文字描述并将实施结果数据记录在案。做好对数据的追踪分析，并将其反馈到质量管理方案中。

（2）质量管理教育

仅仅依靠管理体系的运行，是不能保证质量管理方案及管理实施的有效性的。就具体工程项目来说，要进行行之有效的质量计划和管理，仅仅在管理体系方面实施是不够的。要针对实际工程编制与之相适应的质量管理方案，在管理方案的实施中还要有相应的知识及经验作为基础。企业中都设有提高管理人员知识水平、传授管理经验的固定培训项目，这一培训项目称为“**OJT教育**”。在“OJT教育”中按照个人的技术能力，培养其在今后可能升任其他工作岗位的实际技能。例如，对现场技术管理人员进行各分项工程质量管理员及现场项目经理业务的培训。

10.1.4 工程质量管理的方法与手段

建筑工程项目的质量管理，一般是按照该项目的质量保证体系流程实施的。如图10.1.1所示，在质量保证体系流程图中标明了在设计、施工、工程施工监理、竣工移交、维修保养各个阶段中质量管理人名称及其责任范围、工作流程、管理流程等。

《施工质量方案》是工程施工阶段主要的质量管理方法。合同签订后，根据工程图纸说明会及项目总体施工研讨会议的精神，编制该方案。方案中包括①工程概要；②现场条件；③组织结构表；④项目部运营；⑤施工方针；⑥工程计划；⑦施工管理实施方针；⑧质量管理；⑨检查试验；⑩设备工程管理；⑪项目部资料及质量检查记录。

⑦施工管理实施方针中，对甲供品的管理、识别、追踪计划、保管、储存、项目部临时设备机械管理进行规定。

⑧质量管理中，包括各个分项工程的施工方案、QC工程表、操作规

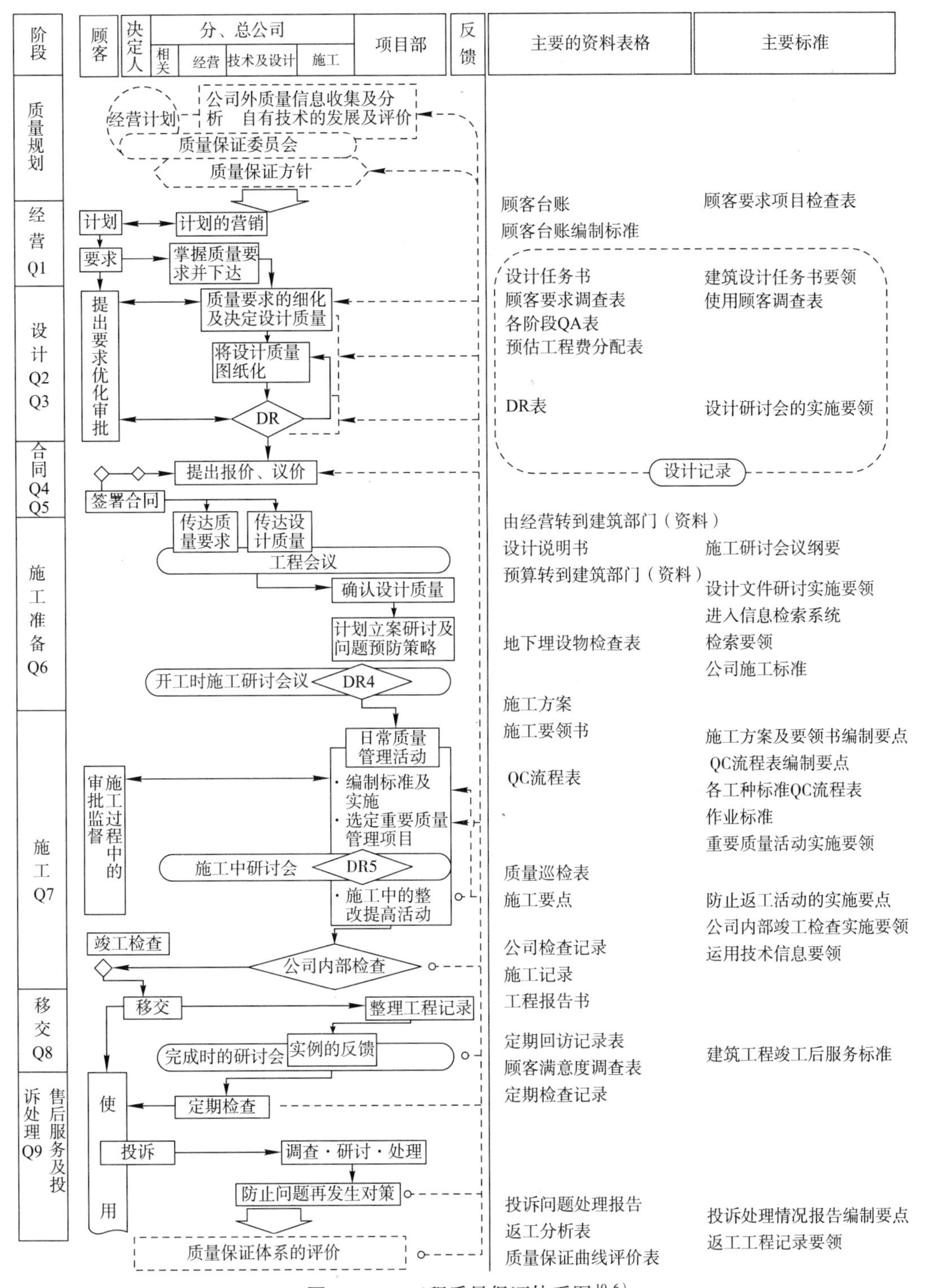

图 10.1.1 工程质量保证体系图[10-6]

程的方案。

⑨检查试验中，对材料的进场检查、工程中的各种实验、最终检查管理方案、测量仪器的管理方案、不合格品的管理方案及各分项工程成

用词解释

用词解释

QC工程表

QC工程表是在产品生产工程中明确：谁（管理人）？什么（管理项目）？如何（管理方法及频率）？的表格。QC工程表也称为QC工程图，它是根据管理要素及特性的因果图而编制成的。

品完成效果标准管理方案进行说明。

在工程的施工阶段，为了保证质量管理能够严格按照施工质量管理方案严格实施，工程的施工总承包企业要编制施工方案，各个专业分包商应编制所承担工程的操作规程。在施工过程中的质量管理活动中，应该充分利用施工质量管理表及**QC工程表**。

10.2　工程进度管理

在建筑工程管理中，“工程进度计划”是表示建筑工程项目相关的各种活动的实施与其计划之间存在的时间关系的图表。工程进度计划与各分项工程的施工顺序、不同专业的施工参与者、使用的机械材料，施工作业的位置及流水段的划分都有着密不可分的关系。工程进度计划中单位的设定与其具体施工工程相对应。计划可以从单位工程或分部工程、分项工程着眼，也可按照主要作业、收尾作业等更详细方式进行编制。

10.2.1　工程进度管理目的

将各种不同工程的实施时间、区域、作业位置以及所需要的资源（劳动力、建筑材料、构件、机械、临时设施等）进度合理地分配，编制成计划并随时监督实施结果，是施工进度管理的目的。在进度计划管理中，如无法按照计划实施时，要根据情况对计划进行修正。进度管理从广义上讲是指工程的计划和管理，狭义上是指工程每一天进度的实施管理。

（1）进度计划的要素

工程进度计划的要素与具体工程作业内容相关。如上所述，工程的进度计划及管理与具体作业内容、相关工程顺序、参与的操作人员等直接相关。建筑工程进度计划的要素如下：

（a）作业对象及范围

首先要熟悉设计文件，掌握应进行施工作业及所需的材料、机械、构配件,明确施工操作范围。在多工种共同作业时，要明确各自的不同作业区域。

（b）作业内容

为了确保满足设计文件的质量要求，对不同的施工作业要选择最优的工法及施工作业方法。根据具体情况，有时还需要提供相应的临时设施，以满足施工作业要求。

（c）施工作业的先后顺序关系

施工作业的顺序关系，包括技术工序和管理工序。技术工序是为保证成品质量各作业所需遵守的先后顺序。如，在装饰工程施工中先进行基层然后着手面层施工的顺序。管理工序则是为提高生产效率而设置的施工作业顺序。如，塔吊的使用及施工**流水段的划分**等。

（d）所需作业人员及人数

不同的工程，必须要按照其相应的要求，安排不同工种及数量的施工作业人员。这些安排必须全盘考虑周到，如材料搬运、过程检查等各个工序的所有需求。建筑施工现场具有随时发生安全事故的危险。在单一工种施工作业时，从安全管理的角度考虑应尽可能地将人员固定，并每天安排同等数量的作业人员。

（e）临时设施及施工机械计划

在施工现场，多数分项工程的施工作业均需要塔吊及卷扬机等垂直运输机械。在计划中应明确各分项工程中，不同工种使用机械的具体时间。在安排大型机械及临时设施时，要采用提高使用效率的方法，必须综合考虑机械使用的经济性。

（f）施工作业时间段

工程的施工作业时间是施工企业与工程现场四周的住户、单位等经过协商后决定的。产生噪声、振动等污染环境的施工作业，不能在早晨、夜间及休息日进行。但由于道路许可的制约，施工作业有时不得不在节假日进行。在编制施工进度计划时，必须考虑可行的施工作业时间段。

（g）施工作业区域与流水段

建筑工程项目的施工作业一般都是按照投入工种的顺序进行的。工程的施工作业位置及所在的流水段应划分明确清晰，避免同一位置或流水段内出现窝工现象。

（2）进度管理中涉及的项目

明确影响施工进度的主要因素，并协调好其相互关系，才能编制合理的进度计划。进度计划应该包括“5W1H”。5W即“何时（When）”、“谁（Who）”、“何地（Where）”、“什么（What）”、“使用方法（How）”、“ 采用的顺序（How）”，以此保证工程按计划进行。在计划中要对施工作业的必要性（Why）进行研讨，经研究最终选择最优的施工工法。

（a）日程：何时（When）、谁（Who）

在工程施工作业前，首先要安排好所需劳动力及材料机械，向相关人员明确作业开始、完成时间及与其相关的前后工序。

（b）劳务：谁（Who）、地点（Where）

在进度计划中，明确施工作业的区域及流水段，以便于作业人员的施工。

（c）材料、机械设备：作业方法（How）、作业顺序（How）

工程现场每天都会有大量的材料与机械搬进搬出，对这些进场的材料机械根据需要进行保管和使用。在狭窄的施工场地条件下，机械材料的使用能够达到“及时”（Just-in-Time）最为理想。

用词解释

流水段的划分
施工流水段的划分是在施工计划中，将施工作业区域划分成多个可同时进行施工作业的施工段。通常在单一流水段的施工中，各个施工阶段其应投入的作业人数不同。通过合理划分流水段，可以使劳动力的投入量更加平稳均衡。

Just-in-Time
它是将需要的物品在所需要的时间，并按所需要的数量提供的供应体系。而传统的大批量生产方式往往会产生产品剩余、库存过剩的缺点，从而造成产

用词解释

品成本上升。而“Just-in-Time”体系的精髓是将生产过程与信息相互联动。如：在丰田的“看板”管理方式中，“看板”上既显示交易的信息也反映对生产的指令信息，“看板”成为了重要的信息媒体。

里程碑

里程碑（Milestone）通常是设置在道路或铁路两侧，用来标示从起点到标识处距离的。它起源于罗马帝国时期。日语中“一里塚”具有同样的含义。在工程计划中里程碑代表工程不同阶段不可延误的重要进度目标。在工程管理计划中设置里程碑，能够清晰地识别日常工程进度中产生的延误。工程进度的延误应该在下一个里程碑前恢复。

（d）现场周边环境

明确产生噪声、振动的施工作业，考虑其可能对环境产生的影响，要制定最合理的进度计划。

10.2.2 工程进度管理的组织体制

建筑工程项目的实施中需要众多不同专业的作业人员的参与，从承揽工程项目的总承包企业到各专业分包企业中所有施工作业人员，对工程进度计划的认识必须保持一致。为了达到这一目的，首先要编制明确、合理的工程施工进度计划。更重要的是要严格按照计划来管理整个工程的施工。在工程的日常管理中，应详细地掌握工程每日的实际进度状况（Check），如发生进度延误要根据具体情况采取相应的整改措施。即以计划（Plan）-执行（Do）-检查（Check）-调整（Action）这四个循环来实施每天的管理工作，以保证工程项目的施工能够严格按照计划顺利进行。除了每天对工程的进度管理外，在工程计划中还要将必保的重点实现目标设置为**里程碑**，同时制订应对工程延误的手段及方法的预案。这些措施是非常重要的，它能够将工程实施过程中可能出现的对工程整体工期影响的程度降到最低。

参加工程实施的所有相关人员应该统一认识，随时进行信息沟通。这样才能正确、及时地掌握工程进度状况，为实现工程进度计划奠定坚实的基础。在建筑施工现场，一般每天都要召开施工管理例会。在例会上所有相关专业的工长都要汇报当天的施工作业进度情况、第二天材料、作业人员等的安排及今后的施工预定。在工程进度管理中，要组织好管理例会的实施，充分利用现场工程会议及时高效的优势。

10.2.3 工程进度管理方法与流程

工程进度的管理通常分为“工程进度计划方法”及“（狭义的）工程进度管理方法”两种。工程进度计划及工程施工的整体推进方针决定后，工程实施的方法、时间、投入的专业工种、使用的机械设备也随之确定下来。按照进度计划的要求，确认实际工程进度情况，根据需要对工程进度计划进行适当的调整，这是工程项目管理每天必须的工作。

（1）制定工程进度计划的方法

在建筑工程的实施过程中，一直伴随着不确定性。在制订进度计划时，一般首先要明确总工期，在充分研究主要分部工程的进度后，确定整体工程的总进度计划。对于特殊工法及复杂的工程，在施工前要做好详细的研讨。对工程不确定性较低的部分可仅编制粗略进度计划。随着工程的进展，在工程准备阶段参考已掌握的前期工程进展状况，制订月及周工程详细进度计划。工程进度计划通常按如下方法组织实施。

用词解释

（a）选择适当的施工工法

将工程项目的实施分为，桩基工程、基础工程、主体工程、装饰工程、临时设施工程。在不同的工程中要根据具体条件选择适当的施工工法。

（b）明确施工作业内容

熟悉设计文件，罗列出工程施工所需要的专业作业。

（c）作业方法的研讨

对各种不同的工程施工作业方法进行研究。对于已确定的施工方案，总承包及专业承包企业应达成共识。

（d）流水段的划分

对于小规模的建筑物，通常以层为单位划分施工流水段。大规模建筑物则将建筑物的一层划分成为几个施工流水段。通过合理的施工流水段的划分，明确了各专业工种的施工作业区域并能够降低窝工的风险。同时，还能提高垂直运输机械的使用效率。

（e）确定施工作业顺序

施工作业顺序会对工程进度产生重要影响。通过变更施工作业顺序，能够将某些施工作业安排在原本无作业的流水段进行。这样的调整可使施工作业量更加均衡，最大限度地优化整体工程的总进度计划。

（f）施工作业耗时及资源调配

不同工种的施工作业根据其总工程量及定额计算出所需施工作业人数。通过施工作业耗时数及所需施工作业人数即可计算出工程每日所需的施工作业人数。同样在编制计划时也可以先确定施工作业人数，然后相应决定施工日期。总之，计划的制订要综合考虑劳动力调配的可行性及经济性。

（2）工程进度管理的方法

在工程的施工阶段，要严格按照原进度计划对工程进行管理。工程的进度必须随着施工现场的各种变化，随时调整。工程进度通常按如下方法进行管理。

（a）制订详细工程进度计划

根据整体工程进度计划确定的原则，考虑月、周工程详细进度计划。根据工程施工的实际进度及现场环境条件制订详细工程计划。

（b）日常管理工作

按照工程进度计划的要求，向各工种发出具体施工内容的指令。指令内容除了工程进度，还包括安全及工程质量的内容。冒进施工会对工程质量及人员安全产生不良影响。必须清楚地认识到工程进度管理与安全管理及质量管理的密切关系。

（c）施工作业的指导、监督

施工作业之前首先要确认作业内容，施工作业开始时及操作中的检

用词解释

查确认也是十分重要的。特别要检查工程作业中的安全及工程质量是否按照指令执行。

（d）实际工程进度与计划的差异分析

随时掌握工程实际施工进度状态，对工程产生延迟的原因进行分析。

（e）进度计划的调整

当工程进度发生迟延时，要分析其发生的原因，并制订相应调整策略。为了挽回工程进度的延迟，通常采用变更施工方法或增加施工操作人员的方法。尽快地采取相应的措施是十分重要的，一般情况下应考虑在下个工程里程碑内挽回进度的延迟。这样就不会对工程总工期产生影响。

（f）施工作业完成状况确认

在工程施工作业完成后，应对完成的作业成品进行检查确认，看其是否符合事先作业交底的要求。同时，对作业的实际使用时间、投入的施工作业人员总数及单位工程量投入的作业人数等数据信息进行收集整理和保存。这些数据还可以供今后制订类似工程的施工作业计划时提供参考。

10.2.4　工程进度管理的方法与手段

常用的工程进度管理方法有横道图进度计划法、网络图进度计划法、资源分配计划法。

（a）横道图工程进度计划法

横道图工程进度计划法是1900年前后开始在建筑工程项目进度管理中使用的方法。横道图中以横轴作为时间轴，图中的横道则代表各种施工作业实际耗用时间。横道图工程进度管理方法具有能够对具体施工作业的名称及作业时间一目了然的优点，但是在横道图中无法反映出不同工程的施工顺序关系，这是它的缺点。

横道图工程进度计划法
以横线表示施工进度的工程计划方法。由于该方法是英国的甘特发明的，所以也称为“Gantt chart”方法。

（b）网络图工程进度计划法

网络图工程进度计划法是在1950年被开发出来的工程进度管理方法。网络图工程进度管理方法能够明确地表示工程施工作业的前后顺序关系。这个进度管理方法是以使用电子计算机为前提开发的，因此，它可以将众多的工程进行分解，达到对各详细工程进行全方位管理的目的。

在网络图工程进度计划方法中，既包含以箭线表示作业的箭头型网络计划图，也包含以节点表示作业的节点型网络计划图。图10.2.1是箭头型网络计划图的实例。两种方法只是计划图中箭线与节点的含义不同，其他工程进度时间的计算则完全一致。目前，在工程进度计划管理中，箭头型网络计划方法通常被广泛使用。网络图工程进度管理方法中，通过对各作业时间的计算可以明确得出作业最早开始日、最早完成日、最迟开始日、最迟完成日。通过这四个时间还可进一步地计算出各作业的自由时差及关键线路（Critical Path）。

用词解释

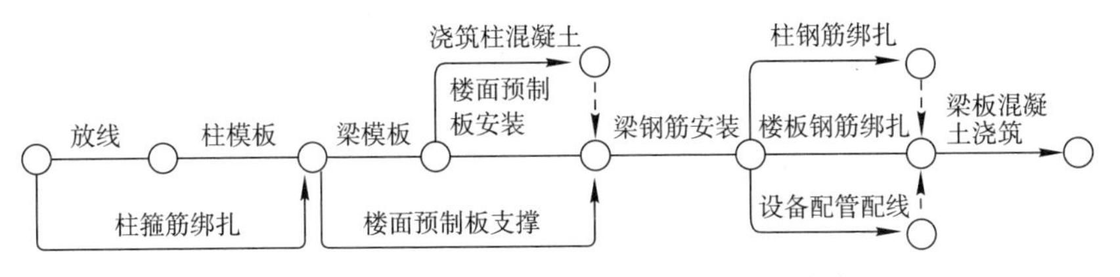

图10.2.1 箭头型网络图工程进度计划法实例

1）最早开始时间及最早完成时间的计算方法

首先按照工程作业的顺序从前至后计算出各个工程作业所需的时间。最前面工程的开工日即为该工程的最早开始时间，最早开始时间与工程作业所需时间之和就是该作业的最早完成日。途中的施工作业最早开始时间是该作业各项紧前施工作业的最迟完成时间。同理，该工程作业的最早开始时间加上该作业所需的时间就可以得到最早完成时间。使用这一计算法则就可以计算出整个工程项目的施工总工期。

2）最晚开始时间及最晚完成时间的计算方法

最迟开始时间及最迟完成时间的计算顺序，是从最后一个作业开始计算其所需时间，然后逐次向前推移计算。将工程的指定工期作为工程整体也是最后一个作业的最迟完成时间。

最迟完成时间减去该作业所需的时间就可计算出最迟开始时间。工程中各个作业的最迟完成时间是其各后续作业最迟开始时间中的最早时间。

3）作业时间计算的规则

作业（Ⅰ）的最早开始时间=作业（Ⅰ）的各紧前作业的最早完成时间中的最迟时间

作业（Ⅰ）的最早完成时间=作业（Ⅰ）的最早开始时间+作业时间

作业（Ⅰ）的最迟开始时间=作业（Ⅰ）的最迟完成时间-作业时间

作业（Ⅰ）的最迟完成时间=作业（Ⅰ）的各紧后作业的最迟开始时间中的最早时间

作业（Ⅰ）的总时差=作业（Ⅰ）的最迟开始时间-作业（Ⅰ）的最早开始时间

作业（Ⅰ）的自由时差=作业（Ⅰ）的各紧后作业的最早开始时间的最小值-作业（Ⅰ）的最早完成时间

关键线路（Critical Path）是由各个总时差（Total Float）为零的作业所组成的线路。如果关键线路上的作业延迟了，意味着整个工程的工期就要拖后。因此，对关键线路上的工程作业的进度管理是项目整体工期管理的重要环节，这些线路上的重要作业，严格按照施工进度计划实施是非常重要的。另外，如总时差为正值的作业，表示即使该作业较计划

用词解释

有延迟也不会影响工程总工期。同样，自由时差（Free Float）为正值的作业，表示即使该作业有同值的延迟，也不会对紧后作业产生影响。

（c）资源分配计划法

工程在实施过程中的相关资源，如：作业人员数量及使用机械台数不能满足工程的需要时，就要对现存的资源进行研究制定可行的分配计划。具体的措施有调整施工的时间，将工程作业人数及使用机械的台数控制在一定数量内，使工程的使用资源尽量保持平衡稳定。在制定资源分配计划时，使用网络计划方法将施工作业所需要的人数及机械台数按照比例进行分配，计算各作业所需要的时间并将不同作业在不同时间内所配置的资源的数量绘制成图表。在现场有多个流水段同时进行施工时，还要研究决定同工种作业在不同流水段的安排。通过对施工作业的合理分配，工程的工期才能更趋于合理。

10.3　工程安全卫生管理

在工厂及建筑施工现场经常可以看到“安全第一”的大标语。这一口号是美国的钢铁生产厂商US Steel于20世纪初提出来的。它体现了安全比生产效率、成本、质量等其他因素都更加重要的企业管理方针。当然，这个管理方针是在当时职业伤害事故频发的背景下提出的。这个管理方针的实施不仅降低了职业伤害事故发生率，而且提高了产品质量及生产效率，它所带来的综合管理效果得到了整个世界的瞩目。目前“安全第一”作为建筑生产现场管理的基本方针，已被广泛执行。

建筑行业所发生的职业伤害事故较其他行业更多，这是大家公认的事实。图10.3.1显示了1989年以后日本职业伤害事故的发生现状。从图中可以看到，数年来建筑行业所发生的职业伤害事故占全体行业的1/3以上。而当时建筑行业的就业人数仅占全国就业人数的8%~10%，仅从就业人数的比率来看建筑业安全事故发生频率是非常高的。建筑行业安全事故发生率高的原因主要是：由于建筑业是现场生产的工程项目型行

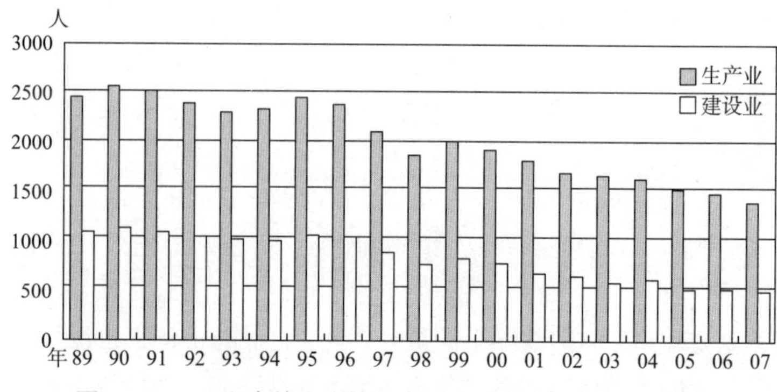

图10.3.1　死亡事故发生情况变化（厚生劳动省公布资料）

业，相关劳动人员的更换频繁，生产设备（临时设施）的大规模资金投入比较难等。职业伤害事故给家庭带来不幸，导致企业社会信誉的丧失。因此，建筑行业及各个企业必须不断地努力提高安全管理水平。

为了提高安全生产管理水平，在建筑行业工程项目发包单位与参与工程的单位结成“建筑业防止劳动灾害协会（简称：**建灾防**）”的组织，并以该组织为中心开展防止职业伤害事故的各种活动。

10.3.1 工程安全卫生管理的目的与流程

安全卫生管理的目的是保证劳动人员的身体健康及生命安全，创造舒适的施工作业环境，防止灾害事故及疾病的发生。这些都在后述的劳动基准法及劳动安全卫生法中有明确的规定。

防止事故灾害发生的对策（**风险评估**）是现场安全管理工作的中心，其管理流程详见图10.3.2。现场具体的安全管理工作由**总、分公司**及现场项目部共同参与。

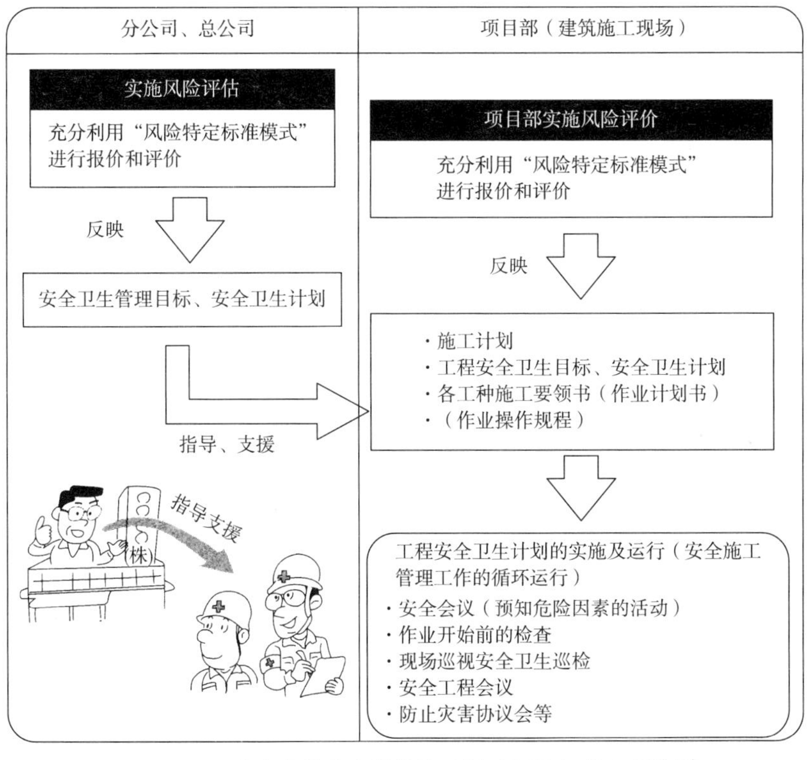

图10.3.2 防止事故发生的措施（风险评估）的流程[10-11]

10.3.2 工程安全卫生管理的项目

安全卫生管理目标及计划中所列的管理项目是相关法规中规定必须优先遵守的条款。计划中其他的管理项目包括企业的内部每天开展的管理活动，还有许多与这些活动密切相关的书面报告及记录。

用词解释

建灾防
建灾防是1964年成立，由从事建筑业的法人组成的团体。组织设立了防止劳动安全事故的规程并在组织内推行防止安全事故的活动。

风险评估
风险评估是指对工程施工现场进行风险辨识、风险评价、计算风险成本、设定降低风险的措施及风险管理实施记录的管理流程。

总、分公司
指管理工程现场项目部的分公司或者总公司。本书中主要强调其在现场安全卫生管理中与现场项目部管理项目的不同。

用词解释

特定元方事业者

在承包工程中自己仅承担其中一部分，其他发包给分包单位的承包企业称为元方事业者。

元方事业者中建筑业和造船业企业又被称为特定元方事业者。

两罚规定

在发生违反法律法规时，对违反行为人及建设单位（个人或法人）双方进行处罚的规定。

（1）相关法律法规规定的管理项目

按照劳动基准法（1947年制定）的规定，以确保劳动者的安全及健康为目的劳动安全卫生法于1972年制定完成。其中提出了《建立防止危险的标准》、《明确责任体制》、《推动自觉开展管理活动的措施》等全面提高安全管理水平的方针策略。同时还明确了参加相关管理活动的人员所必需的资格及管理的具体内容。取得相关管理资格必须按照该法的规定接受相关教育。以下是劳动安全卫生法规定的具体管理事项。

（a）安全卫生管理体制（第10~19条）

法规中规定工程现场管理组织及组织的负责人对其管理的现场应设置如下组织及管理职位，并应明确各自的责任。如，安全卫生管理总负责人、安全管理员、卫生管理员、安全卫生管理推进人、产业医生、作业主任、安全卫生总责任人、总承包方安全卫生管理人、公司分公司安全卫生管理人、安全卫生责任人、安全卫生委员会、卫生委员会、安全卫生委员会等。

（b）总承包单位必须采取的管理措施（第30条）

建筑业的总承包单位被称为**特定元方事业者**。为了防止安全事故的发生作为总承包方必须采取以下管理措施。

· 组织和协调各相关机构的设置及运行
· 负责作业之间的联络及协调工作
· 对作业现场进行巡回检查
· 对各专业分包企业实施的对作业人员的安全卫生教育活动进行指导及援助
· 编制工程进度计划、使用机械及设备的配置计划。并负责向在工程中使用该机械及设备的承包人，就使用中需采取的措施及注意事项进行指导说明。
· 除以上在日常安全卫生管理中所必须采取的措施外，还必须遵守以下规定。

（c）劳动基准监督官的权限及停止使用命令（第91、92条及第98、99条）

· 在认为必要的时候，劳动基准监督官可以进入施工现场，向相关人员质询并检查相关记录及资料，并可回收检查。
· 劳动局长或劳动基准监督署长在发现现场有违反法律的事实时，可以向施工企业发出停止施工的指令。对于相关建筑物可以发出停止使用或变更使用用途的命令。

（d）两罚规定（第122条）

法人代理人及其雇用人员或其他分包从业人员有违法行为时，以本条的规定对法人及相关人员处以罚款。作为企业则负四重责任，即：刑事责任、行政责任、民事责任及社会责任。

用词解释

（2）企业内部的安全卫生管理规程

根据劳动卫生安全法的相关法规的要求，对于安全管理的具体事项，各个企业都制定了企业内部的安全卫生管理规程。并在日常的管理活动中实施。下面将工程施工现场通常进行的具体的管理活动介绍如下：

（a）安全巡回检查

现场项目部的安全卫生总负责人每天都要对施工现场进行安全巡视，在实施全国安全周活动的特别期间内也要按照相关规定进行现场安全巡视。同时，每个月还要进行分公司、公司一级组织的现场安全巡检。除此之外，现场还要进行由各分包单位自己实施的机械设备点检及安全巡视。

（b）安全卫生协议会（防止安全事故协议会）

安全卫生协议会由总承包的施工管理人员及分包单位的相关人员组成，项目部的项目经理出任协会的议长。通常每个月召开一次会议，由项目经理向协会成员传达安全目标及相关信息。

（c）职长会（工长会）

以推动现场安全卫生活动为目的，由现场各专业分包的工长（现场负责人）组成的协会。协会通常每个月召开一次会议。总承包的相关管理人员参加会议并对安全管理工作进行指导。

（d）安全大会

现场的全体作业人员都要参加每个月举行的安全大会，以提高参加项目施工的全体人员的安全意识。

（e）晨会及安全交底会议

晨会包括，每天早晨在现场开始施工作业前，全体施工作业人员集中在一起，由总包单位的管理人员对当天的施工作业内容及安全注意事项进行说明。然后，以各个不同专业为单位由工长牵头进行安全操作规程交底，互相检查各自的安全装备，并进行作业中预知危险因素的活动（KYK）。通常在晨会前所有作业人员还要一起做广播体操，以便在作业前让施工作业人员热身并确认自己的身体状况。

（f）对新进场作业人员的安全教育

对于第一次进入施工现场的施工作业人员，由所属分包单位的管理人员进行安全教育。总承包单位的管理人员负责提供进行安全教育的相关资料并进行必要的指导及支援。

（g）施工作业开始时的点检及完成时的整理清扫

在施工作业开始前要对使用的工具、设施等进行点检。作业完成后要对作业区域进行整理清扫，以确保作业安全及产品质量。

用词解释

10.3.3 工程安全卫生管理的组织体制及指标

（1）管理体制

如前所述，现场的安全卫生管理体制包括，按照劳动安全卫生管理法的规定设置相应的会议制度及管理协会，并选定责任人。施工现场的安全卫生管理体制组成后，还要将该管理体系绘制成管理体制图并公示。在管理体制图中要明确现场事故发生时的联络途径、顺序（联络人及电话），管理体制图要在现场显眼处张贴公布。

参与工程施工作业的全体人员要共同投身于防止安全事故的行动中，并自觉地从自己做起，这对提高现场安全卫生管理水平是非常重要的。项目的全体参与人员通过参加工程施工现场每天所进行的防止安全事故的管理活动，形成了一个排除现场不安全因素的体系。如图10.3.3所示，我们将这个体系称为“安全施工循环”。图中明确表示了施工现场每天安全施工管理工作的循环，在具体的管理中还要将周、月度安全施工管理工作联系起来综合运行。在实施中要特别注意管理工作不能流于形式。在管理制度中建立施工作业人员的意见反馈机制，明确责任，树立榜样及时表彰先进是特别有效的管理方法。

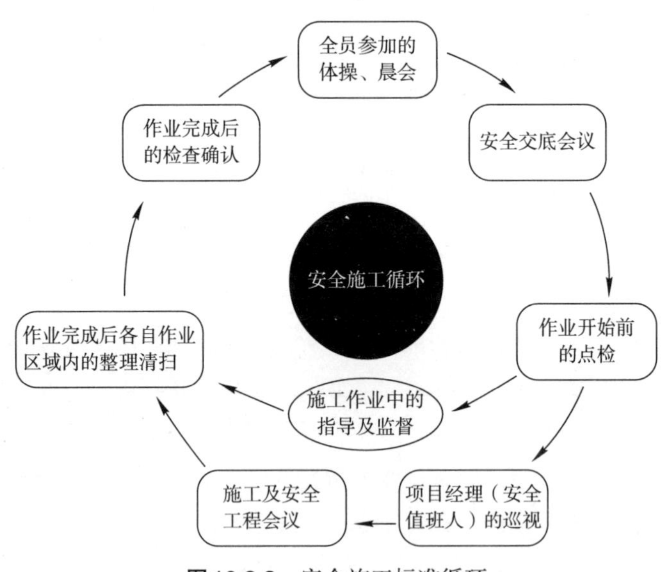

图10.3.3 安全施工标准循环

（2）管理指标

安全卫生管理的指标要数据化。在管理指标中除了安全事故发生的件数，还有描述发生频率及表示严重性的强度率。频率是以100万单位持续劳动时间内所发生事故数量，用这个数据来表示事故的发生率。强度率则是1000单位持续劳动时间内事故造成的作业损失日数，用这个数据来表示事故的大小。安全事故的损失日数是根据负伤人的残疾程度来决定的。如，事故人死亡或造成为1~3级残疾的损失日数为7500日等。

根据劳动厚生省公布的统计数字，2007年度建筑总承包企业的安全事故频率是1.95，强度率是0.33。除了建筑行业，全国行业的整体频率1.83，强度率为0.11。建筑行业的安全事故强度率是全国的3倍，即建筑业发生的死亡等重大安全事故非常之多。

安全事故频率=职业伤害事故的死伤人数/持续劳动时间 ×1000000

安全事故强度率=持续劳动损失日数/持续劳动时间 ×1000

10.3.4 工程安全卫生管理的方法与手段

（1）新型管理方法

劳动安全卫生管理法将建筑业及造船业定位为特别行业，一直以来，法律上就规定该行业的企业必须严格进行管理。在该法律制定以后的1972年，建筑业职业死亡事故占全国的一半，最近几年已经减少到35%左右。安全管理主要是通过案例学习，更多地依赖于经验及采取事发后处理型的管理方法。

最近，如质量管理技术一样安全卫生管理方法不断地向国际标准化迈进。建灾防在安全卫生管理方面按照1999年厚生劳动省提出的方针，考虑建筑行业的特殊性开发了《建筑业劳动安全卫生管理体系（COHSMS・コスモス）标准》，并开展了推动标准普及的活动。而后的2003年COHSMS评价体系开始运行并提供服务。2008年随着法规的修改，为了提高标准的整合性，取消了工程计划报审的规定。全新的COHSMS认证体系开始运行。

这个管理方法的主要特点是以“零事故”为目标进行管理，将管理工作转变为“零危险”的风险规避型管理。它还对2006年修改的《实施对有危险及有害隐患的调查，采用防止事故的手段（风险评估）来防止职业伤害事故的发生》中的相关规定事项产生了影响。这些规定事项还包括企业必须努力完成的管理项目。

风险评估一般按照以下的流程实施。

①找出危险因素；②对危险因素进行风险评价；③研究、确定解决对策；④决定重点管理项目并制定目标计划；⑤编制施工要领书及操作规程。

（2）有效的管理方法

在安全卫生管理中，一直都是通过对已发生的职业伤害事故进行分析研究，然后研讨防止同类型事故再次发生的应对措施并在以后的工程中实施。“安全事故数据库”就是一个典型的例子，使用者可以通过发生事故的相关物（机械、塔吊等）、类型（坠落、触电等）严重程度等对数据进行搜索，即可得到相关信息。通常企业都将本公司的数据收集整理组成数据库，建筑业的相关团体、组织也都建立了本行业的数据库。

在事故的分析过程中，大多采用统计的方法进行。这些方法被称为

用词解释

COHSMS・コスモス
建灾防根据厚生省1999年公布的方针开发的建筑业安全卫生管理体系。该体系的宗旨是推动建筑业安全卫生管理设施的开发、普及发展。

用词解释

因果分析图

通过分析，将不良结果与产生这一结果的原因，用图形来描述其相互作用的关系。由于图形形状与鱼骨相似，因此，又被称为鱼骨刺图。

排列图

将产生缺陷、返工、投诉及事故的原因进行分类，按照不同分类项目出现的频率大小进行排列，再将这些不同的频率项目用曲线相连而形成的图形。

QC的7个手法，其中如："**因果分析图**法"、"**排列图**法"、"直方图法"。这些手段的使用在事故发生原因的分析，研究改进方法中是十分有效的。另外，在施工现场的安全管理中引进"人-机系统"的概念，将影响安全的事项进行分解找出关键事项。这些方法如下：

（a）FTA（Fault Tree Analysis 故障树分析法）

FTA方法被广泛地应用在机械设备的危险性分析评价上。系统发生的故障称为顶上事件，以顶上事件作为事故分析的起点。将可能造成顶上事件的原因进一步分解分析，直到最底层的基本事件。建筑工程的安全管理中设定的顶上事件如："从脚手架高空坠落死亡"、"塔吊倾覆事故"等，顶上事件明确后，就要按照其产生的原因进行分解分析。

FTA方法的目的是对事件发生的概率进行定量分析。将这个方法引入到安全事故分析中，可以究明原因并将原因的相互关系图表化，按照这个关系图就可决定应采取的对应管理措施。

（b）FMEA（Failure Mode and Effect Analysis、失效模式和效果分析）

这是一种事前预防的定性分析方法。在问题发生前首先要对问题进行识别，然后采取系统的预防措施，这些措施包括"设计FMEA"及"工程FMEA"两种。在安全管理中，首先要预测事故发生的风险并按照重要程度进行定量分析，然后选择降低风险的策略（安全设备、作业流程等）。前面所讲的FTA是从最终结果开始逐层分解的方法，而FMEA则是在保证不发生问题的前提下，采取多层次的预防措施。

10.4　工程预算管理

与有固定的生产车间的制造业不同，建筑业的施工现场随工程项目而变化。每个建筑产品都有其不同的个性（用途、规模、外形等）且是订单生产。建筑行业的这些特性，对工程的预算管理也带来了如下影响。

① 由于是订单生产，其核算是以工程项目为单位组成的独立体系；

② 工程期间物价变动、不同地区的价格差异等不确定因素众多；

③ 工程在完工前就已经决定了卖价，工程的实际费用却要在工程竣工后计算得出；

④ 多层次发包导致外包较多，末端发生的实际费用不好把握。

因此，在工程的预算管理中不确定因素很多，我们在管理中要尽可能地消除这些不确定因素，使预算管理能够按计划进行。这里所说的预算管理是针对建筑工程总承包企业而言的。

10.4.1　工程预算管理的目的与流程

从企业经营的角度来看，预算管理的目的是通过采取不同的管理手段尽可能地降低企业的施工成本（工程实施成本），使之较设定的目

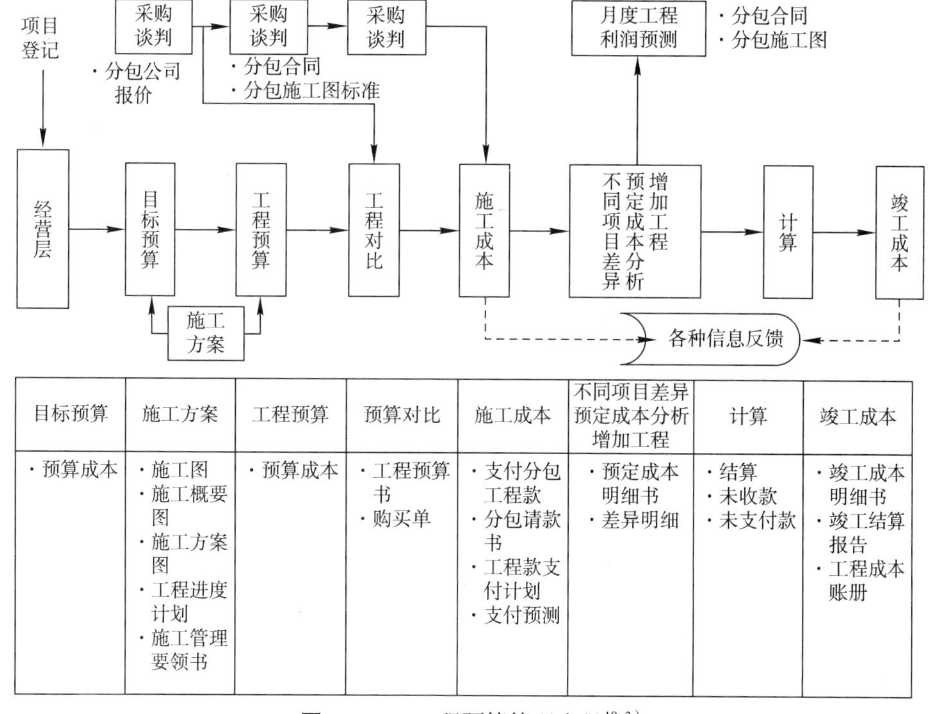

目标预算	施工方案	工程预算	预算对比	施工成本	不同项目差异预定成本分析增加工程	计算	竣工成本
·预算成本	·施工图 ·施工概要图 ·施工方案图 ·工程进度计划 ·施工管理要领书	·预算成本	·工程预算书 ·购买单	·支付分包工程款 ·分包请款书 ·工程款支付计划 ·支付预测	·预定成本明细书 ·差异明细	·结算 ·未收款 ·未支付款	·竣工成本明细书 ·竣工结算报告 ·工程成本账册

图10.4.1 工程预算管理流程[10-3]

标成本更低廉。因此，在工程的早期阶段，及时确定项目施工成本是确保企业利润的最重要的工作。图10.4.1表示了预算管理的流程。工程项目的目标预算确定后，就要通过VE（Value Engineering）活动及工程采购的谈判最终确定工程施工成本。在工程施工期间充分掌握已完成的工程量，严格按照工程量向分包企业支付工程款。同时，跟踪预算与实际发生数量的差额变化，及时预测工程的最终利润。根据合同条款及时向发包人收取**工程付款**。由于向分包单位支付工程款的时间相对错后，因此，要注意产生的利息。

用词解释

工程付款

承包人收到发包人按照合同支付的工程预付款或工程中按照承包人完成的工程量而支付的工程款。

10.4.2 工程预算的编制

工程预算（实施成本）是由企业的报价人员，依据设计文件的要求，按照相关规定对所含项目的数量及价格进行计算得出的。为了达到目标成本，施工管理技术人员首先要根据图纸预算数据决定施工方案，确定最终采购价格。为了便于财务的收纳和支出管理，工程预算数据按照不同的工程、工种及不同的发包单位分别整理。详见图10.4.2。

消除工程中施工顺序不清，使用机械设备不明等不确定因素，预先制订详细的施工计划并预测实际工程实施状况，是编制工程预算的前提。在编制工程预算时，需要从工程内容及采购方法中的以下三个方面进行考虑。

用词解释

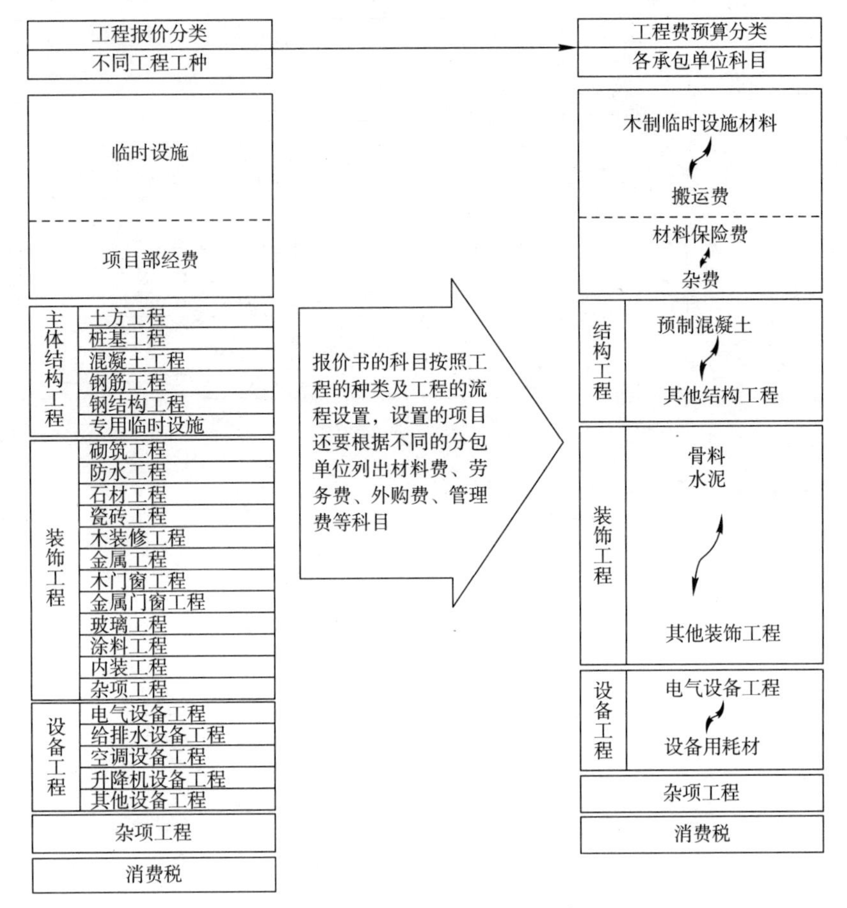

图10.4.2 施工报价科目[10-3]

① 临时设施关系：边坡防护、脚手架、垂直运输机械等设备。这些都随着施工方案而变化，也是能够充分发挥承包商自有施工技术水平的领域。

② 材料关系：钢结构、钢筋、混凝土、机械设备等。工程中这些材料通常都是公司材料部门统一直接从厂家购入。

③ 劳动力关系：木工、钢筋工、架子工等工种。这些都是服务于项目主体结构施工的主要工种。这些专业分包单位通常是采纳工程项目部的意见进行选择的。

10.4.3 工程施工中的预算管理

工程预算确定后，工程就要按照计划推进实施。在实施时实际费用数据应不断地与工程预算及目标成本进行对比，也就是说要时常掌握工程是否能够达到“计划利润目标”。这也称为利润管理。利润管理是统计已支付的工程款项，计算今后在不同情况下可能发生的支付费用，从而最终预测出施工总成本及利润的管理方法。

（1）临时设施的优化

临时设施是由施工者来使用的。设施是否合理适用、是否过剩这些都是由施工人员来判断的。但是管理中必须坚持安全第一的方针，影响安全的“节约”措施不仅带来安全上的隐患，还会产生工程质量上的缺陷。

（2）VE方案

不仅仅是前面提到的临时设施，在不同工种的施工管理中都要使用VE方法降低工程施工费用。通常在设计阶段提出对于工程项目的VE方案是完全可能的，其效果也非常显著。同样，在施工阶段也可以实施很多VE优化方案。如，为避免由于质量缺陷而产生的返工而采取的方案及方法（如改变材料机械的进场、材料搬运等）。为缩短工程工期而提出的改革方案。这些方案不仅能降低临时设施的租赁费同时也能够降低项目部的办公等经费。这些都是降低工程费用的有效手段。

10.4.4 工程施工中的预算管理的手段

随着电子计算机的发明及其技术的不断发展，工程数量计算、预算报价及预算管理等工作也发生了显著的变化。20年前在预算工作中还在使用算盘或计算器，而现在几乎所有的工作都是由系统化的计算机来完成的。大多数企业都开发了适合本公司的预算、概算系统及成本管理体系，并在公司内部的日常管理中运行使用。同时，社会上的一些软件设计公司面向中小企业开发了不同的管理用软件。企业可以购买并通过使用这些软件来管理公司的相关事务。下面就使用网络及数据库的管理方法说明如下：

1）计算机网络的使用

最初的管理系统是相互独立地使用并运行各个计算机的。随着计算机网络技术的发展及设备的普及，更多的建筑企业将管理票据的处理及管理资料的提交业务在网上完成。设置计算机管理网络系统，在线上公司的相关管理部门能够随时掌握现场预算管理状况，这使公司与现场的关系产生了很大的变化。另外，在材料物资调配方面，充分利用网络快捷性，使得采购工作迅速高效。如：在公司网站的主页上招募分包商等，这些方法彻底改变了以前依靠分包协力会组织的招标方式。

2）数据库的使用

随着采用电子计算机作为手段对公司进行管理，预算报价、工程成本及实际施工成本等数据均被作为重要信息并储存成电子数据。通过对存储数据的信息反馈，可以借鉴过去的成功管理经验。同时，在编制施工方案及与预算报价文件工作中，参考VE方案及QC管理相关的数据可以提高方案的针对性。在预算管理上，充分利用相关团体组织、软件公司发布的数据资料及机械、材料厂商的产品说明资料是非常重要的。

用词解释

工业废弃物

废弃物是自己不能再使用又不能有偿转让给他人，即无用的物品。废弃物又被分为一般废弃物和工业废弃物。工业废弃物是在工业产品的制造等活动中产生的废弃物。它包括燃烧后的废料、污泥及费油以及建筑造船业产生的纸屑、木屑及废纤维等共计20种。工业废弃物以外的废弃物，被称为一般废弃物。

10.5　工程的环境管理

1990年以后，世界上对地球环境问题的关心不断高涨。其中，人类的活动导致的全球变暖，动植物消亡导致的生物多样化的减少及二氧化碳的大量排放问题，是摆在我们面前的最大问题。对于人类在20世纪所进行的大规模生产、超前消费、大量垃圾的废弃所产生的问题，应该对社会整体的生产体系进行改革，使之达到适量生产、适度消费、最小排放的目标。

10.5.1　工程环境管理的目的

图10.5.1为建筑行业工业废弃物排出量图。建筑行业的**工业废弃物**排出量约占整个工业排放量的18%。也就是说，我们必须认识到建筑行业是产生垃圾的“大户”，必须进行治理及改善。

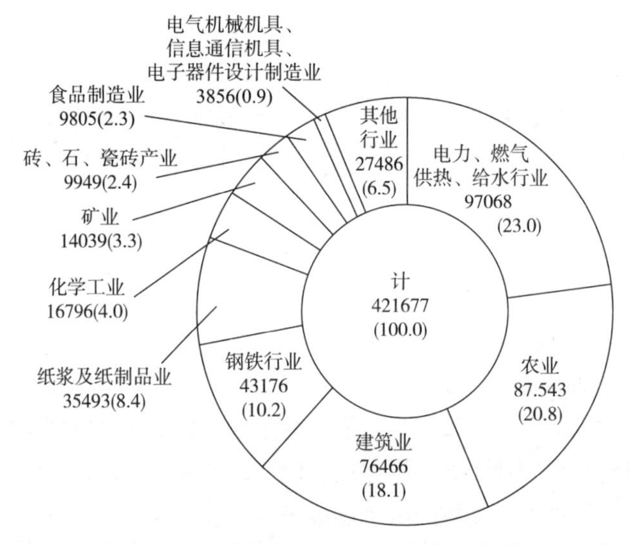

图10.5.1　不同行业工业废弃物排放量（2005年版，括号内为百分比）[10-7]

在2001年开始实施的推进建设循环型社会基本法中，明确规定：①抑制废弃物的产生；②促进可循环资源的循环再利用；③确保对废弃物进行适当的处理来降低其环境的负荷。“抑制废弃物的产生”就是减少（Reduce）垃圾排放量。“促进可循环资源的循环再利用”就是将垃圾变成再生资源，即将垃圾再次作为资源重新使用。垃圾的再利用包括，垃圾的直接利用（Reuse）及作为循环资源的使用（Recycle）。这三个方法称为“3R”。“确保对废弃物进行适当的处理”就是对最终产生的不能作为资源使用的垃圾进行适当的处理，避免破坏环境。图10.5.2中显示了违法废弃物排放数量。其中，建筑行业排出的违法废弃物约占违法排除废弃物总量的73%。根据环境要求在垃圾排放前，必须首先对有毒物质进行无公害处理并采取降低排放量的措施。在建筑物的全寿命周期中，排出的二氧化碳量最多，其中在建筑的报废拆除及废弃物处理时期，其产生的排放物对地球环境的影响非常大。为了减少对地球环境的影响就要采取有效的手段来延长建筑物的寿命。1994年Gunter Pauli提出了“零排放设想研究”。这个研究的中心是将某行业排出的废弃物作为其他行业的原料进行使用。通过循环使用，使整个社会接近于“零排放”的工业产业社会。这其中不仅仅是建筑产业还要协同其他行业，创建全社会的环境保护体系。

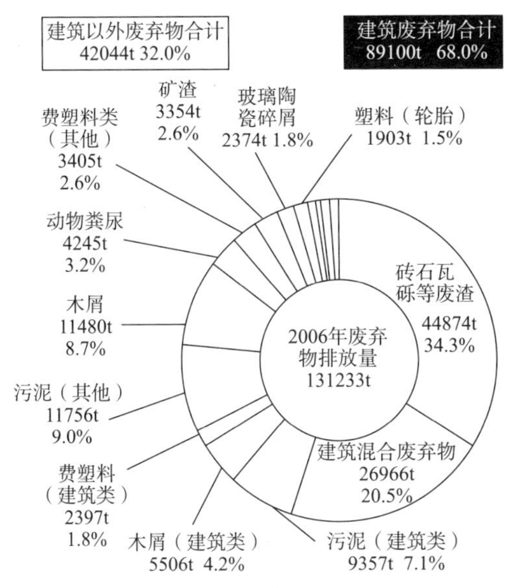

图10.5.2 工业废弃物违法排放状况，《违法排放物分类》（2006.12.26）[10-8]

环境管理不仅包括对地球环境的管理，还包括各地区环境的保护管理。主要的保护对象有：

①危险物的保存及保管；②作业噪声及振动检测；③排水；④含化学物质材料的保管；⑤建筑的保存及保管；⑥工程车辆的运行等。

10.5.2 工程环境管理的组织体制

近年来社会上的环境管理体系分为以下几个层次，即国家层面的管理体系、建筑行业的管理体系及建筑企业内部的管理体系。

国家的管理体系包括环境保护的各项法律法规的制定及实施。法律法规的方面1994年8月《环境基本法》、2001年1月《**循环型社会形成推进基本法**》、同年4月《废弃物处理法》、《资源有效利用促进法》、《Green 购入法》、2002年5月《建设Recycle》等相关法律进行了修订并全面实施。

用词解释

循环型社会形成推进基本法

作为公布该法的目的，第一条中说明了按照环境基本法的理念，编制推进形成循环型社会的方策及其他相关措施所必需确定的最基本的事项。明确这些基本事项后就可以着手推进实施形成循环社会的具体策略。

用词解释

环境管理体系（ISO14001） 建设单位在建设工程项目中以环境为宗旨进行相应的管理，首先树立环境目标及方针，并在工程进行中实施必要管理的活动就是环境管理。与环境管理相关的管理系统、组织及各种管理上所需的手续等组成了环境管理体系。这其中ISO14001是应用最广泛的管理体系。ISO14001管理体系是由ISO（国际

在建筑行业，日本建设业团体联合会、社团法人日本土木工业协会、社团法人建筑业协会这三个团体于2003年联合制订《建筑业的环境保护自主行动计划（第三版）》。

在建筑业的各个企业引进了**环境管理体系（ISO14001）**。在企业内部建立了环境管理体系并开始运行。这个管理体系在企业内部确立环境管理方针，明确了相关责任人及任务分工。企业内部的管理人员按照该体系的管理流程对环境因素进行管理，并将管理数据按规定做好书面记录。

10.5.3　工程环境管理的方法与流程

图10.5.3表示了在工程的建筑施工阶段环境管理组织结构。这个环境管理组织有以下几个重要特点：①明确了从公司总经理及分公司经理

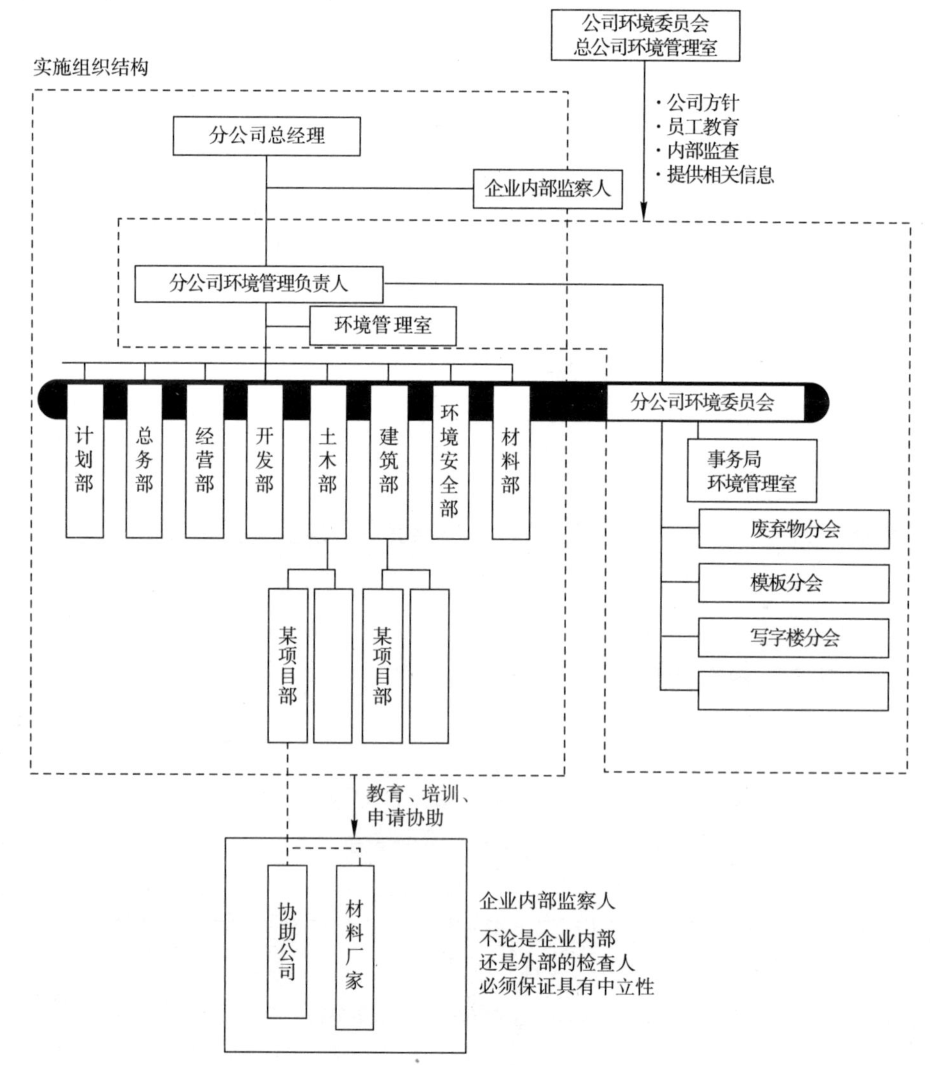

图10.5.3　建筑施工阶段的环境管理体系的组织结构实例[10-9]

到每个普通员工，公司全体人员的责任及权利义务。②在日常管理中建立环境管理体系，进行必要的培训，确保相关经费的投入，做到相关信息共享。③管理体系设置专职管理人员，并赋予其相应的权利并明确责任。④建立企业内部监察管理体系，推动日常的管理工作并对企业的环境管理实施状况进行客观的评价。

图10.5.4表示了工程施工现场环境管理的流程实例。工程施工现场在接受了公司或分公司设定的环境管理方针及施工部门的重点管理目标后，就要围绕着这个方针目标制订项目部的环境管理方针。同时，制订现场工程环境管理方案，并按照要求实施。

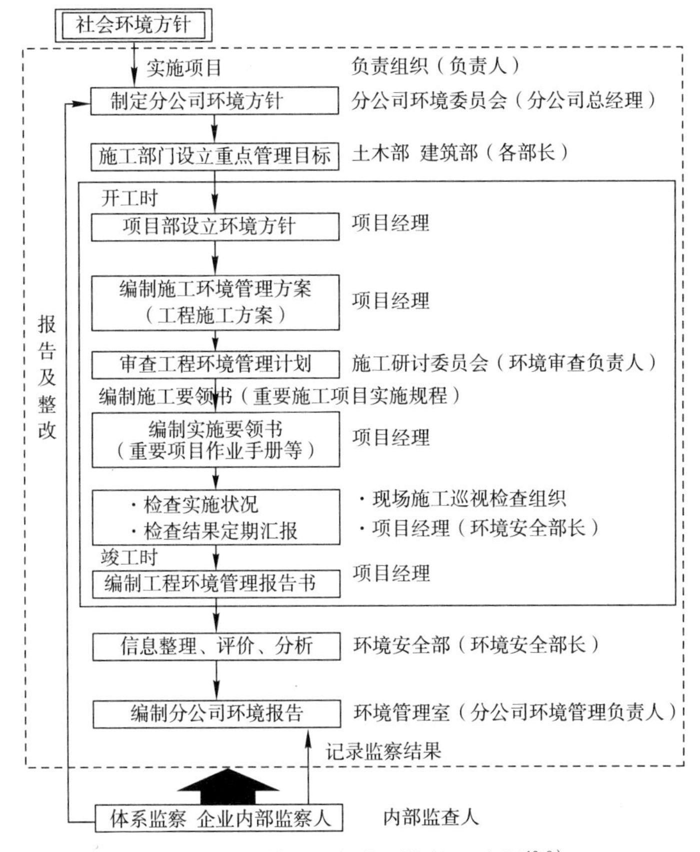

图10.5.4 施工现场的环境管理流程[10-9]

10.5.4 工程环境管理的方法与手段

在工程的施工阶段主要的环境管理方法及手段有，①环境影响评价；②废弃物的分类及分类拆除施工；③处理过程中按照Manifes制度，对废弃物种类、重量、经手人及处理结果进行登记备案后，再进行适当的处理。

（1）环境影响评价

由于建筑项目是订单型的单一生产，其项目的环境管理体系也必须

用词解释

标准化机构）制定的环境管理国际标准。ISO14001对环境管理体系的组成有明确的规定。

用词解释

与工程项目相适应。每个不同的工程项目都有其本身特有的重点管理项目。环境影响评价应该按照以下三个步骤进行：①环境因素的识别；②明确重要环境因素；③登记备案并确定环境管理目的及目标。

通过对具体项目的环境管理、影响环境的原因及影响环境的具体内容之间的相互关系的分析，确定环境因素。对确定的环境因素按照以下三个风险水平："影响的重要性"、"影响的量值"、"发生的可能性"进行评价，确定重要环境因素。重要环境因素明确后，要对其进行登记记录并对其管理的实际效果进行评价。最后，明确环境管理目的及目标。

（2）废弃物的分类及分类处理

在"废弃物的处理及清理的相关法律《废弃物处理法》"中规定，废弃物是自己不能再利用且不能有偿转让给他人的物体。废弃物又被分为一般废弃物及工业废弃物。工业废弃物是伴随人类工业生产所产生的，这些废弃物又被分为燃烧灰渣、污泥、废油、废塑料、纸屑、纤维屑等20个种类。特定的生产活动所排出的纸屑、木屑、纤维屑等称为工业废弃物。而这些特定的生产活动以外排出的纸屑、木屑、纤维屑，并不能称为工业废弃物，而是属于一般废弃物。通过对工业废弃物的分类就可以对这些废弃物进行循环再使用。废弃物的分类体现了"混合一体为垃圾，分门别类变资源"的理念。

建筑物的报废拆除施工方法分为以下三类：①人工拆除后对拆除的材料进行分类；②人工、机械协同拆除后对拆除的材料进行分类；③机械拆除后对拆除的材料进行分类。其中，机械拆除后对拆除产生的材料进行分类比较困难，人工作业速度慢工作效率低。而人工与机械协同拆除的方法能够充分利用人工及机械两方面的优点。

（3）按照Manifest制度对废弃物进行适当的处理

废弃物的处理也是一个社会问题。在建筑行业按照Manifest制度的规定，对建筑废弃物进行综合的处理。废弃物经历了从排放企业排出，专业公司将废弃物运到**中间处理企业**及**最终处理企业**进行处理的流程。Manifest制度规定，在不同的流程中必须使用Manifest票据对废弃物进行登记及确认。在Manifest票据中明确地记录了废弃物的名称、数量及形状。

中间处理企业
为保证废弃物的稳定性，提高垃圾最终处理的效率，需要对废弃物进行处理的工作称为中间处理。进行废弃物中间处理的企业称为中间处理企业。废弃物的中间处理包括，垃圾分类然后将其中的木屑级纸屑进行粉碎及焚烧，对混凝土及废塑料进行粉碎、熔化及成型的作业。

最终处理企业
对废弃物中难于再使用（Reuse）、再资源化（Recycle）的垃圾进行最后处理的企业，称为最终处理企业。废弃物的最终处理包括，废弃物的减容化、稳定化、无机化、无害化及最终填埋。在垃圾填埋处理厂还要首先对废弃物进行分类，然后进行填埋处理。分类填埋的原则是①在隔离型垃圾处理区域内采取防止有害物质渗出污染土壤的措施后填埋有害物质超标的垃圾，②在稳定型处理厂填埋性能稳定的垃圾，③在管理型处理厂填埋上述工业垃圾以外的废弃物。

10.6　工程资源调配管理

在建筑生产领域中资源调配管理的任务是对工程项目所需的材料、劳务、设备机械及临时设施等进行合理的安排调配。

10.6.1　工程资源调配管理的目的

资源调配管理的目的是确保按照要求的质量，在预定的时间，以合

用词解释

适的价格，提供所要求数量的资源。资源的调配还必须做到连续并且稳定。要达到以上管理目的,在日常管理中以下两点是非常重要的。①进行全面的成本管理（Total cost management）；②合理选择分包企业。

全面成本管理不仅仅着眼于产品从厂家购入的价格，通常除了材料劳务费用外还包括物流运输费用、相关质量费用、相关库存费用及维护保养等费用。在调配管理中必须全面考虑建筑生产相关的各个方面的流通环节，进行综合的调配管理。

在合理选择分包商方面，不能停留在习惯上的落后评价标准上。充分利用网络工具的快捷高效、覆盖面广的优点，在网站上进行公开招标。根据各投标企业的报价资料综合选择合适的中标单位。这样的公开招标不仅能够保证企业的竞争力，同时也提高了企业的资源调配管理水平。总之，在选择分包商时要 全面考虑质量、安全等因素，综合评价最终确定。这样，资源的调配管理就能够平衡竞争与协调的关系，使工程的调配管理达到更高的稳定水平。

10.6.2 工程资源调配管理组织体制

为了实现合理的资源调配管理，企业首先要形成一个完善的管理体系。这个体系要能够合理及正确地评价及判断诸如：①确保提供资源的质量；②确保进场时间；③决定价格；④选择厂家诸多方面的问题，并能够做出正确的决定。“保证质量”是企业信誉的直接反映。从长远的观点看，保证质量在管理上是最重要的。“确保进场时间”则直接关系到现场及整个工程项目的工期，必须考虑严密。如进场时间不能够保证，现场可能就要采取改变工程结构及施工方法的应对措施。现场工程管理中要根据实际要求，调整合同上的进场时间。对厂家要求过于紧迫的进场时间，可能还会导致成本的提高。“决定价格”意味着，在优先考虑到质量及进场时间的因素后，必须严格按照竞争的原则确定价格因素。在确定了质量、进场时间及价格等因素后，还必须重点考虑巩固长期持久的信赖协作关系，最终决定正确的选择。

解决以上诸方面的问题，通常仅靠总承包企业内部的材料部门是不能做出正确决策的。选择厂家还要充分考虑其企业的工程质量及工期等综合业绩，同时还需要总承包企业内部其他部门，诸如工程技术部门的协助。

10.6.3 工程资源调配管理的方法及流程

图 10.6.1 为通常机械材料采购的流程。

物资采购的管理方法分为集中采购及分散采购。集中采购是将采购机能集中到一个部门，由该部门制定严格的管理策略，根据工程所需的数量在确保经济性及供货稳定性的基础上进行加工订货。分散采购是将

用词解释

物资的采购工作放在工程所在地区，进行相应的价格交涉的采购方法。

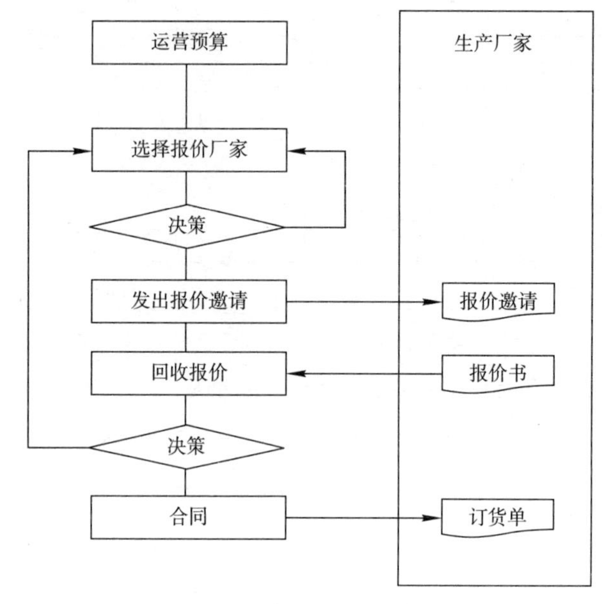

图10.6.1　采购工作的一般流程

ICT

一直以来我们将信息技术简称为IT（Information Technology），随着研究活动的发展，近些年来包含信息互通的ICT（Information and Communication Technology）被越来越广泛地应用到实践中。

网络采购

充分利用互联网，并通过互联网络进行物资及劳动力的采购行为称为网络采购。在传统的建筑工程的采购中，通常都是在更加重视持续的合作关系的前提下进行采购。而使用互联网进行采购能够简化交易手续、促进竞争并能够提高工程采购的效率。

近年来，随着举世瞩目的ICT的发展，在资源调配管理中出现了①**网络采购**，②团体采购等全新的采购方式。

随着网络的普及，它可向买家提供一个具有竞争力的合理交易体系。在这个体系中任何人都可以购买到最低价格的商品。

随着这个交易体系的不断发展完善，可以预见在建筑生产领域有相当比例的物资可以通过网络购买，这样建筑生产也可以建立成开放型的生产体系。这是建筑生产领域今后的重要研究课题。

以前，物资采购都是以一个现场、分公司或企业为单位进行。随着大量采购的优势不断被人们所认识，多个企业共同进行的集中采购方式也开始出现。企业常用的材料、机械设备及构件都可以以“量”的优势进行采购。

10.6.4　工程资源调配管理的方法与手段

在物资调配管理中，合同的签约方式是十分重要的。现在采购合同已从以前的书面合同开始向电子合同转变。

建设业法规定，在签订建筑工程合同时，合同内容必须包括相关的重要约定事项，签约双方必须相互交换合同书。这一合同方式被称为“书面主义”。2001年4月建设业法及相关法令的修改规定中正式承认了电子合同方式。

（1）一般合同方式

工程总承包单位与作为分包的专业承包企业之间是以“工程分包

合同通用条款”及“工程合同（订购单等）”为基础签订合同的。工程分包合同通用条款是适用于合同工程的条款。为防止引起以后双方的争议，这些条款经双方同意事先确定。条款包括：工程内容、合同金额、工程开工及竣工日期、工程款支付方法、条件变更的规定、损失的赔偿规定、价格等变更的解决方法、对第三者损失的赔偿费的规定、甲方自购及甲方提供材料、检查完成时间、合同履行延误及不履行债务条件下的违约金、合同争议的解决办法等。合同条款作为工程合同的前提，合同则类似于商品采购时的订购单。

（2）电子合同

“CI-NET Lites S 实装规约 V20”规则是由**建设业振兴基金**财团大力推广的，在工程的物资调配阶段企业间EDI（Electronic Data Interchange/电子化交易）的重要成果。这一规则确立了企业间通用的格式，使企业间的合同签订实现了高效化、系统化。

10.7 生产信息管理

由于建筑生产的产品具有一次性的特点，因此要实施项目型的管理。在不同的工程项目中，由发包人选定设计单位及施工单位并形成推进工程的组织，因此这个组织中各个相关单位之间的信息沟通是十分重要的。在这里信息沟通包括三个重要的部分，即：信息的传递、信息的共同享有及信息的记录。在日本一直以来工程的设计变更及过程中出现的问题的整改，多是在责任不明确的模糊状态下进行处理的。随着管理水平的提高，必须明确工程各参与方的义务和责任，因此，合同文件及工程记录的保存及共享就变得更加重要。

10.7.1 工程生产信息管理的目的

在建筑工程项目中，生产信息的管理首先要将信息整理划分为4个方面，它们是①项目信息，包括设计文件、施工图纸及加工图。这些又被定义为“设计数据”的信息管理。②过程信息，包括施工方案、工程计划及操作要领书等，即工程实施所必需的“实施数据”的信息管理。③维修保养信息，包括在项目施工阶段积累下的，为竣工后保修服务的信息的管理。④已发生数据库，包括为同类工程项目提供参考的实际数据的整理。

上述中①~③项是工程项目的具体信息，其信息要在综合考虑项目的整体综合优化的原则下进行管理。另外，④项则是不同工程项目发生的信息，它可以以企业或行业为龙头进行数据库的维护管理，并可以向其他工程提供信息的参考服务。为了保证这些信息能够高效地服务于建筑生产，相关管理单位要及时地对相关数据进行收集、整理并及时更新数据库。

用词解释

CI-NET

CI-NET是英文Construction Industry NETwork 的简称，被称为建筑产业网络。以这个网络为平台将与建筑生产相关的各个相关企业之间的信息进行交换，从而实现全面提高建筑产业整体生产效率的目标。CI-NET不仅提供与建筑生产相关信息服务，还可以在这个平台上开展物资交易、代理业务及政府部门的审核业务。

建设业振兴基金

为了保证中小建筑企业资金的稳定，改革建筑行业的产业结构，实现合理化及现代化，财团法人建设业振兴基金提出并推行与建筑业管理有关的考试及认证。其中，CI-NET就是为推动建筑业信息化发展而建立的。

用词解释

10.7.2 工程生产信息管理的组织体制

与建筑工程项目信息管理有关的组织有：①政府部门；②建筑业主（发包人）、设计及监理单位；③施工管理单位及专业分包单位；④施工企业总、分公司员工；⑤现场四周住户等相关单位；⑥网络信息（互联网及企业内部网络）。

信息管理方式多种多样，既有这些相关单位部门在行业内不同层次的信息管理，也有以项目为单位的信息管理的方式。以下从构成管理组织的不同点着眼，介绍主要的管理体系。

10.7.3 建设CALS与EC

1995年建设省（已更名为国土交通省）成立了《公共事业支援整合体系研究会》，开始了推动公共事业领域实现CALS/EC的活动。如图10.7.1所示，CALS（Continuous Acquisition and Lifecycle Support）是企业之间或企业的各个部门之间为了缩短新产品开发时间、降低成本及提高产品生产性能，将产品设计、制造、流通、保存等全生命周期中的各个阶段的信息进行电子化并使用互联网进行技术信息及交易信息的交流及信息共享。EC（Electronic Commerce）被译为“电子商务”，即在网络上进行商品交易。

建设CALS/EC是由“信息的电子化”、“利用通信网络”、“信息共享”这三个要素组成的。2001年实施程序进行了修改，2004年开始了对未来时代CALS/EC的研究。支持这些信息管理的方法及手段有：①整合后的共享数据库；②**电子招标投标**；③**信息存储**。

（1）整合后的共享数据库

共享数据库是以工程项目为单位从策划阶段到设计、施工、维修保养各阶段收集各种信息，并统一管理使之成为相关管理者资源共享的工具。设计及工程进展的最新状况信息的及时共享，能够更有效地对项目实施管理并根据情况提供所需的协助。

（2）电子招标投标

《关于促进公共工程招投标及合同的健康发展的法律》于2001年制定，同年互联网上的电子投标开始实施。公共工程电子投标的目的是为了：①确保工程招投标的透明性；②促进公平竞争；③保证工程施工的正常进行；④消除不正当行为。电子投标还能够提高工作效率，节省人力物力。2001年4月以向社会公开工程交易信息为宗旨的“招投标信息服务”开始实施。

（3）信息存储

国土交通省所属的工程项目于2001年开始实施信息电子数据存储。图纸的CAD数据按照开发的平面CAD数据格式标准SXF（Scadec data eXchange Format）的标准进行存储。SXF标准是以国际通用标准为目标开发的。

电子招标投标

电子招标投标是由政府招标管理部门及参加工程投标的建筑业企业参加的，以网络为平台进行的工程项目的招投标活动。由于引进了电子化，能够提高招投标双方的工作效率并节省人力物力。

信息存储

信息存储是将建设工程项目中调查、设计及施工等各个实施阶段的成果资料制作成电子文件进行储存的工作。设计图纸、施工方案、工程实施记录照片、竣工图纸等资料数据均可以制作成电子信息进行储存。使用这些电子信息可以提高工程中各项工作的效率，工程完工后同样可以充分利用。

实施程序

	阶段1 1995-1998	阶段2 1999-2001	阶段3 2002-2004
整体目标	在全生命周期各个阶段实现CALS/EC		
调查、设计预算阶段	·建筑预算格式标准化	·建筑预算单的电子化及数据输入预算系统 ·成果数据的信息存储	·成果数据存储系统
投标合同阶段	·开发电子物资调配体系 ·线上资格认定及工程申报	·引进电子物资调配体系 ·投标合同阶段EDI（电子化交易）的试用研讨	·全面引进施工等电子化物资调配系统（2003年）
工程施工阶段	·照片管理标准（案）的修订	·对完成工程的图纸文件数据进行电子存储 ·工程施工中承发包人之间的信息沟通并开始信息共享	·全面引进工程等成果数据的电子数据化储存系统
维修保养阶段	-	·引进线上维修保养系统（局部设施）	·对GIS（土地地理信息系统）的光纤数据交换系统的开发
各阶段共同事项	·互联网试用环境的建设	·项目相关信息的电子邮件交流 ·确立电子认证系统 ·引进电子裁决系统 ·设立标准化推进组织	·开发建设决策支援系统

未来时代CALS/EC

图10.7.1 CALS与EC的实施程序[10-10]

10.7.4 互联网信息：资源调配及合同

互联网已经成为交换及提供与建筑生产相关的各行业多种信息的平台。比如，建筑材料企业在其公司网站的主页上公布物资信息。这其中有社团法人日本建材及住宅设备产业协会的“KISS（Kenzai Information Service System）”及社团法人经济调查会的“**建设广场**”等网站。

工程总承包企业在其牵头组织成立的协助会中，将作为分包商的专业承包公司选定为会员。工程的交易及签约均在协助会范围内进行。随着对互联网的应用的意识不断提高，总承包企业也开始认识到它可以使工程招标的范围更加宽广的优点，并开始在实际资源调配中使用。互联网正在为建筑生产构建全新的资源调配方式。

10.7.5 内部网络信息：数据库及信息系统

内部网络不像互联网络具有广域公开的信息体系，它是以企业或者以工程项目为单位组建的信息管理体系。利用内部网络进行企业或项目的信息管理也在不断地发展普及。在工程项目的施工管理中，总承包将其现场与公司、分公司通过计算机内部网络联系到一起。这样

用词解释

KISS
KISS是Kenzai Information Service System的简称。它是通过日本经济产业省认证的，从属于住宅设备产业协会社的社团法人组织。该组织开发并运行建筑材料及设备机械信息数据库系统。KISS是提供建筑材料及设备机械信息的综合门户网站。该网站收录有大量的建材及机械设备等信息，在这个平台上使用者能够通过搜索相关质量及性能的信息更加合理地选择材料及机械。

建设广场
建设广场是由财团法人组织经济调查会经营的建筑综合门户网站。网站目录中收录有建筑建材数据信息库。在该门户网站可以通过自由词及厂家名称进行搜索，所需信息会快速地检索识别。

用词解释

相关人员都可以使用该网络获取信息，更好地进行工程管理。计算机内部网络与互联网络不同，它具有很好的安全性，仅限被认可的相关人员才能使用。

（a）内部网络数据库

企业经营至今已经积累了大量工程质量、安全、事故信息。如何充分利用这些信息财产，越来越受到人们的重视。由于工程项目的特点，工程现场分布在各个不同的地区。通过设置内部计算机网络，相关管理人员就可以在施工现场直接获得相关信息的支援。

（b）内部网络中的企业内部报告体系

企业在日常的运行中，各个相关部门、人员之间相互联系、汇报、协商是非常重要的。由于建筑生产具有一次性的特殊性，生产活动大多数在施工现场进行，相关人员直接的交流非常困难。计算机内部网络很好地解决了这一难题，它能够方便快捷地将现场项目部的信息及时汇报给分、总公司。

10.7.6　移动式计算机

1990年下半年，PDA（Personal Digital Assistants：掌上电脑）为代表的便携式电子计算机开始迅速普及。对于建筑生产这样在室外工作的行业，掌上电脑是非常方便高效的工具。特别在高层住宅工程，还针对其检查项目繁多的特点开发出了掌上电脑专用的装饰工程检查系统程序并得到了广泛应用。由于掌上电脑的出现使现场发生的数据信息能够及时高效地存储并传出。目前，手机已成为社会上广泛使用的电子产品，在施工现场它已被作为信息交流及数码相机来使用。将手机增加专门的附加功能、第三代的电视电话也将使用到建筑生产活动中。视频功能研究人员希望开发出充分利用手机的更多管理技术方法。

10.8　工程施工扰民问题及政府相关部门的策略

10.8.1　现场施工扰民问题

工程项目施工中产生的与现场附近居民的争端有增加的趋势。这个现状是在居民对自有建筑物的景观、安全及灾害等的意识不断提高的背景下产生的。而且，与周围旧建筑物之间的距离狭窄的新建工程项目在逐渐增加。面对出现的这些问题，各个地方政府采取了，工程开工前必须召开由建设单位牵头的项目施工说明会等减少发生争议的措施。为了得到现场周围居民的理解使工程顺利进行，在施工中研究采取相应的技术措施也是十分重要的。工程现场发生的扰民问题根据其具体情况，由建设单位或施工单位负责应对解决。即使是建设单位的责任，在现场实际协商时多数由施工单位出面解决问题。

在与现场周围的居民进行协商时，首先要有社会责任感并以自己的诚意建立起相互信任的友好关系。在处理扰民问题时，最重要的是疏通好与居民的人际关系。尊重地区的风俗习惯，调查掌握现场地区节假日等活动详情与他们在感情上加深理解。同时，要对过去发生的争端事件进行分析研究，从发生原因、协商过程及解决办法逐一学习。特别要注意由于新闻媒体的介入报道，可能导致的问题复杂化、争端严重化的困难局面。成立由建设及施工单位相关部门组成的协调小组，根据具体情况联合应对是十分重要的。

图10.8.1表示了解决施工现场扰民问题的流程及进度。对扰民问题要重视，下大力气在工程开工前解决完成。

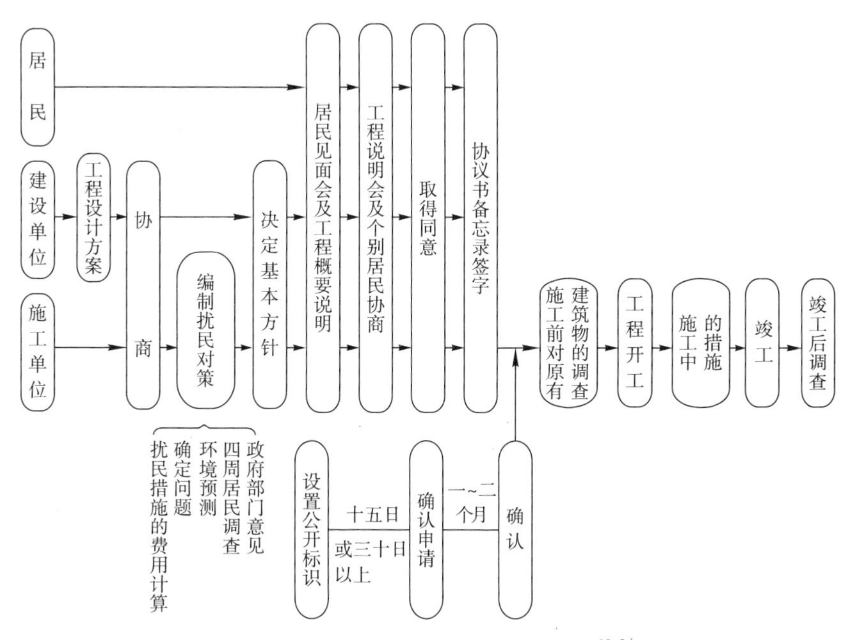

图10.8.1 对应扰民问题的基本流程[10-3]

（1）开工时的对策

为了与工程现场附近的居民建立起良好的信任关系，工程开工时首先要与他们打招呼。表示诚意，面对面地请求居民们的理解及配合。工程施工期间，施工单位作为地区的一员自觉遵守各项规定是非常重要的。

在扰民问题中，实际采取的策略应该包括以下事项的调查，调查现状要得到居民的承认。

① 邻近建筑物：建筑物名称、业主、竣工日期、面积及结构形式等。

② 环境预测：日照图、**高楼风**预测图、电波障碍预测图、噪声振动预测图等。

根据环境预测的结果，与可能受到影响（噪声、振动、地基下沉及灰尘）的建筑物的所有人或管理人进行协商。在协商中提交附有照片的

用词解释

高楼风

高层建筑物四周狭窄范围内产生的风。根据建筑物形状及其四周的具体状况在建筑物周围产生的峡谷风、开口部风、穿堂风及下冲风等。

用词解释

现状资料并做详细说明。对有可能产生妨碍居民生活的问题，要采取相应的防护措施。事先就防护措施及补偿方案与居民们耐心协商，必要时双方还要签署相关协议。与居民协商事宜一般包括：施工停工日、施工时间、特殊施工前的沟通、物资进退场的路线等事项。

（2）施工中的扰民措施

施工中必须遵守与居民们签订的协议，为了维护与居民之间的信任关系必须做好以下相互沟通的适宜。

① 设置问题投诉通报联络人并向居民们公开；

② 将决定具体工程施工的方法告知居民。对有噪声及振动的施工事先通报工程时间并进行说明；

③ 对步行者特别是因上学需通过的学生要采取十分严格的安全措施；

④ 接到投诉时，要迅速、有礼貌地应对，对居民造成损害时应诚挚地道歉并采取让对方心悦诚服的措施。

为了防止事后产生争议，与居民们的交涉、协商包括电话联系均要做详细的记录。

（3）竣工后的扰民措施

工程竣工时应该诚挚地向在工程施工中给予理解并提供支持的居民们当面致谢。同时，对居民房屋的现状与开工时做的调查报告进行对照，检查是否有变化。这些变化如果有可能是由于施工造成的，应该及时与住户协商并立即进行修理。

竣工时不论是否对居民造成损失，都要认真对待工程施工的扰民问题，这是非常重要的。这样才能获得居民的真正理解。

10.8.2　政府行政部门的管理

实施工程项目必须的申请等资料必须及时提交政府相关部门，否则会延误工程进度并直接影响施工单位乃至建设单位的信用。建筑基准法、道路法、河川法、下水道法、噪声及振动规制法、产业废弃物法、建设循环利用法、劳动基准法、劳动安全卫生法、电气事业法、消防法等法律法规中具体规定了必须提交的申请资料，具体见表10.8.1。除此以外对各个地方要求的其他申请资料也必须迅速及时地提交。

随着编制资料的IT化技术的进步，通常政府相关部门提供申请资料的电子文件的格式。同时，行业内部的一些团体或是软件开发商也提供相关软件，这就大大提高了编制申请资料的效率。

向政府行政部门提交的申请资料（示例） 表10.8.1

分类	资料名称	相关法令	提出部门	备注
建筑法规	工程申报书	建筑基准法第6条	都道府县 市区町村 （建筑主事）	·由业主申请，领取申报证明
	工程开工报告	建筑基准法第15条	都道府县知事 （建筑主事经办）	·原则同申报书一同提交
道路法规	占用道路申请书	道路法第32条 同法施行令第7条	道路管理部门	·适用于设置围墙或长期占用道路 ·作业开始前3~8天申请
	使用道路申请书	道路交通法第77、78条 同法 施行规则第10条	管辖警署	·适用于临时使用道路 ·作业开始前3~8天申请
环境法规	特殊作业申请书	噪声规则法第14条 振动规则法第10条	市区町村长	·作业开始前7天完成申请
	粉尘排放申请书	大气污染防止法第18条	都道府知事	·适用于有石棉建筑物的拆除或改造工程 ·作业开始前14天申请
安全法规	特定总包企业的工程开工报告	劳动安全卫生法第30条 劳动安全卫生规则第664条	管辖劳动基准署署长	·开工后尽快提交
	工程计划书	劳动安全卫生法第88条 劳动安全卫生规则第90、91条	管辖劳动基准署署长	·适用于高31m以上的建筑物及深度超过10m的挖掘工程 ·作业开始前14天申请
	设施及机械的塔设、移动、变更申请	劳动安全卫生法第88条 劳动安全卫生规则第85、86条	管辖劳动基准署署长	·适用于高度超过10m的脚手架或高度超过3.5m的排架工程 ·作业开始前30天申请

◆引用及参考文献◆

10-1） C. T. Hendrickson, T. Au:Project Management for Construction, Prentice Hall (1989)

10-2） PMI Standard Committee: A Guide to The Project Management Body of Knowledge, PMI (1996)

10-3） 古阪秀三総編集：建築生産ハンドブック　朝倉書店 (2007)

10-4） 内田祥哉編著：建築施工　市ヶ谷出版社 (2000)

10-5） 松村秀一編著：建築生産　市ヶ谷出版社 (2004)

10-6） 建築業協会・TQC専門委員会：建設業のTQC・用語編（研究報告Ⅱ）建築業協会 (1990)

10-7） 産業廃棄物の業種別排出量（平成17年度版）環境省

10-8） 産業廃棄物の不法投棄等の状況「不法投棄の種類」(H19. 12. 26) 環境省（報道発表資料）

用词解释

用词解释

10-9) 社団法人日本建設業団体連合会：建設業の環境管理システム（1997）
10-10) 公共事業支援統合情報システムHP：国土交通省CALS/ECアクションプログラムについて アクションプログラムの変更について（2002）
10-11) 建設業労働災害防止協会：「総合工事業者のためのリスクアセスメント」パンフレット（2008）

第11章　工程施工流程

11.1　施工准备

11.1.1　施工前现场调查

施工前现场调查是指为明确施工条件，事前把握施工过程中可能发生的问题，同时作为编制施工计划的依据，在开工前所进行的各种调查活动。调查活动的详尽程度将影响到后序施工及工程费用等。调查内容主要包括：①地理条件；②地质条件；③近邻及周边环境状况；④与工程有关的法律及法规等。

（1）调查地理条件

（a）地界

根据测绘图确认建设地块及周边道路的界线。确认时应邀请建设用地单位、邻近土地所有者、**道路管理部门**共同参加，根据测绘图取得各方共同认可。

（b）地形地貌

测量土地的地形高差，计算开挖的土方量及施工用土数量，计划施工机械的行走路线及基础形式等。

（c）建设用地内障碍物

调查是否有影响建设施工的障碍物及应进行保护的电气、燃气等**市政设施**管线（地下埋设、架空线管）。如有管线，须明确管线位置、保护间距及预测开挖可能对管线造成的影响等。其他特殊情况，如对遭受过战争空袭的区域，还应调查地下是否存在战争期间遗留下来的未爆炸弹等。

（2）调查地质条件

（a）地基基础及土质条件

在进行建筑物基础构造设计前，设计单位一般委托勘测单位进行必要的地质勘测。根据以往经验，勘测单位提供的勘测结果可能与现场实际土质情况存在误差。因此，建议施工单位在进行基坑开挖前，参考勘测单位提出的勘测结果的同时，最好再次亲自进行土质调查，以编制切实可行的基坑支护、开挖方案。

（b）地下水条件

在进行地下工程中，经常由于地下管涌造成重大工程事故，止水效果的好坏直接关系到地下工程的施工安全。施工前必须详细掌握地下水位、各土质层的透水系数、地下水流向等相关数据。

用词解释

道路管理部门
根据道路法规定负责道路维护管理的部门。国家级道路、县级道路、市级道路分别由国土交通大臣、县知事、市长负责管理。

市政设施
Infrastructure的英文缩写。一般是指社会基础设施，包括道路中埋设的给排水管道、煤气、电话、光缆等通信管线、架空电线等。

用词解释

土壤污染对策法
日本国家为保护国民健康，掌握土壤污染状况，制定防止土壤污染危害民众健康所采取的措施，于2003年2月15日颁布的法律。

大气污染
大气的质量、大气受污染的程度。对大气污染评价的环境标准，包括对SO_2、NO_2、CO、SPM（浮游物）等浓度的规定等。

环境评估
大型建设项目确定前，需进行项目对环境影响的预测、评估。相关制度包括环境影响评价法及各专业团体制定的条例等。

（c）土壤环境

2003年日本颁布**土壤污染对策法**，目的在于治理该法律适用区域的旧工厂及生活区遗址的土壤污染问题。近年，随着法律适用区以外发生的多起土壤污染现象，环境省公布了针对施工土壤处理的指导意见，要求工程渣土外运前必须进行土质确认，以加大对被污染土壤的处理力度。因此，施工单位进行基础工程施工前，在取得土地所有者同意的基础上，应对可能存在污染的土壤进行必要的调查分析。

（3）近邻及周边地区的环境调查

（a）关于邻近房屋、市政管线及构筑物的调查及协议

工程施工经常会对周边环境如近邻房屋、市政管线、高架及地下通道等构筑物等造成影响。事先做好现状调查，制定对策，尽量避免或降低对周边环境的影响。施工单位一般可同建筑物或构筑物所有者签订关于施工所造成影响的协议，便于解决由于施工影响引发的争议或争端。特别是在铁路沿线附近施工时，还需注意安排作业时间及监护人员，避免影响列车的安全运行。

（b）周边环境

根据建设用地周边的道路宽幅、交通限制、交通流量、是否有学生上学通路等情况，还需确认材料的尺寸、运输时间及路线、安排交通疏导人员，避免造成交通阻塞。施工现场周边如有居民区、医院、学校、精密仪器工厂以及研究单位，应适宜控制工程噪声及振动对周边造成的影响。如施工现场附近区域居民直接利用地下水作为生活用水或有酒业制造厂、温泉营业场所等情况，应注意施工污染对地下水的影响。

（4）施工法规调查

（a）关于施工扰民的相关法规及协议

河川法及航空法对施工扰民做了相关规定。河川法规定工程项目施工前必须向有关主管部门进行施工申报并签订相应协议。为避免施工对飞机起降造成影响，航空法除了对机场周边建筑物进行的限制规定外，还对该区域工程建设用塔吊的设置高度、临时设施的设置范围等进行了相关规定。

（b）关于环境保护的相关法规与影响评价

噪声规制法、振动规制法对施工噪声、振动进行了相应的规定，施工前需根据该法规进行必要的施工申请。对于大型建设开发项目还要根据环境影响评估法条例对施工过程中可能产生的噪声、振动、**大气污染**等进行观测。建筑物完成后要对周边环境进行**环境评估**。

11.1.2　确认建筑物位置

工程项目施工前，业主、设计单位及工程监理单位共同参与建筑物位置的确认。

（1）测量器具

测量放线用仪器包括：钢卷尺、经纬仪、水准仪等。测量用钢卷尺必须使用JIS B 7515规定的Ⅰ级品，但必须注意Ⅰ级品的允许误差为50m ± 5mm,因此测量前必须先校正测量用尺。经纬仪和水准仪不仅在测量阶段，在施工阶段也经常使用，需加强对测量工具的日常管理。

（2）建筑定位

设计图纸上对建筑物的垂直定位用GL进行标注，GL是根据BM（坐标定位点）定位（图11.1.1）。确认现场红线及道路高差后，用木桩做好定位点标记。施工可能会导致道路上设置的定位点产生沉降或移动，因此一般会在可测量范围内设置多处定位点（例如：通常在BM+1m处追加设置）。

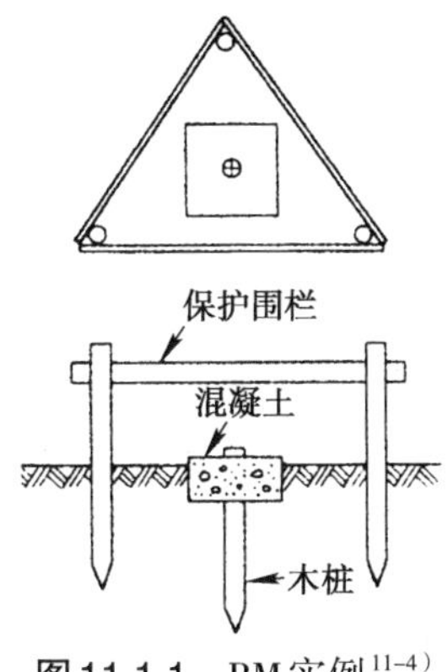

图11.1.1 BM实例[11-4]

（3）放灰线

根据设计图纸标注的平面位置，在建设用地上设置境界线，一般称作放灰线。业主、设计单位及工程监理单位共同参加灰线设置，以确定建筑物同建设用地的平面位置关系。

（4）施工放线

在施工场地将柱、墙的平面位置、开口高度等进行标记，称作施工放线。确定建筑轴线及标高基准线称为基准放线。设计图上一般用轴线、柱中心线及墙中心线来确定建筑平面位置。施工过程中基准线位置容易被模板或主体盖掉。一般采用轴线外1m，**FL**加1m作为基准线位置。

11.2 临时设施工程

11.2.1 临时设施工程计划

为配合施工所需的各种临时使用材料、设备及机械器具统称为临时设施。一般临时设施不列入工程承包合同范围，在设计图纸上也不作具体要求，施工单位可根据本企业具体情况实施。大多数临时设施在工程竣工后拆除，少量材料或部件，如**逆作法施工**的**结构柱**、为工程车辆行走而增加

用词解释

FL

Floor Line的缩写。建筑物各层的楼地面标高。如1FL、2FL等表示方法。

逆作法施工

将建筑物1层以下各层的梁板作为基坑支护，逐渐向下开挖、主体施工的工法。

结构柱

采用逆作法施工时，将上部荷载传至基础桩而设置的结构柱。一般采用钢柱同桩一同打入地下的施工方法。

用词解释

的结构加固体等可兼用于主体工程，成为建筑物或构筑物的组成部分。

临时设施计划同工程基本计划存在密切的关系。根据工程项目的要求事项（质量、进度、成本、安全、环保）以及施工工法的差异，采用的临时设施也各不相同，施工单位应根据工程的具体特点，优化临时设施计划，减少不必要的浪费。

11.2.2　临时设施及预防安全事故

工程项目如采用工程总承包方式，施工总包单位往往将一部分工程交给专业分包单位进行施工。施工现场既包括总包单位自有施工队伍、分包单位自有施工队伍，还包括分包单位管理下的施工队伍等。根据劳动安全卫生法相关规定，各施工单位对本单位的安全负责，但上述不同雇佣关系的施工单位在同一现场作业时，要求总包单位建立所有现场施工单位在内的安全施工体制。

临时设施与施工人员的安全有着密切的关系，一般由总包单位负责临时设施的设置。总包单位除了作为“确保施工现场临时设施安全”的主要责任单位，还要负责监督及指导“分包单位不发生违规行为”，因此，总包单位在预防安全事故上起着关键性作用。

劳动安全卫生法等法规对临时设施的设置标准、规格型号、结构形式以及政府部门报审手续等进行了具体的规定[11-4]。

11.2.3　临时围挡及临时建筑

（1）临时围挡

为确保非施工人员的人身安全，减少施工对周边环境的影响，一般用钢板或安全网绳划分施工区域与非施工区域。对于场地面积比较有限的施工现场，在取得道路管理部门或管辖区域公安部门许可的情况下，可占用部分道路进行临时围挡搭设（图11.2.1）。

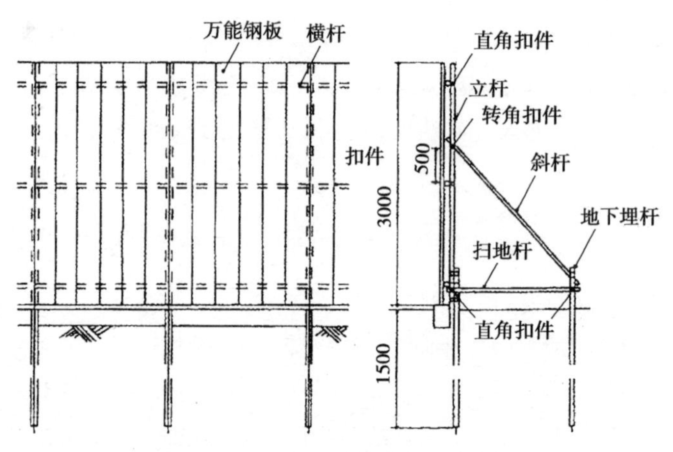

图11.2.1　临时围挡搭设示例[11-4]

在搭设临时围挡时，除了设置工程车辆及作业人员出入口，安装道路照明、通行用护栏等，还要根据施工现场相关法规，在临时围挡明显位置，做好施工标识。近年，作为美化环境的手段之一，许多施工单位还在临时围挡上绘制宣传画或栽培植物进行绿化装饰（照片11.2.1）。

照片11.2.1 绿化带式临时围墙

建筑基准法规定，对于普通建筑工程，临时围挡高度不可低于1.8m（特殊情况时在确保安全的前提下可特别处理）。

（2）临时建筑

施工用临时建筑包括总包及分包单位的临时办公室、业主、监理办公室、工人休息棚、临时厕所、盥洗室等卫生设施、宿舍、材料仓库等。在搭设以上临时建筑物时也必须符合建筑基准法、消防法、劳动基准法、劳动安全卫生法等相关法规的要求，事先编制搭设计划、办理相关申请手续。

临时建筑一般采用轻钢构件在现场拼装或租用组合式临时用房。场地条件不允许时，可在现场外租借房屋或根据施工进程利用已完成部分建筑作为临时办公、休息场所。

11.2.4 脚手架及坡道、施工平台（图11.2.2~图11.2.4）

（1）脚手架

脚手架是为建筑施工而搭设的临时操作平台。根据工序、施工方法、施工进度，脚手架的搭设位置、搭设方法、搭设期间、承载能力而各不相同。根据需要还要搭设防高空坠物安全网、隔音板等附属部件。脚手架直接关系到施工人员的人身安全，搭设脚手架时必须由具有**作业主任**资格人员专门负责设计，并使用符合规范要求的材料、护栏、**固定用拉结件**。搭设大规模脚手架时还要根据相关法规，向相关主管部门提交申请手续。

脚手架的种类：

① 按用途分类：地下基础用脚手架、室外脚手架、室内脚手架；

用词解释

作业主任

根据劳动卫生法，在进行危险作业时，必须配置经过技术培训、持有资格证的作业主任进行指挥操作。

固定用拉结件

在搭设脚手架时，为防止脚手架倒塌，将脚手架同建筑物拉结起来而使用的部材。劳动安全卫生法对拉结件的设置标准有明确要求。

用词解释

② 按构造分类：钢管脚手架、吊篮式脚手架、移动脚手架、机械脚手架。

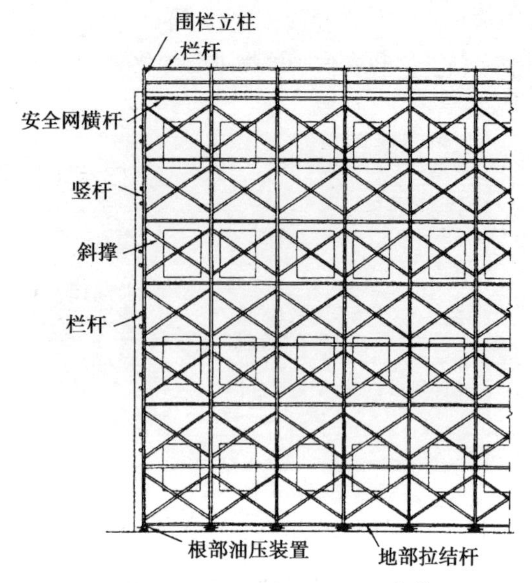

图11.2.2　外部脚手架部件[11-4]

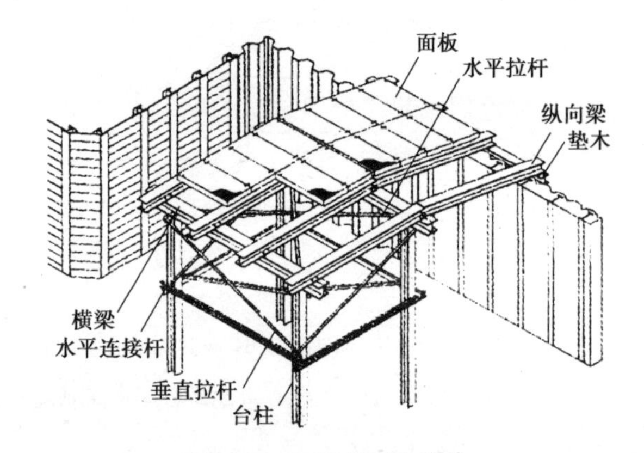

图11.2.3　卸货平台[11-4]

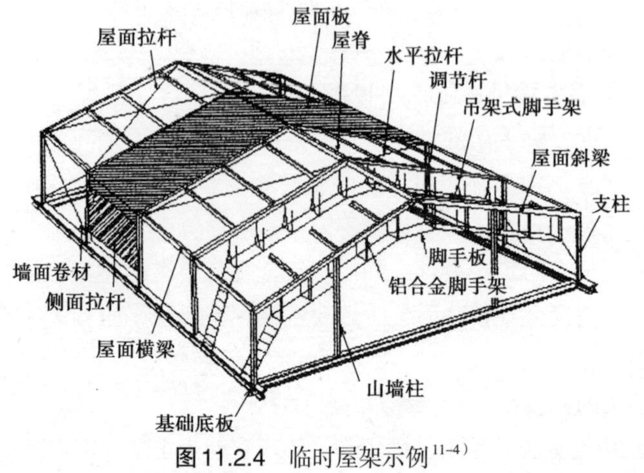

图11.2.4　临时屋架示例[11-4]

用词解释

照片 11.2.2 外部脚手架搭设示例

照片 11.2.3 施工平台搭设示例

（2）坡道与施工平台

在进行工程施工时，经常要铺设临时坡道或设置施工平台。例如，在进行地下及基础工程时，铺设便于挖土机及运输车辆行走、停置、回转作业的临时道路，以及进行吊装工程时在脚手架或钢屋架上搭设的临时卸货平台等。

（3）全天候临时设施

在进行露天施工时，由于受雨雪天气、高温等因素影响，会降低工作效率、危害作业人员身体健康，有时还需要确保质量而停止施工。为减少天气因素对施工的不良影响，根据施工需求，在建筑物全体或局部施工范围内搭设临时屋面，以确保全天候施工。一般情况下，临时屋面会由于材料搬运或施工面升高而重新搭设。为解决该问题，已开发研制出配合塔吊可自动升降，连续施工用的临时屋面（如图 11.2.5、照片 11.2.4 所示）。

用词解释

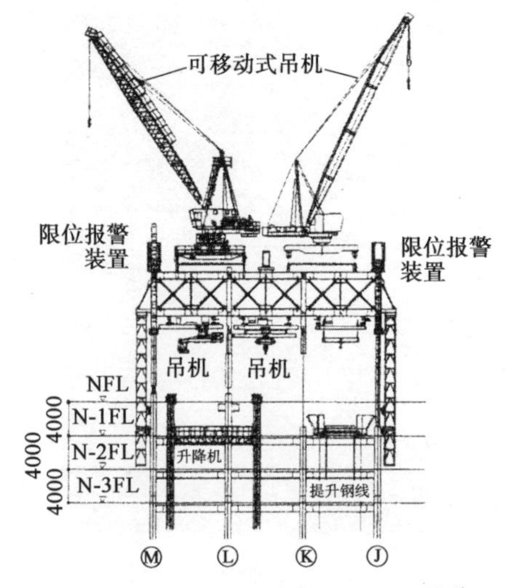

图11.2.5　吊机组合式临时屋面[11-4]

照片11.2.4　吊机组合式临时屋面示例

11.2.5　起重机械设备

（1）起重设备

施工现场一般使用吊车进行材料吊装及水平搬运，在编制临时设施计划时要根据施工条件、最大起重量、回转半径等塔吊技术参数，确定吊车台数及设置方法等。

根据施工条件，一般将吊车部件运至现场，再进行组装。吊车主要分为固定式塔吊（照片11.2.5）及移动式吊车两种类型。塔吊基础可设在建筑物周边区域或建筑物主体结构上（塔吊基础或机体随主体逐层上升）。移动式吊车分为行走型（汽车吊、轨道行走式）、履带旋转式等。

为确保吊车的使用安全，对吊车规格、操作司机资格、作业计划、安全操作措施、使用条件等设有专门的法规与规范。

（2）工程电梯及升降机

施工现场一般使用工程电梯及升降机作为材料及人员的垂直运输工

用词解释

具。电梯与升降机的区别在于升降机专门用于材料运输，而电梯既可运输材料也可运输作业人员。工程电梯及升降机一般附着于建筑物外墙，也可安装在建筑物内部并在各楼层开设临时开口。

照片 11.2.5 固定式塔吊示例

11.2.6 临时用电及给水排水设备

在施工时必须保证临时水、电的供应及配备必要的排水设施。临时用电一般采用从附近的电力主线引电至施工现场变电所，再根据施工需求现场布线、设置分电箱。在进行施工废水排放时，如废水需直接排放市政下水管道时，要依据下水道法设置必要的净水设备，以保证废水水质符合排放标准。

11.2.7 安全卫生设备及环境保护设施

为防止安全事故发生，施工现场必须设置的安全措施，主要包括：防高空坠物设施（防护网及布、防护棚等）、防落下设施（脚手架、开口部护栏、生命线等）、防中毒换气设施（地下密闭环境及使用有机溶剂作业时）等。

为降低施工（噪声、粉尘）对周边环境的影响，采取在外部脚手架及临时围挡上加设隔音板，使用吸尘器、喷洒水雾等措施降低空气浮尘污染等。

11.3 地基工程

11.3.1 地基工程概要

（1）基础的种类及地基工程

建筑物上部荷载直接传至地基的结构体称为基础。按荷载的传递方式，将基础分成普通基础（通过建筑物底板直接传递荷载）和桩基础（通过桩传递荷载）两大类型。按基础底板的形式，对普通基础还可进

用词解释

一步分类，如图11.3.1所示。

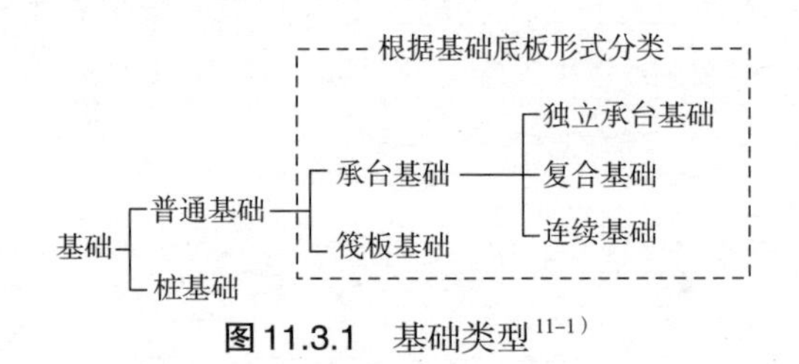

图11.3.1 基础类型[11-1)]

地基工程包括地基处理工程和桩基础工程。地基处理工程一般在基础地板下浇筑混凝土垫层或铺设砂石，以增加基础与地基的接合力。

（2）地基工程的基础应具备的性能及施工质量管理

建筑基准法规定："建筑物基础的基本条件是将作用于建筑物的荷载及外力安全地传递给地基，且当地基发生沉降或变形时，基础能够保证足够的安全承载力。" 对建筑物基础结构的要求分为对地基的要求和对基础材料、构件的要求。在进行施工质量管理时应重点对以下项目实施管理[11-2)]：

① 确认地基土的土质层分布及持力层深度能否保证荷载正常传递；

② 材料、构件质量是否符合设计要求；

③ 位置、尺寸是否正确；

④ 混凝土及浆体强度、钢筋尺寸及间距是否符合质量要求。

（3）试验桩及载荷试验

一般在工程施工前，结构设计已根据地质调查报告确定了桩的形式及施工工法。但对于某些特殊要求，如需确定不规则土质层桩头的深度或对特殊土质进行施工时，必须先打设试验桩，从中获取相关数据并进行分析研究后方可进行正式桩的施工。对于钻孔桩及灌注桩，由于无法在施工过程中确认桩承载力，公共建筑协会编制的《公共建筑工事标准式样书》中作如下规定：在进行孔桩及灌注桩基施工时，正确的施工方法及施工管理，不能作为保证桩承载力的必然条件[11-3)]。桩基工程完成后除了采用目视方法检查桩基情况外，还必须通过**竖向抗压静载试验**、**水平静载试验**等检测桩的承载力。

竖向抗压静载试验
在桩体上部施加垂直荷载力，根据荷载及桩体的下沉程度来检测桩承载力的试验。

水平静载试验
在地基基础上将垂直荷载通过刚性体传给基础，根据荷载及基础的沉降程度来检测地基强度及变形的试验。

11.3.2 桩基础工程

（1）预制桩工程

预制桩工程是在施工现场采用击打或压入方法，将工厂内加工成型的桩构件，埋至地下形成桩基础。

（a）预制桩种类

按照桩的材质及施工方法将预制桩分为以下几种类型（图11.3.2、图11.3.3）。建筑工程一般采用混凝土预制桩、钢桩（JIS规格），个别使用日本建筑中心技术评定产品。经常使用的**PHC桩**是采用先张法预应力离心成型工艺，在钢模板内配置钢筋及**PC钢线**，制成一种空心圆筒形高强混凝土预制构件，设计标准强度≥80N/mm²。

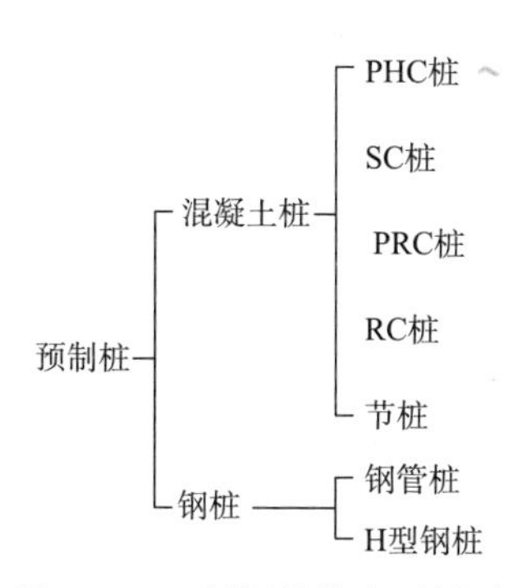

图11.3.2 预制桩的主要材质

（b）锤击打入工法

锤击桩是利用桩锤的反复跳动冲击力和桩体的自重，将桩体沉到设计标高的一种施工方法。由于该工法采用挤土沉桩，可增加桩体与地基土的密实度，比较容易达到设计承载力要求，可根据贯入度推定桩的承载力。缺点是施工噪声较大，不适用于城市街区施工。

（c）钻孔桩工法

如图11.3.3所示，挖孔桩工法包括三种形式。经常使用的工法是预钻孔沉桩工法（图11.3.4所示）。该工法基本施工工序是先使用钻机挖土成孔，为便于沉桩，成孔时孔径一般要大于桩径约100mm，然后向孔底、孔壁注浆加固，最后采用压入或锤击使桩体沉至设计标高。为保证桩体与持力层、桩孔周边土层的密实度，提高孔底、孔壁的注浆质量至关重要。关于钻孔桩工法，国土交通省对旋喷桩的设计承载力的计算方法等作了相关规定。近年，钻孔扩底成桩等高承载力桩施工工法，相继获得国土交通大臣认可，并得到了广泛的推广。

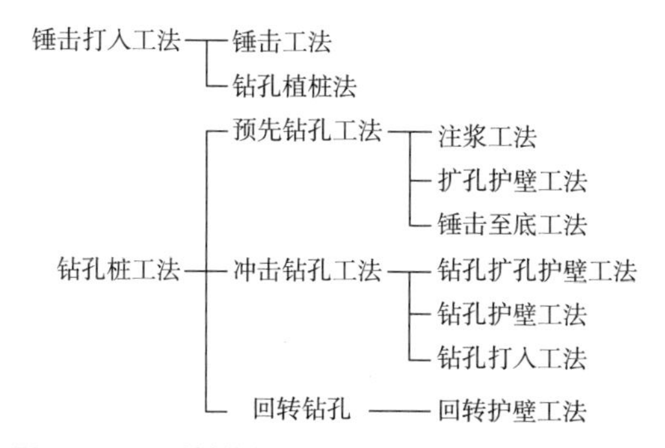

图11.3.3 预制桩的施工工法（混凝土预制桩例）

用词解释

PHC桩

Pretensioned Spun High Strength Concrete Pile 预制高强混凝土管桩的省略语。

PC钢线

预应力混凝土结构中使用的高强度钢线材。

用词解释

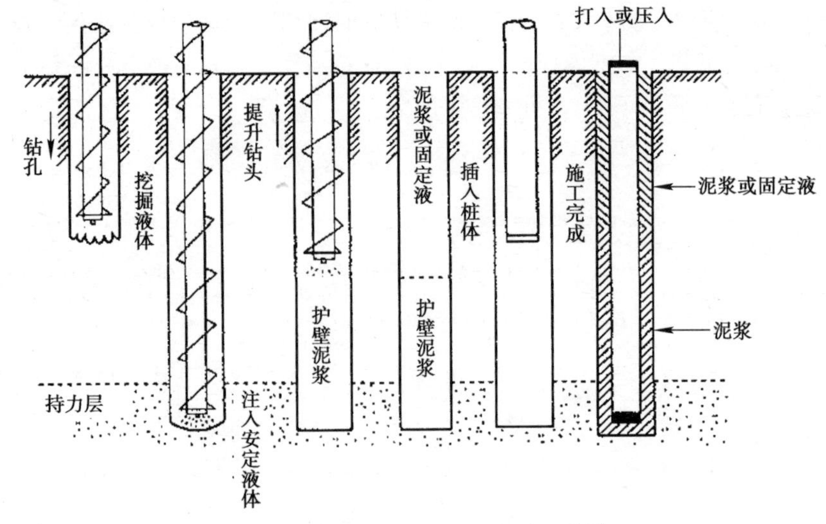

图11.3.4 钻孔桩工法施工流程[11-3]

（d）套管工法

套管工法适用于桩径较大、开放式桩头的桩基础施工。施工工艺是将钻头放入中空的桩体内，钻头向下挖土至设计标高。挖土完毕后，钻头端部喷射浆体在桩体底部形成桩基，达到设计承载力要求。（施工流程见图11.3.5，编者注。）

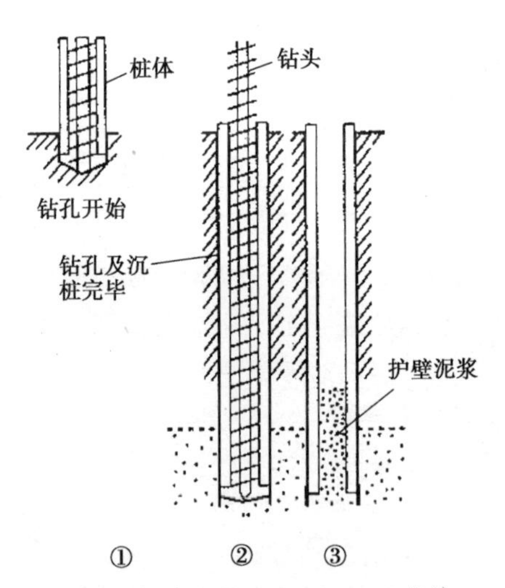

图11.3.5 套管工法施工流程[11-3]

（e）钢桩

具有代表性的钢桩施工工法是将端部带有翼形切刀的钢管旋转压入土壤至设计深度，形成桩基的施工方法（图11.3.6）。

（f）施工管理项目

在进行桩基施工时，施工管理的主要项目是防止桩体损坏、钻孔坍塌、确认桩基土质情况、桩头是否达到持力层、桩的水平、垂直精度等[11-3]。

用词解释

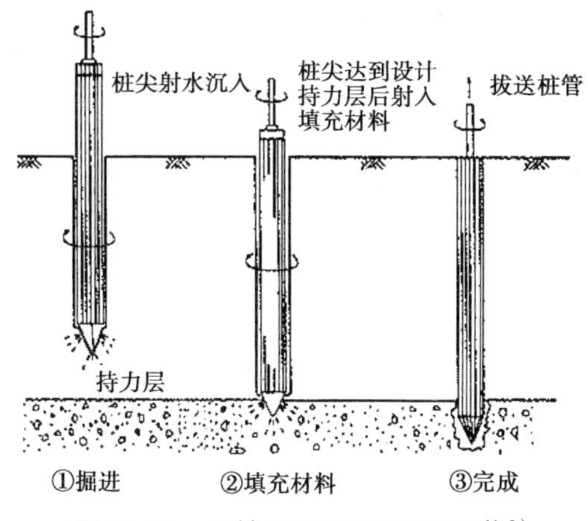

图11.3.6 回转压入工法施工流程[11-3]

（2）灌注桩

灌注桩是指在工程现场通过机械钻孔或人力挖掘等手段在地基土中形成桩孔，并在其内放置钢筋笼、灌注混凝土而形成的桩。

（a）分类

按照挖掘方法不同，灌注桩可分为几种类型，如图11.3.7所示。经常使用的是钻孔灌注桩，适用于桩径3m的大管径施工，可进行接桩，桩头部还可进行扩孔。灌注桩的混凝土桩体断面一般为圆形，超高层建筑基础经常采用的地下连续墙断面为矩形。

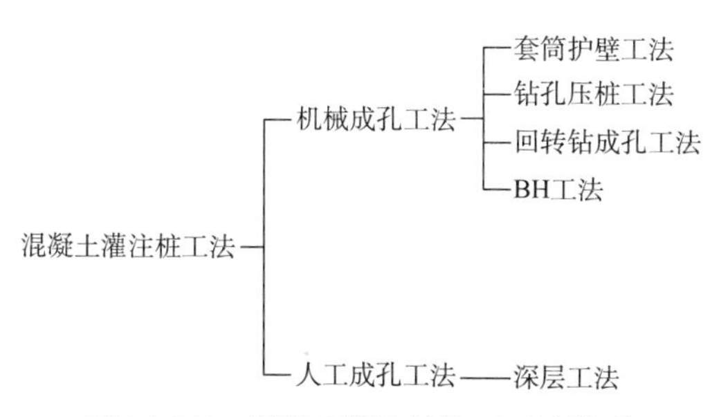

图11.3.7 混凝土灌注桩施工工法类型

在进行灌注桩施工时，从成孔到混凝土浇筑整个工序都是在泥水环境下作业。为确保桩的竖向承载力，必须清除沉积在孔底的泥渣，消除泥渣对桩承载力的影响。代表性的工法有：套筒护壁灌注桩、钻孔压浆灌注桩、回转钻成孔灌注桩等三种形式。施工时可根据土质条件及作业环境，选择上述三种施工工法。三种工法在施工机械、挤土方式、防止孔壁坍塌对策上有所不同。其他工序如钢筋笼吊装、泥浆处理及浇筑混凝土等工序的操作方法基本相同。

用词解释

（b）套筒护壁工法

套筒护壁工法是将钢管压入桩位土层，利用抓斗将钢管内土挖出。使用钢管的目的是防止桩壁坍塌，处理完桩底泥浆、安装钢筋笼、浇筑混凝土后，将钢管取出。

（c）钻孔压桩工法

钻孔压桩工法是用螺旋钻机旋转切土排土成孔，达到设计深度后，使用压浆泵将配置好的水泥浆喷入孔内，形成水泥浆护壁孔。（具体工艺流程见图11.3.8，编者注。）

（d）回转钻成孔工法

回转钻成孔工法是指利用钻孔机头部钻头在泥浆中旋转切土，同时用高压泵将钻头底端泥渣排出。排出的泥浆可在沉淀池沉淀分层后再次注入桩孔循环使用。钻孔时应保持孔内水泥浆面高于地下水位2m左右，以防止孔壁坍塌。

（e）施工管理要点

在进行灌注桩施工时，主要的施工管理要点如下：确认桩头是否达到持力层；防止桩壁坍塌所采取的措施是否有效；确认桩体尺寸精度；确认桩头泥浆处理是否彻底；确认钢筋及混凝土质量是否符合标准；灌注混凝土时是否采取防止杂质混入的措施等。一般可根据挖土的深度、挖出土质、挖土时的阻力等确认持力层深度。使用超声波测量仪器测定泥水中桩的尺寸精度，用长尺检查桩头泥浆处理情况。在灌注混凝土时为防止泥土混入混凝土，通常使用套管从底部向上逐层提升灌注。在灌注桩头混凝土时，由于无法避免泥土混入，一般采取的做法是：混凝土的灌注标高高于桩头设计标高，混凝土凝固后挖出桩头，凿除超出桩头的多余混凝土。

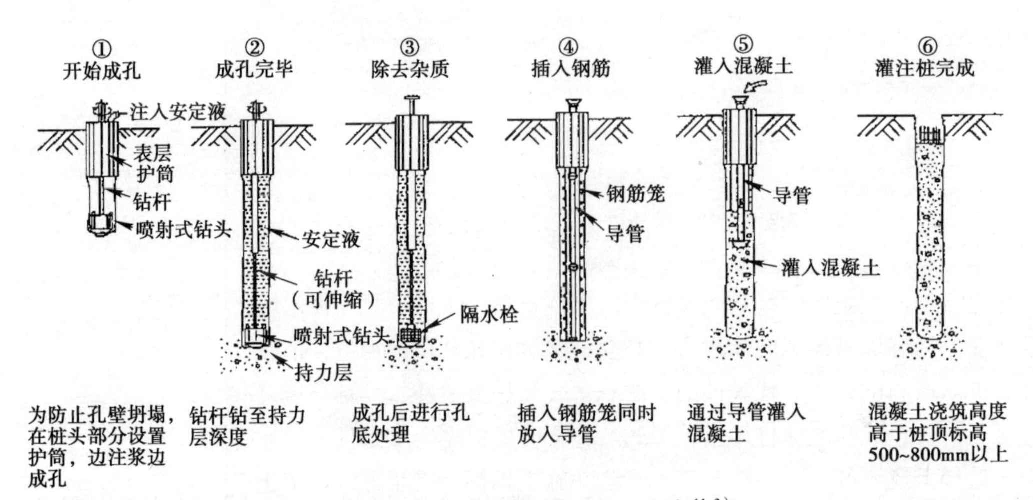

图11.3.8　钻孔压桩工法的施工顺序[11-3]

用词解释

11.3.3 砂石及混凝土垫层基础工程

地基挖土至设计深度，建筑物基础、基础梁与地坪直接作用在地基时，为减少挖土对地基土的影响，一般采取铺垫砂或碎石，然后碾压等办法对地基基层进行处理。浇筑混凝土垫层（一般5~10cm）的目的是在地基表面形成平滑层，便于基础主体工程施工放线、固定模板等。（砂石基础详见图11.3.9，编者注。）

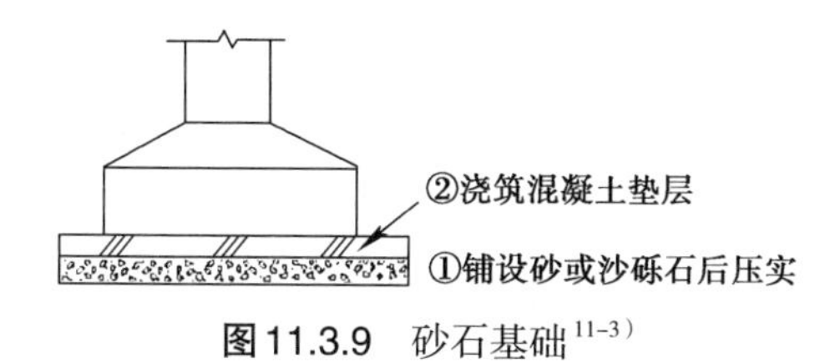

图11.3.9 砂石基础[11-3]

11.3.4 地基改良工程

进行地基改良的目的是增加地基承载力、抑制地基沉降、防止地震时土壤液化等。施工原理为：①在地基土中掺入固结材料，提高地基土质的承载力；②减少土质水分；③增加土的密实度。处理方法按地基处理深度、使用机械分成浅层处理工法及深层处理工法。固化剂一般采用水泥、粉煤灰等系列材料。（浅层和深层混合处理工法见图11.3.10、图11.3.11，编者注。）

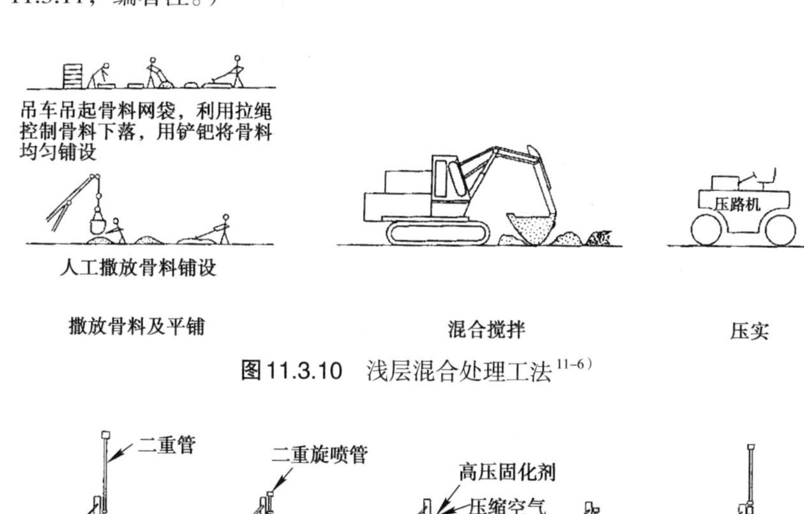

图11.3.10 浅层混合处理工法[11-6]

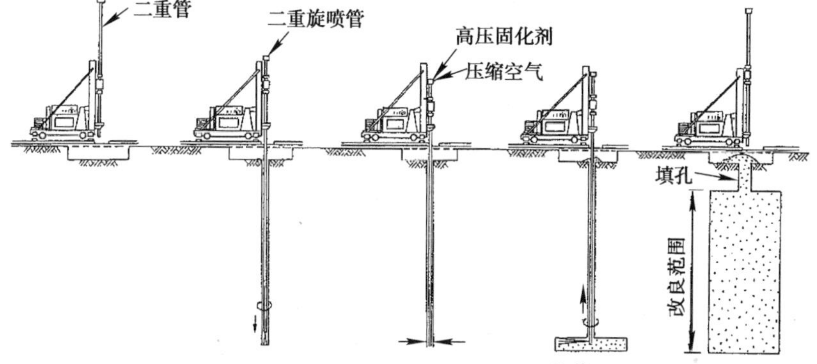

图11.3.11 深层混合处理工法[11-6]

用词解释

11.4　地下工程

11.4.1　地下工程概述

地表以下建筑物的基础工程及为建造地下工程而配套实施的土方工程、围护支撑工程、排水工程等统称为地下工程。实施地下工程的目的是通过土方开挖、实施地下相关的工程施工，为建筑物提供必要的地下空间。为保证安全、合理地进行挖土工程施工，需根据施工场地、建筑物的位置、基础的类型及地下水的情况，采取适当的护坡方法并设置降水设备。土方开挖的施工工法、护坡方法、降排水方式等，一般由施工单位自行确定，在设计图中不作明确说明。

在进行地下工程时，如不充分掌握地基土质及周边环境情况，极易发生意外安全事故。因此，在施工前必须进行详细的现场调查和编制周密的施工计划。地下工程施工前的准备工作如下：①施工前进行场地调查、确定边坡支护及土方开挖方案；②编制支护结构、降排水方案；③确定土方开挖时必要的机械设备及开挖方案；④编制工程监测计划等。

11.4.2　土方开挖及边坡支护施工

在建筑工程中将基础开挖称为挖槽。边坡支护是为了防止挖土场地周围、边坡土方坍塌而采取的加固措施。

根据是否采用围护支撑、加固方法及挖土顺序等，土方开挖和边坡支护施工的方法可分成11类，如图11.4.1所示。

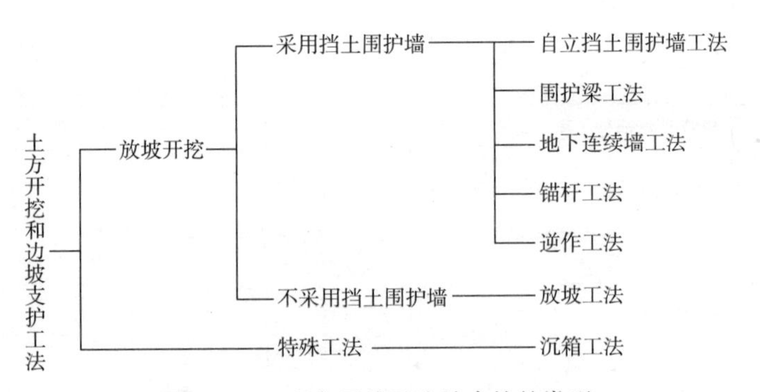

图11.4.1　土方开挖及边坡支护的类型

（1）放坡开挖

放坡开挖是指进行土方开挖时不采取支撑结构，直接采用基坑放坡形式进行切土开挖（图11.4.2）。同边坡支护方法相比，该方法开挖的土方量及回土量较多，经常用于比较宽敞的场地及浅基坑开挖。放坡角度根据土质及含水量来确定，大型基坑放坡时要注意坡面的整体稳定性。

用词解释

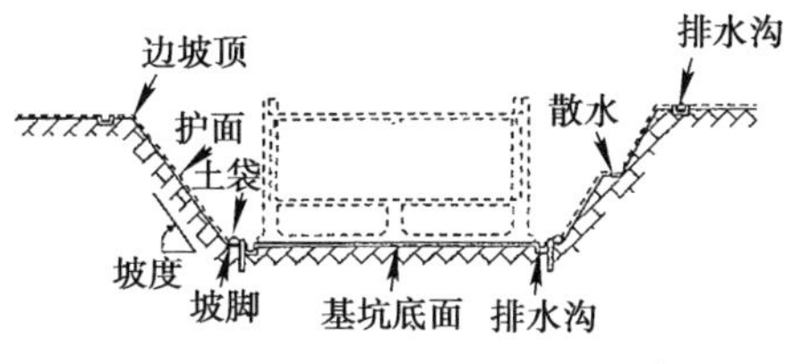

图11.4.2 放坡开挖工法[11-42]

（2）挡土围护墙

挡土围护墙是为防止水和泥沙进入挖掘部位，在基坑土中设置的挡墙。狭小场地及挖土量较大工程（深基坑开挖）等情况发生时经常采用挡土围护墙方式（图11.4.3）。围护墙可承受来自地基四周土壤及地下水产生的侧压力，根据挖掘深度，必要时需加设支撑防止围护墙倒塌、变形。

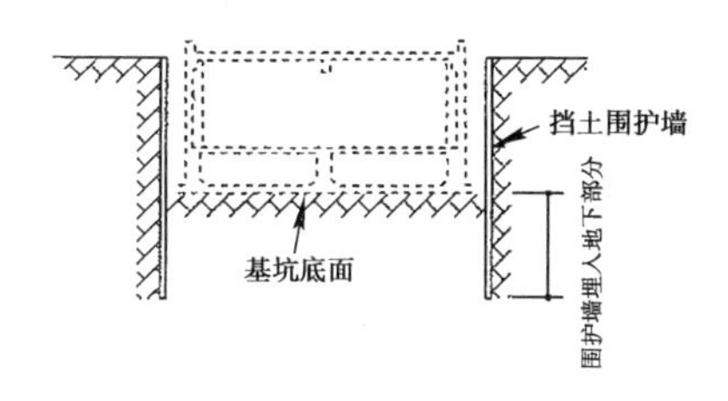

图11.4.3 挡土围护墙工法[11-42]

（3）逆作法施工

通常上部主体工程是在土方开挖结束后，由最下层的基础自下而上逐层施工。逆作法施工的工作原理是在土方开挖前，先浇筑地下层的梁、板作为基坑支护的围护墙，然后向下开挖土方及地下各层结构施工（图11.4.4）。逆作法利用刚度很大的建筑物主体作为支撑的方法可以抑制围护墙的变形，适用于侧向压力较大的软弱地基及大规模基础开挖。

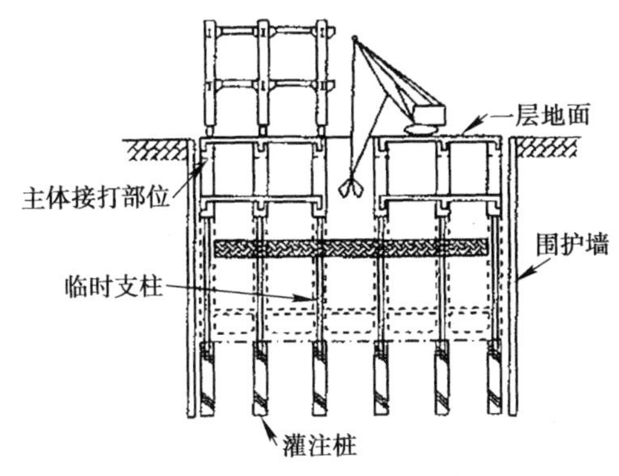

图11.4.4 逆作法[11-42]

（4）沉箱工法

是指在基础挖土的同时，将预制好的地下主体构件沉入设计深度的

用词解释

施工方法。1960年以前该工法被普遍用于深基坑的开挖，随着边坡支护结构、逆作法等新工法的开发，现在已很少使用该工法。

11.4.3　施工前调查

进行地下工程施工前调查的目的：①收集土质勘测资料，为编制开挖、围护支撑计划提供依据；②调查基坑周围现存的其他地下构筑物及设施，预测施工对上述设施的影响。详细内容参照11.1.1。

11.4.4　基坑围护工程

基坑围护工程是通过设置围护墙，对抗基坑侧向水和土产生的压力。设置围护墙往往需要在土方工程初期进行，因此要注意计划使用的机械器材的采购及入场时期。基坑围护工程可参照土方工程的进程依次进行。

在编制基坑围护计划时，根据事先收集的土质勘测数据测算侧向压力，然后进行围护结构的设计。此外，在土质勘测阶段可能无法全部掌握自然条件的潜在因素，因此在编制施工计划时要考虑当勘测结果与现实条件发生出入时的应对措施。例如采取在施工过程中进行追加勘测，随时进行预测数据同实测数据的比较等方法，以确保围护结构的安全（图11.4.5）。

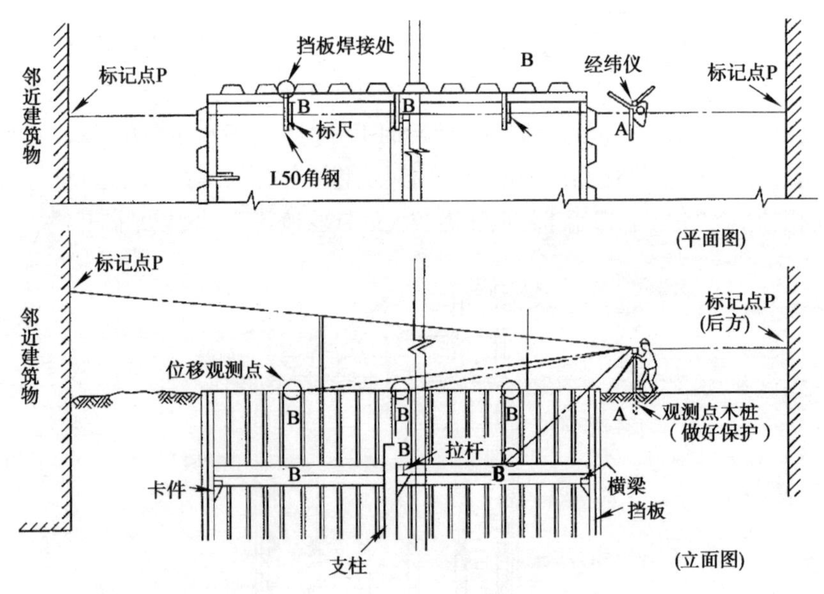

图11.4.5　挡土墙位移观测示例[11-2]

（1）围护墙的种类

具有代表性的围护墙主要有以下4种类型（图11.4.6）。可根据工程特点、要求进行选择。

用词解释

（a）型钢横挡板

将H型钢桩或工字钢桩按一定间隔压入土中，随着挖掘进度加设横挡板。该工法施工简便但挡水性能差，不适合在地下水丰富的土质中使用。钢桩可以通过打入或压入土壤中的方式进行施工。

（b）锁口钢板桩

由U型和L型钢板桩相互咬合形成钢板围护壁，具有一定的挡水性能。地下主体结构完成后钢板可拔出重复使用。钢板桩可以通过振动或液压方式进行施工。

（c）加筋水泥土桩

通过带有1根、3根或5根搅拌轴的深层搅拌机，将水泥悬浊液体注入基础与基础原土进行搅拌，形成水泥土搅拌桩。并按一定间距插入H型钢，搅拌桩和型桩共同形成有一定刚性的围护墙。固化后的围护墙具有一定的挡水性，可以在地下水较丰富的土质条件下采用该工法。钻孔注浆时会产生水泥浆外流，须注意对周边环境的影响，并要对泥浆等进行必要的处理。

（d）地下连续墙

地下连续墙是在基坑开挖前，先开挖深槽，然后插入钢筋笼浇筑混凝土，最终形成连续的混凝土围护墙。地下连续墙具有很好的挡水性能，并可通过改变墙厚、混凝土强度、钢筋数量及型号达到围护墙的刚度要求。地下连续墙也可作为建筑物主体结构使用。但该工法施工工期较长，施工成本较高。

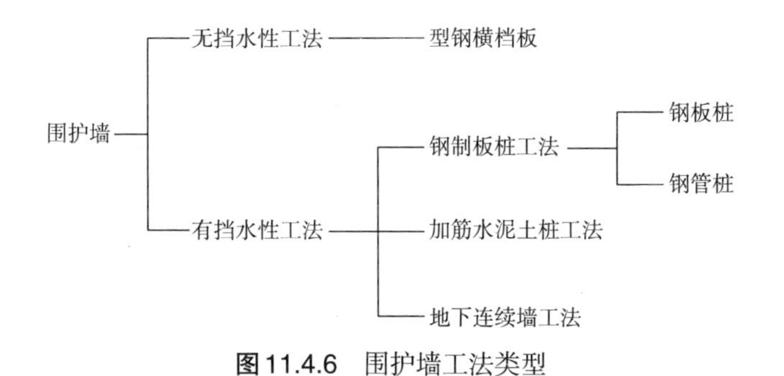

图11.4.6 围护墙工法类型

（2）围护支撑的种类

具有代表性的围护支撑有以下2种类型。

（a）钢制支撑（照片11.4.1）

钢制支撑的材料一般采用H型钢，比较普遍使用的支撑形式是架设在基坑维护墙之间的对撑式水平支撑、或架设在原有建筑物上来支撑维护墙的斜向支撑。该类型支撑系统的优点是施工、拆卸方便，材料可循环使用，但在不规则基坑或有深度变化基坑时不宜采用。

用词解释

照片11.4.1　钢制支撑

（b）拉锚工法（图11.4.7）

拉锚工法是在围护墙背面土壤中先钻孔，通过孔中埋设的钢绞线将围檩拉接成一体，起到对维护墙支撑的作用。该工法不会对开挖范围的施工产生障碍，可以提高挖土、主体工程的施工效率。应当注意的是要事先计算预埋钢绞线的长度，如预埋件位置超出施工场地范围时，要征求设置场地所有者的同意。

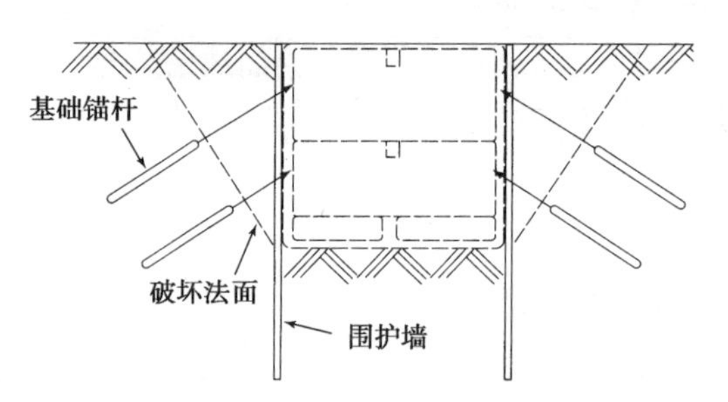

图11.4.7　拉锚工法[11-42)]

11.4.5　降排水工程

（1）降排水的必要性

在透水性较好、地下水丰富的软土地区，为满足土方工程及地下主体工程所需的施工要求，防止基坑底部及侧面的地下水涌入基坑，必须采取相应的地下水控制措施。如在挖掘施工中遇到不透水层，且不透水层的下部存在承压水层时，由于水的压力可能造成该土层的地下水喷涌现象，因此，要预先采取降低水压力的措施。另外，在进行排水时，如果将抽出的地下水直接排入市政管道或河流时，要保证地下水水质达到国家下水管道的排放基准，防止对其他水源造成污染。

（2）降排水施工工艺

在进行地下降、排水施工时，一般采用以下两种工艺：①截水工法；②排水工法。截水工法是通过设置具有挡水功能的围护墙或在土中

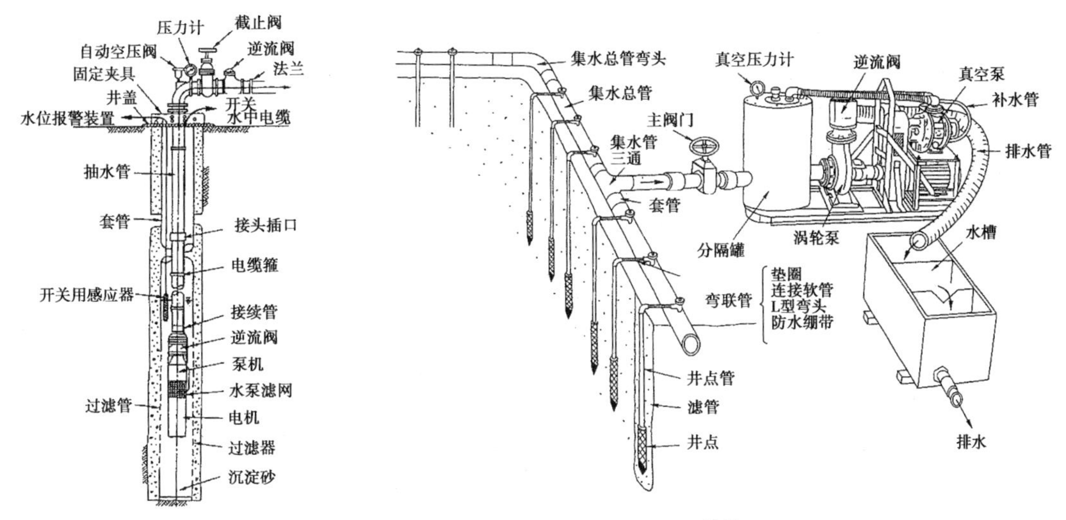

图11.4.8 深井排水及井点降水构造[11-5]

用词解释

注入化学药剂，截住地下水防止其进入基坑开挖范围。排水工法是抽出地下水，使地下水的水位降至不影响施工范围的高度以内。在选择地下水控制工法时要考虑施工的难易程度、对周边环境的影响程度、施工的经济性等。经常使用的降排水方法有深井排水和井点降水两种方式（图11.4.8）：

（a）深井排水

深井排水是在将带有滤网的井管（管径0.3~0.6m）埋置于基坑深土中，形成集水井，再通过设置在井管内的潜水泵将流入集水井的地下水抽至地上。深井井点降水适用于透水性较好土质的基坑降水。

（b）井点降水

井点降水是在基坑周围埋置多根小口径的井点管，再通过真空泵将井点管内的地下水抽排出地面。井点降水属强制性排水，在透水性较小土质中也可使用。

11.4.6 土方开挖及挖土机械（图11.4.9）

（1）土方开挖施工计划

土方开挖使用的机械设备主要有挖土机、推土机、抓铲、装载车等。在编制施工计划时一般应该考虑的主要事项有：①挖掘顺序；②台班挖土量；③挖土机械的停放位置及装载车的行走路线；④挖掘必要的机械台班数；⑤周边道路的交通状况；⑥地下水出现异常情况时的对策；⑦挖出土方的处理等。

（2）土方开挖的施工顺序

以下，以设置2层围檩的围护墙为例，说明土方开挖的施工顺序。

设置围护墙→1次挖土→设置第1层围檩→2次挖土→设置第2层围檩→3次挖土（最终）→浇筑底板。

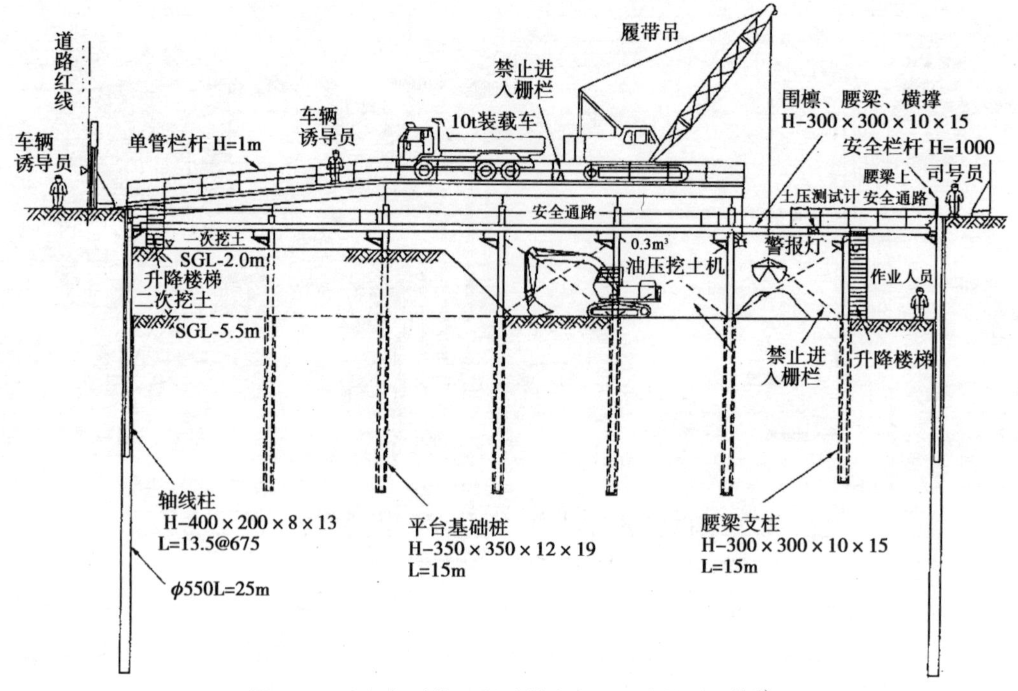

图11.4.9　土方开挖工程（设有出入平台情况）[11-5]

用词解释

（3）土方工程施工临时设施

在进行大面积深基坑挖土作业时，经常要搭设施工平台，为排土作业、装载作业提供必要的工作面（参照照片11.2.3）。

11.5　项目主体结构工程

11.5.1　钢筋混凝土结构工程概述

（1）钢筋混凝土结构应具备的性能

钢筋混凝土工程的管理目标是按照设计文件、相关法律、规范、规定以及主体结构和装饰工程的要求，达到建筑本身所需要的性能。工程中钢筋混凝土结构所应具备的性能及规格，在工程的设计文件中已进行详细规定。日本建筑协会的《钢筋混凝土工程标准及解说（2009年版）》（以下简称JASS5）中，对钢筋混凝土建筑物的结构及相关构件的具体要求如下[11-7]。

① 结构的安全性；

② 耐久性；

③ 耐火性；

④ 实用性；

⑤ 构件的位置、断面尺寸的精度及表面观感状态。

为了使钢筋混凝土建筑物在结构施工中能够达到以上要求，在

用词解释

JASS5中做了如下规定，“为确保结构的安全性（设计文件所规定的），结构混凝土必须达到必要的抗压强度并具有相应的结构安全储备，混凝土浇筑施工中应采取必要的养护措施并应避免在浇捣及接茬处出现质量缺陷”。“钢筋应该使用符合规定要求的材料，施工中应满足加工及绑扎安装精度”。对耐火性能规定如下，“结构的耐火性由结构构件的最小截面尺寸、钢筋混凝土中钢筋的最小保护层厚度及钢筋保护层混凝土的质量状况来综合确定”。

钢筋混凝土结构建筑物的主体结构工程施工是按照钢筋绑扎安装、模板支设、商品混凝土订购、混凝土浇筑、混凝土养护、模板拆除的施工工序进行的。为了保证结构整体的安全性能，各个工序都应达到各自的标准。例如，即使“钢筋使用了符合规定要求的材料，施工中也满足加工及绑扎安装精度”的要求，但在混凝土浇筑工序中出现质量缺陷，仍然不能保证整体结构安全。同样，由模板支设精度不够造成最终钢筋保护层厚度过小，也不能保证达到整体结构的耐火要求。综上所述，建筑物要达到结构应具有的性能，就要在模板、钢筋、混凝土施工的各个工序的实施阶段中，编制合理的施工工序，设定质量管理标准，并进行严格的施工质量管理。

（2）钢筋混凝土结构建筑物的施工顺序（图11.5.1）

钢筋混凝土结构建筑物一般由柱、墙及上部的梁、板组成。这是组成建筑物结构总体施工的最基本的一个单元。

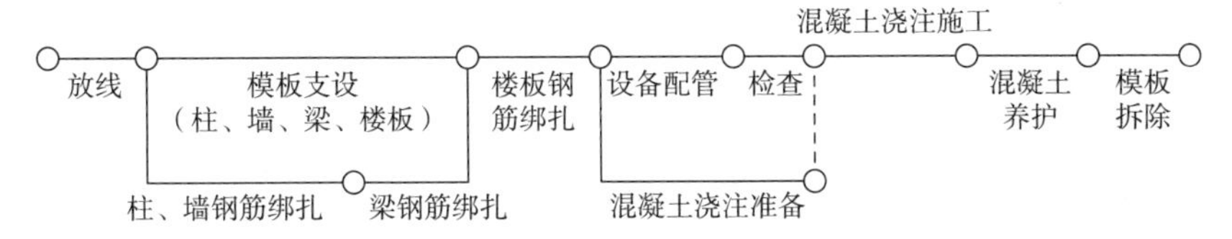

图11.5.1 钢筋混凝土结构的施工工序（一层部分）

11.5.2 钢筋工程施工

（1）钢筋工程的施工计划及准备

（a）确认施工内容

首先要对工程设计文件中材料种类、加工安装的标准、配筋的规格、检查要领等进行确认。其中包括工程结构设计文件中所含的钢筋标准图、各层结构平面图（各轴线构件的配筋图）、柱、梁等构件的配筋表、架立钢筋钢筋详图、其他部分钢筋配筋详图。

常用的钢筋工程安装检查标准有:《公共建筑工程标准规格书》、《JASS5》及日本建筑学会《钢筋混凝土结构配筋指南（解说）》。

（b）材料订货

首先根据设计图纸绘制钢筋加工图，明确钢筋种类、钢筋规格，并

用词解释

计算所需钢筋数量向厂家订货。钢筋收口详图（图11.5.2）是在结构构件中空间狭窄、钢筋多层（多向）设置并相互交叉等复杂条件下，为确认钢筋是否满足保护层厚度及钢筋之间间距而绘制的指导钢筋安装施工的图纸。

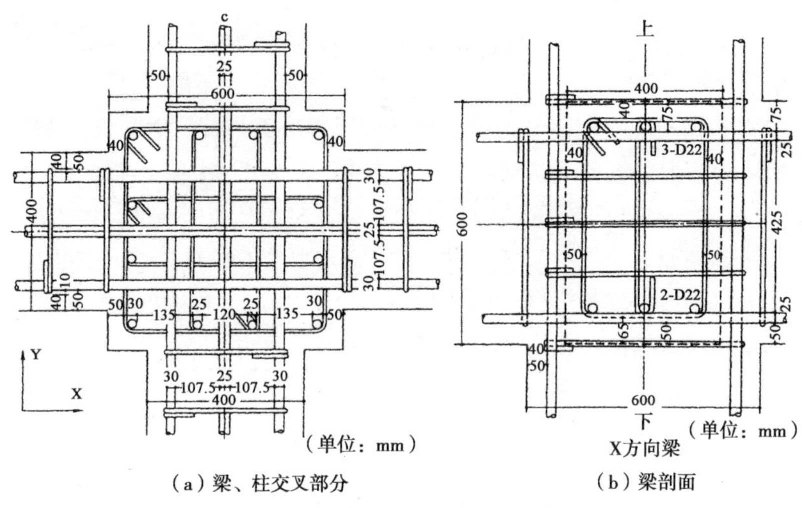

（a）梁、柱交叉部分　（b）梁剖面

图11.5.2　配筋收口详图[11-7]

（c）编制施工计划

施工计划的编制应考虑工期、具体施工操作时间、与其他工种的穿插、使用的垂直运输工具等各种条件。施工计划中应明确钢筋设计规格、施工范围、进度计划、临时设施计划，同时编制施工质量管理表（参见第9章9.3.9）。计划中应决定各工序的管理项目、检查人员、检查要领及质量标准等。钢筋施工一般在现场由操作人员一根一根地绑扎成型，也可先将柱、梁预制绑扎成型后，然后使用垂直运输机械吊装就位的安装施工的方法。钢筋工程的施工工法需要考虑现场可能遇到的各种情况，经综合研究最终确定。施工计划书中应该明确说明所采用的施工工法。钢筋工程分包单位应根据施工计划书编制钢筋工程施工操作要领书。施工操作要领书应包括，钢筋的具体的加工方法、绑扎安装方法、施工大样图及检查方法及规定。

（2）材料

（a）使用材料的标准

日本建筑基准法37条中规定，国土交通大臣规定对建筑物的基础及主要结构部位应使用的材料（指定材料包括，钢筋、钢材、混凝土、木材等）必须符合日本工业规格（JIS）及日本农林规格（JAS）的标准。或者，使用材料本身符合质量要求，并得到国土交通大臣的认可。

（b）钢筋的种类

建筑工程中通常使用**热轧成型**的异形带肋钢筋《JISG 3112钢筋混凝

热轧成型

将钢材加热到1000℃以上高温后，将钢材轧制成型。

土用圆钢》。为了增加钢筋与混凝土之间的握裹力钢筋表面设置了称为“节”的凸起肋。JIS对钢筋进行了统一的标称。如“SD390”中，“SD”表示该钢筋为异型圆钢筋、“390”则表示钢筋的强度区分。钢筋原材料的长度则是根据工厂的制造工艺决定的。

为了识别生产材料的不同厂家，不同材质的异型钢筋在其表面还刻有相对应的标识（参见图11.5.3）。钢筋端部还要根据钢筋接头施工的工法加工成不同的形状，如，有按照套筒挤压接头和直螺纹连接工法的要求，对钢筋端部进行特殊加工成型的钢筋成品材料。这些钢筋的端部增设螺纹等以方便钢筋**机械式接头**的连接施工。

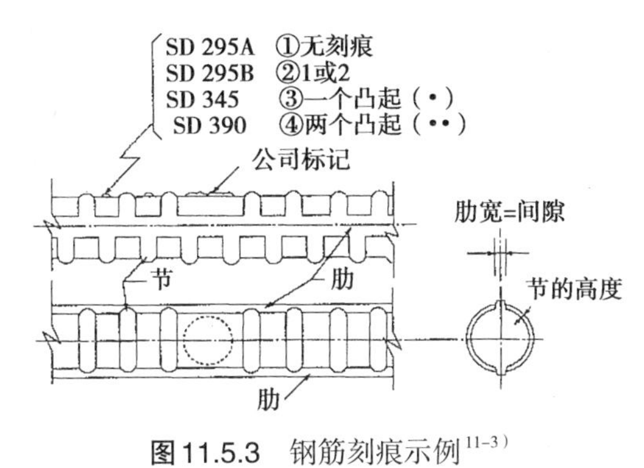

图11.5.3 钢筋刻痕示例[11-3]

（c）材料的管理

首先应该检查确认到场材料是否与订货材料一致。已进场的材料根据钢筋原材上的不同刻痕，按种类不同而分别堆放保存。符合JIS规格的钢筋，生产厂家会随出场材料提供产品合格证及出厂检验报告。材料到场时应首先通过检查合格证及出厂检验报告，确认钢筋的种类、材料的质量。现场采购的钢筋原材通常以检查确认生产厂商的合格证及出厂试验报告的方式进行质量检查，不另外进行材料复试。

（3）加工

（a）加工方法

钢筋加工是将从生产厂家购入的钢筋原材，按照施工要求进行切断及弯曲成形的施工。由于钢筋加工需要较宽阔的场地，通常钢筋分包单位先将钢筋原材在加工厂加工成型后再运至施工现场。钢筋的加工原则上使用**冷加工**，以防止过热导致钢筋性能的变化。钢筋的裁剪使用切断机，成型使用弯折机。

（b）加工标准

如钢筋弯曲部分的弯曲直径过小，将对该部分混凝土增加**局部压应力**，从而造成混凝土破坏。因此，对钢筋加工尺寸设置了许多规定。图11.5.4中是钢筋端部对弯折角度及锚固长度的规定。

用词解释

机械式接头
使用机械的连接方法，将钢筋连接为一体的施工方法。施工中要使用专用套筒、并将钢筋端头进行套丝加工，并在套筒内填充砂浆。

冷加工
常温下对钢筋的加工操作。

局部压应力
仅在在构件的局部范围内产生的压应力。

用词解释

钢筋钩
使用绑扎丝进行人工钢筋绑扎操作中使用的工具。

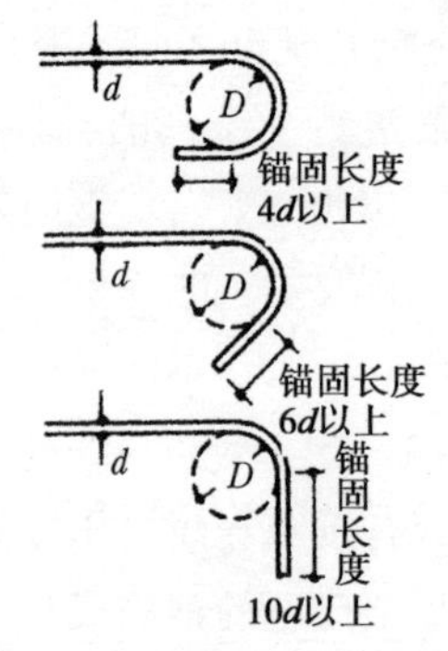

图11.5.4　加工标准示例[11-7]

（4）钢筋安装

（a）钢筋安装方法

钢筋安装工程通常是按照柱（墙）→大梁（小梁）→楼板的顺序，中间穿插模板支设工程施工。为了保证安装钢筋笼的形状，在钢筋交叉处使用0.8mm左右的铁丝用**钢筋钩**进行绑扎。当然，不仅仅是在钢筋施工时，更重要的是在混凝土浇筑完成后，要保证钢筋骨架位置的正确。因此，施工中钢筋与模板之间应该按照要求设置混凝土垫块或塑料卡，确保混凝土浇筑完成前钢筋与模板保持相应的间距，从而保证钢筋所需的混凝土保护层厚度。

（b）安装标准

钢筋安装标准包括：i）钢筋之间的间距（间隔）、ii）钢筋保护层厚度、iii）连接方法、iv）搭接、锚固长度等。

（c）钢筋之间的间距、间隔（图11.5.5）

“间距”，即钢筋与钢筋表面之间的距离。间隔，即两钢筋轴线之间的距离。钢筋之间的间距是为保证混凝土在浇筑时，混凝土骨料能够顺利通过而设置的。它是提高钢筋与混凝土之间的握裹力并顺利地传达应力所必需的。

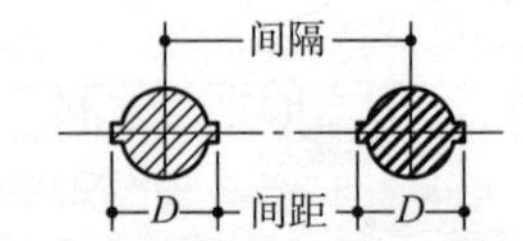

图11.5.5　钢筋之间的间距及间隔

（d）钢筋保护层厚度（图11.5.6）

“钢筋保护层厚度”是指钢筋外表面包裹的混凝土的最小厚度。钢筋保护层厚度对钢筋混凝土结构的耐火性能、耐久性及结构耐力产生极大影响。

在日本建筑基准法中根据不同的构件，规定了相应的最小保护层厚度值。在JASS5及图纸总说明中，根据结构构件表面的装饰做法，详细规定了相应必须达到的钢筋最小保护层厚度。为了保证构件在混凝土浇筑完成后能够达到所要求的钢筋保护层厚度，并考虑施工过程中可能产生误差等其他因素，在施工管理中将最小保护层增加1cm，我们称为“设计钢筋保护层厚度”。在钢筋加工、安装施工中以“设计钢筋保护层厚度”为标准对工程进行管理。

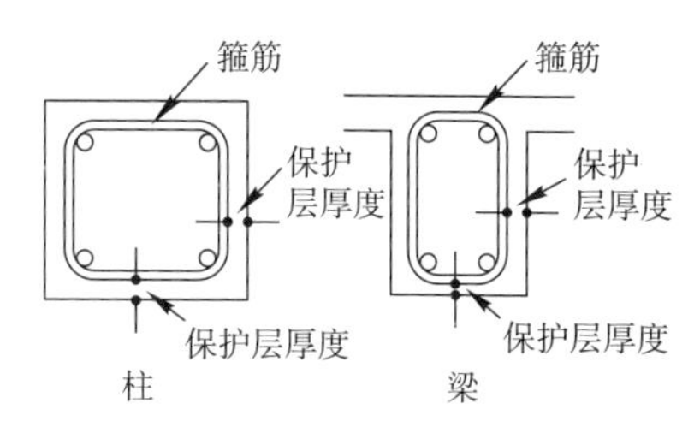

图11.5.6 钢筋保护层厚度[11-7)]

（e）钢筋接头

在钢筋混凝土结构构件中钢筋都是由复数组成的，这些钢筋通过一定形式的连接形成连续的整体，其中搭接的部分称为接头。目前建筑施工中最常用的钢筋搭接方式有，直径16mm以下的钢筋采用“绑扎接头”、直径19mm以上的钢筋通常采用“气压焊接头”。其他特殊接头形式还有“机械式接头（图11.5.7）”和“焊接接头”等。日本建筑基准法实施令中规定了钢筋绑扎接头的标准，而气压焊接头及特殊接头的结构技术标准则在日本**建设省告示**中有明确的规定。气压焊钢筋接头的施工应按照日本钢筋接头协会（社团法人）的《燃气压接工程标准规格书》的规定施工，操作人必须是持有该协会认证的资格证书的人员。

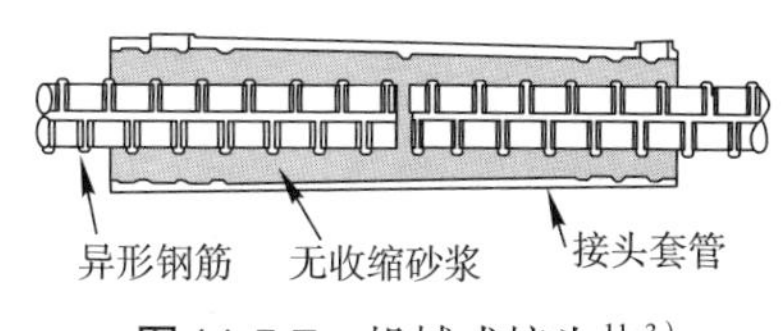

图11.5.7 机械式接头[11-3)]

钢筋接头原则上应设置在构件中结构应力较小，并且在混凝土构件的受压区域内。相邻钢筋的接头不应集中设置在同一范围，在编制施工方案时应符合交错设置的原则。

（f）钢筋的锚固

钢筋混凝土结构应力是按照从板至梁、梁至柱、柱至基础部分的路线传递的。构件中应力的传递则是由该构件的钢筋混凝土及按规定埋入相邻构件中一定长度的钢筋完成的。而这个钢筋按规定伸入相邻构件中一定的长度，称为钢筋的锚固。在钢筋混凝土构件中，钢筋主要承受拉

用词解释

建设省告示

过去的建设省现已经改名为国土交通省。由于是过去发布的告示因此名称尚未更改。本书的后续部分还会出现同样的告示名称。

用词解释

应力并随所受外力变形伸缩。在钢筋的锚固区域，由钢筋与混凝土之间的握裹力将钢筋所承受的应力传递给混凝土，然后传递到相邻构件。钢筋在混凝土内的锚固部分，根据钢筋及混凝土强度及锚固在构件中的具体位置，将锚固钢筋设置成不同的形状及长度。

（g）辅材

在施工中，为了确保钢筋的保护层厚度及保证绑扎后钢筋的整齐，根据规定需设置钢筋保护层垫块、塑料卡（图11.5.8）或马蹬。这些辅材的材质通常为混凝土、钢筋或塑料。

图11.5.8　塑料卡

（h）预制工法（照片11.5.1）

预制工法是为了达到缩短工期，提高施工精度而开发的钢筋施工工法。该工法在结构施工中以梁或柱为单元，先进行单元钢筋的绑扎成型施工，然后使用起重机械将先行绑扎成型的钢筋进行就位安装。由于气压焊接头的施工需要预先考虑接头的压缩长度（接头收缩量），而实际操作中压缩量不易控制。因此，在预制工法施工中，通常采用机械式或焊接接头的连接方式。

照片11.5.1　钢筋预制工法

（5）质量管理

钢筋工程的质量管理包括：①原材料的检查确认；②原材加工成型检查；③配筋施工检查（包括合模板前及合模板后）；④混凝土浇筑时

用词解释

的确认检查等不同阶段。根据设计文件、设计说明及相关规范的要求，在施工质量管理表中，应根据不同的施工阶段设置相应的检查项目及检查标准值。施工中按照这些项目及标准对质量进行管理[11-7]。

11.5.3 模板工程施工

（1）模板应具备的性能

模板支设完成后，要着手进行在模板内浇筑混凝土的施工。模板应具有承受各种施工荷载的强度，并能满足建筑结构要求。构件的模板要能够保证构件的外形尺寸、形状的要求。模板作为一种临时设施，在混凝土浇筑及养护完成后，即可拆除。如拆除后的模板质量良好，还可以再次周转使用。模板的材质通常为钢制或木制。模板系统由与混凝土直接接触的合板及保证合板形状的支撑构架系统组成。模板系统必须具备如下性能：①保持一定的形状尺寸及精度；②具有承受施工及混凝土浇筑荷载的强度；③具有混凝土的养护功能，并达到混凝土表面装饰性能的要求。

（2）模板工程的计划及施工准备

（a）模板加工

在工程现场结构施工中，根据工序要求需先支设模板系统。根据梁或柱的外形尺寸将模板加工成所需的形状，这个方法称为混凝土用模板工法。（楼板模板则直接使用标准尺寸的混凝土施工用模板）。模板工程的分包单位应依据混凝土结构图纸的要求，绘制模板加工图纸。对楼梯等复杂部位，根据要求还可能需要绘制1∶1大样图。

（b）绘制施工方案图

经对模板板材及支撑系统进行强度核算后，根据确定的尺寸绘制模板支撑体系安装图纸。

在装饰混凝土工程施工时，需首先对模板板材及穿墙螺栓的位置进行计算，并根据计算结果绘制图纸。然后对图纸进行观感等综合研讨。

（c）板材及支撑体系的强度核算

楼板模板应考虑模板上的施工荷载及混凝土浇筑施工时所应承受的各种荷载，根据所承受的荷载数值对模板及支撑系统进行强度核算。综合考虑上述条件，选择适当材质的模板并研讨支设方案。墙、柱的模板及支撑体系还要承受混凝土浇筑施工产生的混凝土侧压力（图11.5.9）。梁、板模板及支撑体系的核算，需要考虑竖向的固定荷载、施工荷载及混凝土浇筑施工时产生的水平荷载。各种荷载的正确确定，是编制安全的模板施工方案的可靠依据。

（d）相关法规

日本劳动卫生安全法则中明确规定了在模板工程支设施工中应做到：①模板支撑体系的结构及容许应力值符合要求；②绘制模板系统安装图

用词解释

并确认强度符合要求；③选定施工操作主任；④对一定规模以上的模板工程，还要提出支设申请。在日本建设省的告示中，对模板支撑体系的拆除施工，规定了模板设置日数及混凝土必须达到的强度数值的标准。

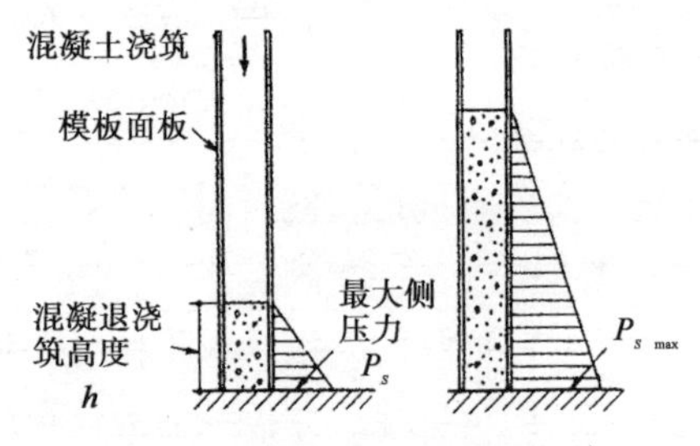

图11.5.9　混凝土侧压力[11-8]

（3）材料

（a）模板板材

模板板材通常是由木质合板、金属制、纸质、塑料等材料制成的。由于板面直接与混凝土表面接触，因此它必须具有保证混凝土表面装饰性的性能。最常用的合板是日本农林规格（JAS）"混凝土模板用合板"。该规格中规定，按照合板的弹性模量、板面存在的木节、孔洞、缺口的程度将材料分为不同的等级。合理使用合板还可以提高混凝土表面的装饰性能。如，依照设计图纸的要求，采用窄幅杉木板将合板的木纹反转印至混凝土表面以增加其质感及表面观感。

（b）钢制模板（图11.5.10）

钢板经弯折压制成压型钢板，将压型钢板架设在梁之间，就可以作为楼板的模板使用。由于压型钢板在一定长度内不需要设置支撑，因此它具有提高模板施工效率的优点（参见图11.5.10）。

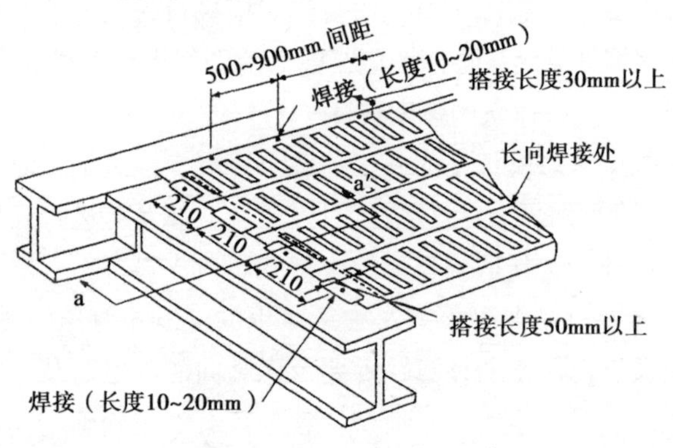

图11.5.10　钢制模板[11-3]

（c）预制钢筋混凝土模板

预先在工厂中使用钢筋混凝土制造的预制钢筋混凝土构件也可以作

为模板使用。在这类常用的模板中，还有作为楼板模板使用的半预制型混凝土模板。这种模板在预制模板中预先埋设好下层钢筋，混凝土浇筑完成后，形成一体成为具有承重机能的结构楼板。同样，柱、梁使用的预制混凝土模板也在开发研究中（参见图11.5.11）。

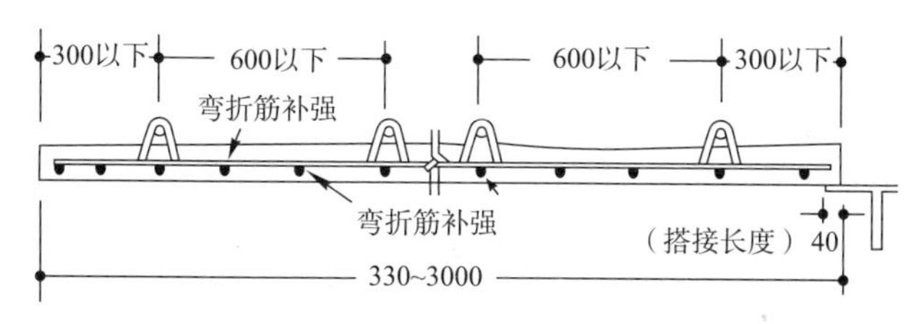

图11.5.11 预制混凝土模板[11-8]

（d）支撑体系

模板的支撑体系由外楞、内楞、支柱、揽风组成。这些材料通常采用圆钢管、铝管、方钢。根据需要支撑体系还可以采用扣件式钢管脚手架或门（框组）式脚手架体系进行拼装施工（参见图11.5.12）。

（e）其他材料

模板工程专用的紧固材料有对拉螺栓及扣件（参见图11.5.12）。

（4）模板的拆除时间

模板只有在浇筑的混凝土达到所要求的强度后，方可进行拆除施工。否则不得进行拆除施工。日本建设省告示中对拆除模板及支撑前混凝土所必须达到的强度及混凝土养护留置时间均有明确规定。告示中根据模板及支撑体系所承受的不同荷载，规定了相应的养护留置时间。日本国土交通省的标准规格书及JASS5中规定，板、梁下的模板支撑只有在梁、板混凝土强度达到设计标准强度的100%以上时，方可开始拆除施工。

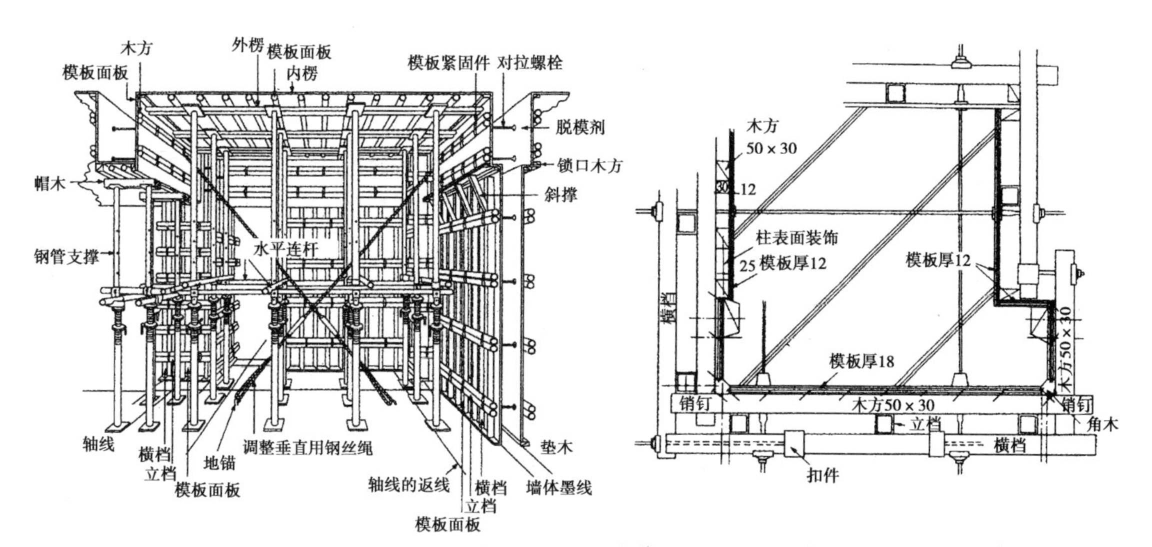

图11.5.12 模板支撑体系[11-3]及紧固配件[11-8]

用词解释

（5）质量管理

模板工程的质量管理项目包括：①模板位置线的放线偏差；②柱、梁模板的垂直偏差；③轴线位移偏差；④梁、板的板面标高偏差；⑤满足强度要求的模板材料的选定，模板的支设状况等。

11.5.4 混凝土工程施工

（1）混凝土工程施工方案

（a）确认工程内容

首先确认图纸及设计说明中是否有特殊要求。如，确认不同部位是否有浇筑不同种类混凝土（普通混凝土、轻质混凝土等）、使用混凝土的质量（施工和易性、强度等）、结构混凝土的质量（强度、耐久性等）、是否有特殊技术要求的混凝土（大体积混凝土、低温混凝土、高强混凝土等）。

（b）编制施工方案

钢筋混凝土工程施工的目的是，生产出作为结构体的受力构件，满足建筑结构性能及使用要求。我们必须注意到，结构混凝土的质量不仅与混凝土原材料的好坏，而且与施工现场混凝土的浇筑施工、振捣及混凝土强度增长期间的养护条件等息息相关。施工方案编制中应考虑工程进度、现场施工条件、商品混凝土供应条件。方案中还要研讨并明确，必须使用能够满足质量要求的原材料、订购的混凝土的技术标准、混凝土运输及浇注施工、养护中的注意事项，以及混凝土工程质量管理体制、检查及实验的要领。大多数地方政府均规定，施工单位应将“钢筋混凝土施工方案”及“施工成果报告书”提交给业主。

（2）材料

（a）混凝土

建筑施工中，施工单位通常是向商品混凝土公司购买预拌混凝土。混凝土原则上必须满足《JIS A 5308 预拌混凝土》的规定。施工单位应选择JAS认证的商品混凝土公司来订购预拌混凝土。当使用JIS规定以外的混凝土（如，高强混凝土）时，必须预先得到日本国土大臣的批准。

JIS中规定，商品混凝土公司必须保证遵守预拌混凝土的强度、施工和易性等众多质量要求，并将质量合格的预拌混凝土按照合同要求运送到施工现场，交付给施工人员。

在接收预拌混凝土地点，施工单位应对混凝土进行进场检查，只有经检查确认混凝土质量满足JIS标准后方可使用（混凝土强度则是在达到规定的标准养护日期时进行）。

混凝土种类有，普通混凝土、轻质混凝土（第1种、第2种）及重量混凝土。JIS将预拌混凝土按照粗骨料的最大粒径、坍落度、强度标号的组合进行分类（表11.5.1）。JIS规格的预拌混凝土产品的标识方法如图11.5.13所示。

预拌混凝土的种类[11-9] **表11.5.1**

混凝土种类	粗骨料最大尺寸mm	坍落及扩展度[3] cm	标准强度													
			18	21	24	27	30	33	36	40	42	45	50	55	60	弯曲4.5
普通混凝土	20、25	8、10、12、15、18	○	○	○	○	○	○	○	○	○	○	–	–	–	–
		21	–	○	○	○	○	○	○	○	○	○	–	–	–	–
	40	5、8、10、12、15	○	○	○	○	○	–	–	–	–	–	–	–	–	–
轻质混凝土	15	8、10、12、15、18、21	○	○	○	○	○	○	○	○	–	–	–	–	–	–
道路混凝土	20、25、40	2.5、6.5	–	–	–	–	–	–	–	–	–	–	–	–	–	○
高强混凝土	20、25	10、15、18	–	–	–	–	–	–	–	–	–	–	○	–	–	–
		50、60	–	–	–	–	–	–	–	–	–	–	○	○	○	–

注（3）商品混凝土卸货地点的数据、50cm、60cm为坍落扩展度的数值。

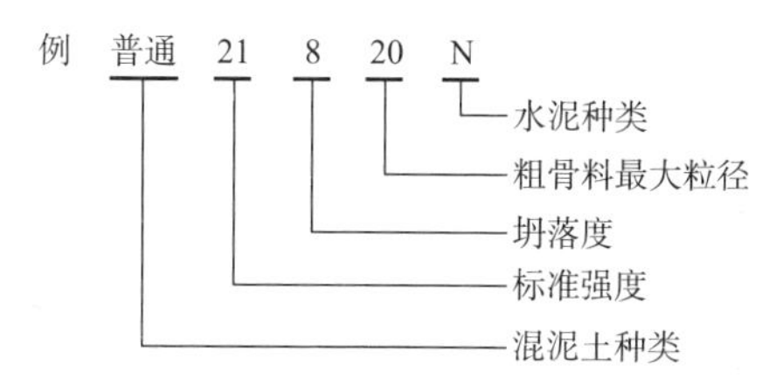

图11.5.13 预拌混凝土的标识方法

（b）水泥

混凝土是由水泥、骨料、拌合水及掺合料组成的。在JIS中规定，水泥分为普通硅酸盐水泥、矿渣水泥、硅酸盐水泥、粉煤灰水泥。施工中根据混凝土的设计要求来选择和使用不同种类的水泥。

（c）骨料

骨料是混凝土中的拌合料，按照粒径的大小分为粗骨料和细骨料。骨料按种类又分为粗砂、细砂、碎石人工轻质骨料、再生骨料等。JIS对各种骨料的质量标准均作了详细规定。如，JIS A 5308的附属书中就明确规定了砂的质量标准。骨料必须在确认其**碱活性反应**对混凝土质量无害后方可使用。规范中还规定，粗骨料的最大粒径应根据混凝土中钢筋之间的间距及保护层厚度来确定。

（d）拌合用水

混凝土拌合用水中，油、酸、盐等危害钢筋及混凝土质量的物质不得超过规定的限量值。当使用自来水以外的其他水源作为混凝土的拌合用水时，应按照JIS A 5308的附属书的规定进行水质试验。

（e）掺合料

为了提高混凝土的性能，需要加入掺合料及外加剂以对混凝土整体性能进行调整。掺合料的添加量是根据所配制的混凝土的配合比，按体积比

用词解释

碱活性反应

混凝土骨料中含有的硅与混凝土中的碱成分发生化学反应，造成混凝土的局部膨胀。致使反应部分混凝土出现裂缝的现象。

用词解释

来计算的。常用的材料有粉煤灰及硅。掺合料的使用量相对较多。由于外加剂的掺入量较少，所以不按混凝土配合比计算。常用的外加剂有：AE减水剂、高效A E减水剂及阻锈剂。外加剂的使用量由混凝土生产厂家决定，使用中应注意过量添加对混凝土整体质量产生的不良影响。

（3）配合比

配合比是指混凝土搅拌时各种材料的加入比例，也可以称为单位体积混凝土中各种掺入材料的比例。

混凝土必须达到所要求的强度、单位体积重量、施工和易性、耐久性、弹性模量、干缩率的质量要求。混凝土配合比的设定对以上质量指标产生重要影响。同样质量的混凝土，在不同的搅拌站生产时，由于各搅拌站使用的材料不同，其配合比设计也不相同。混凝土生产前，根据配合比方案要求原则上要进行“试配”。通过试配来确认混凝土的强度、耐久性、和易性等指标是否满足质量要求。对供货业绩较好的JIS规格的商品混凝土公司，有时也可省略“试配”工序。

（a）配合比强度

配合比强度是混凝土配合比设计的目标，即混凝土抗压强度。浇筑后的混凝土强度的增长随着施工季节、养护条件、材料的龄期而变化。为使结构体混凝土的强度在不同条件下都能满足使用要求，就要考虑应对以上各种条件来设计及混凝土的标准强度。例如，混凝土在冬季室外低温环境下施工时，要达到夏季同样龄期的强度增长速度，就要考虑冬季低温混凝土强度增长缓慢的特点，采取提高混凝土配合比强度的补救措施。同样，考虑到预拌混凝土在制造过程中，其强度会在一定范围内波动。为保证出厂产品的所有混凝土均能满足工程要求的混凝土标准强度，就要在配合比设计时采取适当增加配合比强度的措施来应对。根据以上混凝土配合比设计的管理方针，在混凝土配合比设计中也要考虑混凝土养护条件及生产中的质量波动，适当增加混凝土的配合比强度，以满足最终出厂产品符合工程的质量要求。

（b）坍落度

坍落度是表示混凝土施工和易性的一个指标。混凝土坍落度指标根据JIS规定的方法，由试验决定。

混凝土单位用水量过大会导致坍落度增大，使骨料分离、混凝土在硬化中收缩加剧，最终导致混凝土质量降低。JASS5中根据不同混凝土强度，规定了坍落度的上限值标准。

（c）水灰比

水灰比（W/C）与混凝土强度成反比关系。而且，水灰比越小混凝土表面抵抗水、二氧化碳侵蚀的效果就越强，混凝土整体的耐久性就越好。JASS5中对相同坍落度混凝土规定了水灰比数值的上限标准。

用词解释

(d) 单位用水量及单位水泥用量

单位用水量在可能的范围内应尽可能的少，JASS5中规定为小于185kg/m³的标准。根据JASS5规定的单位用水量，在使用一些骨料时，不能达到施工和易性的要求。这时就要添加减水剂或高效减水剂来提高混凝土的和易性。JASS5中规定单位最小水泥用量为270kg/m³。

(e) 空气量

混凝土中含有微小气泡，它能够提高混凝土的和易性和抗冻融性能。JASS5中规定空气量的标准值为4.5%。

(f) 配合比报告书

配合比报告书中，应明确混凝土设计强度、坍落度等配合比设计条件，并附有记载了使用材料的规格、每立方米混凝土所含各种材料的质量、体积、单位用水量、空气量、添加剂数量等的表格。

(4) 预拌混凝土订货及进场

(a) 选择商品混凝土公司

选用的商品混凝土公司，原则上必须选择通过JIS标准认证合格的商品混凝土生产企业。由于JIS、标准规格书JASS5中规定了混凝土从搅拌、运输、浇筑施工完毕的时间限制，因此，通常我们应选择厂址近，限制时间内能够完成混凝土浇筑施工的商品混凝土公司。为了明确混凝土质量的责任，在编制混凝土施工方案时，应避免同一流水段使用多个搅拌站供应的混凝土。

(b) 商品混凝土的订购

购入JIS规格的商品混凝土时，首先应对混凝土的种类、强度、坍落度等质量指标及浇筑量、施工时间等进行确认。同时以下具体技术指标也要明确提出。

①水泥种类；②骨料种类；③骨料最大粒径；④骨料活性反应的分区；⑤掺和料的种类及数量；⑥保证混凝土达到设计要求强度的龄期。

(c) 名义强度

名义强度是指施工单位订购混凝土时指定的混凝土强度指标。现场结构施工中混凝土在浇筑施工后，通过一定时间的养护，其强度逐渐增长到设计值。混凝土强度的增长受到养护期间大气气温等因素的影响。冬季为避免低温条件下在预定龄期内混凝土不能达到设计强度的情况发生，必须根据情况适当提高商品混凝土的设计强度，以满足施工现场的要求。

(d) 混凝土的运送

商品混凝土公司生产的商品混凝土由混凝土罐车运送到施工现场。混凝土罐车在行驶中，不停地对混凝土进行搅拌以防止混凝土凝固。在一定的温度条件下，混凝土必须在规定时间内完成从投料搅拌到浇筑施工的全过程。JASS5中规定“大气温度25℃以下时120分钟、25℃以上

用词解释

时90分钟内必须完成混凝土的施工全过程”。

（5）混凝土浇筑

（a）浇筑施工前的准备

混凝土工程浇筑施工的施工计划的编制应考虑日混凝土浇注量、施工时间、浇筑施工要领、搅拌站的生产能力等因素。混凝土浇筑前，必须做好浇筑范围内模板的支设，特别是施工缝处模板的围挡。还应对模板进行清扫并洒水湿润。

（b）施工机械

预拌混凝在施工现场土卸车后，通常由混凝土泵送车将混凝土输送到工作面。混凝土的振捣操作通常使用混凝土振捣棒及木槌。

（c）混凝土浇筑

混凝土浇筑施工的好坏，直接影响建筑结构混凝土的质量。为保证模板内混凝土能够充填密实，事先要明确施工要领，编制施工方案。混凝土浇筑施工时，浇筑高度、模板支设强度及每次混凝土浇筑量有很大关系。因此，同一部位的混凝土的经常被分为数次浇筑。混凝土接茬处振捣不充分混凝土就不能很好地结合成一体，就会形成称为冷缝的不连续的断面。混凝土振捣不充分还可能造成骨料与水泥浆分离，导致混凝土表面出现蜂窝麻面（照片11.5.2）。为了避免混凝土初凝时出现由于混凝土下沉产生的裂缝，使用专用工具对混凝土表面进行拍打以消除裂缝。

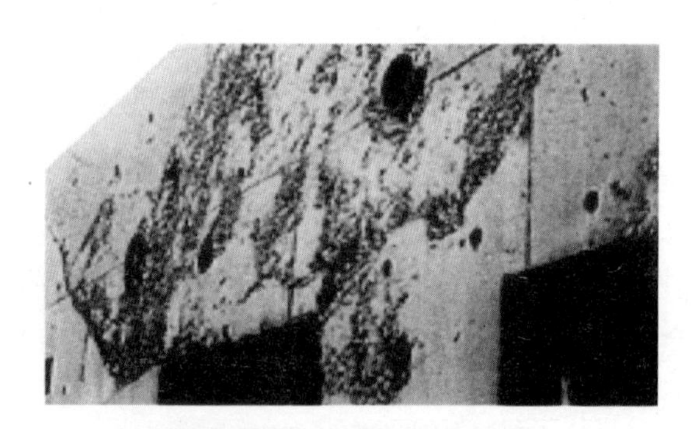

照片11.5.2　混凝土施工缺陷

（6）养护

混凝土浇筑后，在混凝土尚未充分硬化期间内，应避免混凝土湿度的急速变化和湿度下降及振动等外力影响。应对混凝土进行必要的养护。在混凝土的硬化初期阶段，如水分不足会给混凝土的强度增长造成很大的障碍。硬化期间过低的温度，会极大地减缓混凝土强度的增长速度。在建筑基准法实施令中规定，“养护期间要保证混凝土温度大于2℃”。

（7）质量管理

JIS中规定，预拌混凝土生产企业必须对生产的混凝土进行质量管理。现场施工企业必须对混凝土生产企业进行的质量管理中的试验结

用词解释

果进行确认。同时对下列事项通过检查进行确认，①骨料原材的质量、②使用混凝土的质量、③结构混凝土的质量则使用检查实验结果的方式进行、④按照规定的标准对运输、浇筑、振捣、表面观感、浇筑后的养护等各个阶段中的不同管理项目的管理力度进行检查确认[11-7)、11-9)]。

（a）使用材料的检查

施工单位应在施工前及施工之间，就混凝土的各种原材料是否符合质量规定随时进行检查。这些检查是通过对混凝土生产企业提供的试验单的确认来进行的。一些地方还特别规定，对骨料的物理性能及碱活性反应项目，施工单位必须到政府指定的实验室进行试验检测。

（b）出场混凝土的检查

施工前应对商品混凝土生产企业试配的混凝土进行检查，确认混凝土质量符合设计文件的要求。如使用的混凝土符合JIS规格的产品时，也可以通过对配比报告书的检查来代替混凝土的试配。在卸货地点进行的混凝土进场检查主要包括以下几项：①通过检查进货单确认混凝土是否与订货事项相符合；②进行坍落度、坍落扩展度（照片11.5.3）、空气量、氯化物含量、单位用水量的实验；③现场制作混凝土试块并按规定进行养护，达到龄期后进行抗压强度试验，检查是否达到设计强度要求等。

照片11.5.3 混凝土坍落扩展度实验

（c）结构混凝土的质量

在混凝土施工现场，取适量混凝土按规定制作混凝土试块，并进行养护。试块达到龄期后进行抗压强度试验。另外，混凝土的模板拆除后对其表面进行观感检查，确认其表面是否有蜂窝麻面或冷缝现象。

11.5.5 钢结构工程施工

（1）钢结构工程的特点

（a）钢结构的特点

钢筋混凝土结构的柱、梁、楼板及剪力墙、隔墙及作为装饰基层的其

用词解释

他墙体的施工，通常都是同结构主体施工同时完成的。而钢结构工程中的柱、梁、桁架构件，则是由钢材制作成型。外墙通常在装饰阶段，通过安装非结构构件“幕墙”来完成。钢筋混凝土结构，通常是在施工现场进行钢筋绑扎及模板支设，继而进行混凝土浇筑施工。钢结构的各种构件则是在钢结构加工厂里，使用钢板材及H型钢进行加工制造。加工好的构件运送到施工现场后，使用起重机械进行构件的吊装施工。钢结构构件之间使用焊接或者是螺栓连接进行固定连接施工。在质量管理上，不仅要严格管理现场施工质量，而且要重视材料进场前各个工序的质量管理工作。

（b）钢结构与防火措施

日本建筑基准法规定，耐火建筑物的主要结构必须采用防火结构。通常，钢材在温度达到350℃时，钢材的屈服强度较常温时降低2/3左右。钢结构作为耐火结构，火灾时为保证钢材温度不高于350℃，钢材表面必须实施防火涂料施工。

（2）钢结构工程施工方案及施工准备

（a）确认工程内容

首先应熟悉设计图纸、设计说明及相关规范，了解建筑物结构概要、现场结构构件的连接方式、钢材的种类及数量，钢结构加工厂所需的资质等级（参见（2）.（b））及构件加工的难易程度。

（b）选择钢结构加工厂

钢结构加工厂的选择，应根据工程规模及钢结构构件的加工难易程度来决定 。首先要对①工厂的月加工能力；②施工业绩；③工厂的质量管理体制、管理技术人员及有资格的焊接操作人员的在册人数等进行调查。钢结构加工厂的资质等级的评审程序如下，首先由国土交通大臣指定的民间机构，对钢结构加工厂按照标准进行评定。而后由国土交通大臣对民间机构的评定结果进行最终审定。钢结构加工厂的性能评价分为“J・R・M・H・S” 5个等级（S为最高等级）、各个等级的钢结构加工厂都明确规定了该级别下容许加工构件的工程规模、焊接施工的姿势、钢材的种类、钢板厚度范围等。

（c）钢材的采购

钢结构加工厂根据工程的设计文件要求，绘制钢结构构件加工所需要的加工图纸。同时，区分不同材料的种类，按照种类的不同计算所需钢材数量。然后向相关钢材经营单位订购所需钢材。由于钢材市场变化很快，从钢材订购到材料进场期间市场能够提供的钢材的种类、各种类钢材的总量等因素都会有很大的波动。综合考虑钢结构部件的工厂加工及现场安装所需要的时间，选择适宜的钢材进厂时间，最终决定完成钢结构材料采购程序的时间是十分必要的。

（d）编制构件加工要领书

根据设计图纸的技术要求及构件的特点与钢结构加工工厂进行协

用词解释

商，编制《钢结构加工要领书》，明确构件加工要领、加工工期、加工精度、质量管理标准等事项。

（e）编制施工方案

综合考虑以下各种因素，编制现场钢结构施工计划。①确认钢结构构件的重量，并根据构件重量选择吊装所使用的机械；②钢结构构件吊装的施工顺序；③日吊装构件数量计划、吊装工程工期、构建连接安装施工的工期；④构建现场连接部分（焊接、高强螺栓连接）及栓钉焊接焊接操作的要领；⑤包括设置吊拉脚手架、安全绳、防止坠落的水平安全网、防止构件倾覆的缆风绳等措施的临时及安全设施方案；⑥吊装构件的安装精度及连接部件的安装质量标准、检查、试验方法等质量管理要领。

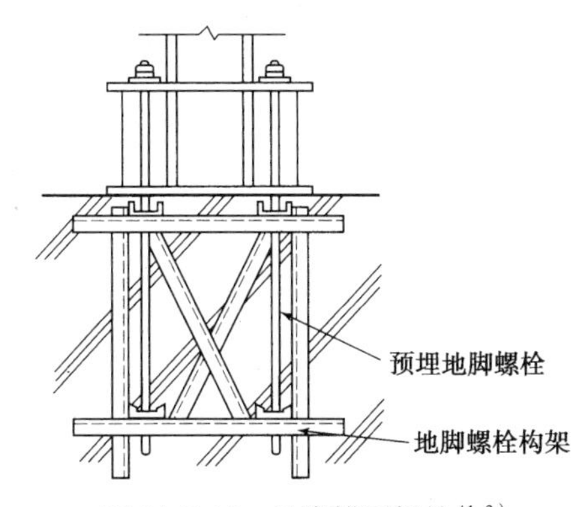

图11.5.14 地脚锚固螺栓[11-3]

（f）钢结构安装工程柱脚部分的施工准备工作

通常钢结构工程中，钢柱的柱脚使用地脚螺栓与建筑物的基础结构相连接。地脚螺栓通常是在工程的结构施工阶段，预先将地脚螺栓埋入混凝土基础结构中的。

（3）钢材

（a）钢材种类

钢结构建筑物通常使用的钢材种类详见表11.5.2所示。表中所示的各种钢材均是JIS规格标准材料。其他常用钢材还有，《建筑结构用冷轧方钢管形斜撑（BCP）》、《建筑结构用冷轧矩形方钢管（BCR）》等规格。

结构常用钢材种类 表11.5.2

名　　称	钢材种类	规格型号	特　　征
一般结构用轧钢	SS400、SS490等	JIS G 3101	最常用钢材
焊接结构用轧钢	SM400、SM490等	JIS G 3106	具有优良的焊接性能
建筑结构用轧钢	SN400、SN490等	JIS G 3136	建筑专用钢材

注：JIS规格标准规定的钢材标识方法中，表示SS、SN、SM种类的钢材具有400、490的抗拉强度（N/mm^2）。

用词解释

钢材在出厂时，随材料附有材质证明、材料试验单，使用前可以通过对材质证明及试验单中钢材的机械性能，如强度及化成分的检查确认材料的质量是否合格。

（b）材料的形状

根据不同材料的断面形状，钢材可分为H型钢、工字钢、槽钢、角钢、方形钢管、圆形钢管等。

（4）工厂加工

钢结构构件在工厂内按以下工序进行加工成型操作。

① 绘制构件加工图：绘制所有钢结构构件的加工图纸；

② 钢尺对照检查：将加工厂使用钢制卷尺与现场使用标准卷尺进行对照检查，以确认两钢尺之间的误差；

③ 绘制构件1：1大样图：对加工、安装较复杂的部位，在工厂的大样场地上绘制1：1大样图，以确认各构件的加工及安装施工的可操作性及方法；

④ 构件加工：在钢材原料上放线、下料、开孔并对焊接部分进行坡口加工；

⑤ 安装、焊接：加工完成后的构件，按照图纸要求进行临时拼装、对构件连接部分进行焊接施工然后安装柱及梁构件；

⑥ 矫正：对构件焊接施工时发生的弯曲、扭曲变形，通过加压或加热的方法对构件进行矫正；

⑦ 检查：对加工完成的构件进行检查（成品检查）；

检查包括，构件尺寸的实测检查，焊接部分焊缝外观及超声波探伤试验检查。根据需要，在构件出厂前还要接受施工管理单位及监理工程师的成品检查（详见照片11.5.4）；

照片11.5.4　钢结构加工厂的成品检查状况

⑧ 涂刷防锈漆：按照设计文件的要求，在指定部位涂刷防锈漆。

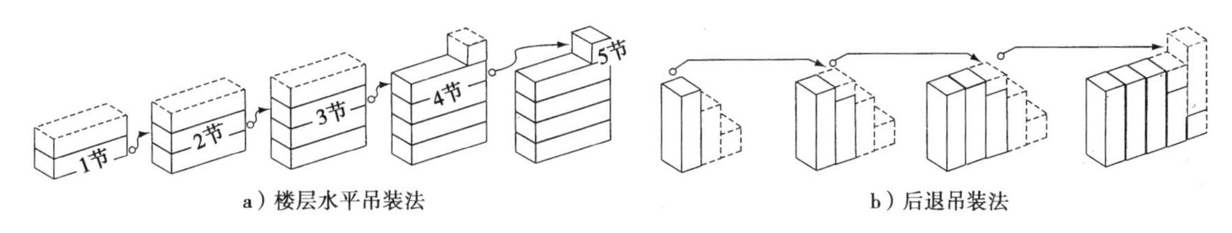

图11.5.15 钢结构吊装方法[11-1]

用词解释

（5）现场的吊装施工

（a）吊装施工方法（图11.5.15）

通常钢结构吊装的施工方法有，①使用移动式起重机，后退吊装方法；②使用固定式起重机械，楼层水平吊装方法。钢结构的吊装应综合考虑钢结构的结构形式、现场的施工条件来确定适宜合理的方法。在钢结构吊装施工中，通常钢结构构件的重量在整个项目施工中是最重的。因此，在钢结构吊装施工中经常要选择大型起重设备。

（b）构件的安装及校正

钢结构构件的吊装施工时，首先采用临时螺栓（中螺栓）对构件进行临时连接固定，组成单元整体后再换成正式螺栓（高强螺栓）。为了保证钢结构安装施工中操作人员的安全，对构件连接使用的临时螺栓的最少数量做出了规定[11-12]。钢结构构件安装中，应及时对构件安装状况进行实测，根据实测结果对照检查标准[11-13]对垂直等超标项目进行校正。

（6）构件的连接

（a）高强螺栓连接

高强螺栓连接的原理（图11.5.16）是通过将螺栓的紧固张力传递到构件的钢板，在构件钢板之间产生摩擦力，利用这个摩擦力使两个构件紧密地连接成一体。因此，连接的耐力与连接部位表面摩擦面的状态（是否保证有足够的摩擦系数）有很大关系。由于螺栓的张力与紧固螺栓的扭矩成比例关系，因此，通过控制紧固螺栓的扭矩、螺母的回转角度，对紧固螺栓的紧固张力进行管理。高强螺栓分为“扭剪型”和“JIS型”。“扭剪型高强螺栓”所需的螺栓紧固扭矩与螺栓尾部的麻花头断裂所需的扭矩相等，施工中利用这一特性，在外观上检查就能确认螺栓的拧紧质量。高强螺栓的拧紧施工，使用专门的扭矩扳手进行。

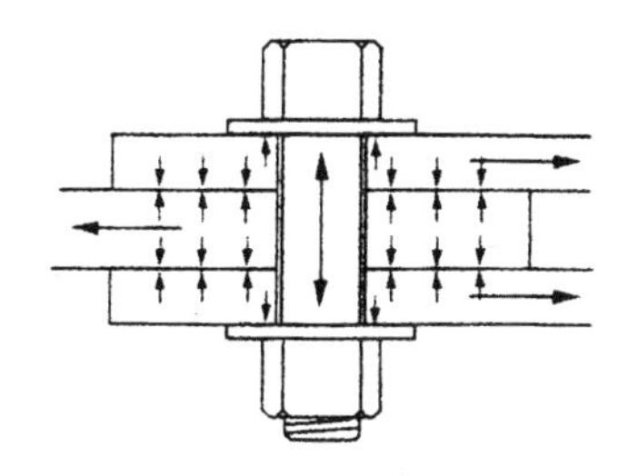

图11.5.16 高强螺栓连接原理

用词解释

（b）焊接连接

焊接连接是通过高压电在焊条与焊接钢材之间放电产生电弧，电弧的高温使钢材和焊条呈熔融状态，冷却后连接构件的钢材形成一体。焊接方法有以下几种：①手工电弧焊，②CO_2半自动气体保护焊，③埋弧自动焊。施工现场中钢结构焊接连接一般采用CO_2半自动气体保护焊接。当对构件连接性能要求高，连接节点必须能够充分传递应力时，就需要对构件焊接处加工成坡口状，以保证连接部分金属能够充分融化成一体（详见图11.5.17）。

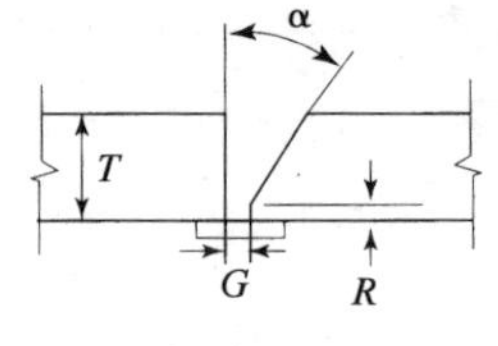

T:板厚
G:焊缝离缝尺寸
R:焊缝根部高度
α:坡口角度

图11.5.17　对接焊缝的坡口加工

（7）防火涂料

防火涂料的施工工法有：①岩棉等防火材料喷涂工法；②在硅酸钙防火板基层上粘贴岩棉防火卷材的工法。耐火材料的防火性能由材料的材质及材料的厚度决定。就材料性能上讲防火材料也有通过日本国土交通省**大臣许可**的材料。

大臣许可
建筑材料等是否符合建筑基准法的标准，由国土交通省大臣进行许可认定的制度。

（8）质量管理

钢结构工程中主要的质量管理项目有：①构件的制作精度；②焊接技术人员操作技术水平的确认；③构件焊接部位的施工要领及检查要领；④构件安装精度；⑤现场连接部位（焊接、高强螺栓连接）的施工要领及检查要领。

11.6　装饰工程的施工

11.6.1　建筑物应具备的性能与装饰工程

装饰工程包括对建筑物结构外墙进行外部装饰、对屋面进行防水施工、对内隔墙进行内部装饰施工的工程。装饰工程的施工效果可以通过人的眼睛直观看到，并可以直接触摸到其装饰表面。因此，装饰工程的装饰观感及效果理所当然地被人们所重视。同样，充分理解各个装饰部位、构件所应达到的装饰效果是非常重要的。

建筑物应具备的性能详见表11.6.1所述。在表中部分项目需要主体结构及内装工程的共同努力才能达到所要求的性能。建筑物抗震性能的

用词解释

实现不仅依靠主体结构施工的质量，外幕墙及外墙石材粘贴工程的质量也是非常重要的。为确保建筑物的综合性能能够满足要求，需要对各工种、各部位的施工要领及方法等进行详细的研讨，以确保达到预定的质量目标。要满足建筑物的隔音性能，主体结构、隔墙、门窗、玻璃打胶等多项工程必须达到各个工程所应达到的质量标准及性能，才能保证建筑物整体质量目标的实现。在装饰工程的施工管理中，为实现建筑物应具备的性能，充分理解各相关工程所必须达到的质量，并制定详细的管理方案是非常重要的。

建筑物应具备的性能分类 表11.6.1

分类	内　容	详细项目
结构安全性	受到外力及变形时建筑物不损坏	抗震性能、抗风性能
防灾安全性	防止火势蔓延、有良好的易逃生性	防火性能、逃生安全性能、阻燃性能
耐久性	在水、潮气侵蚀下，性能不降低	防水性能、防潮性能、防冻性能
居住性	能够提供舒适的生活环境	隔音性能、隔热性能、气密性能、室内空气性能
生产性	良好的经济性	维修管理性能
环境友好型	对环境的影响很小	循环再利用性能

11.6.2 加气混凝土及砌筑工程的施工

（1）加气混凝土工程

ALC（Autoclaved Lightweight Concrete）板是由加气混凝土制成的建筑板材。它具有重量轻，耐火及各项性能指标优越而著称。ALC板材主要使用在钢结构建筑物的外墙、内墙、屋面、地面等部位。

（a）材料

加气混凝土是在水泥、石灰、轻石中掺入发泡剂及水，经搅拌及高温蒸压养护工序制作成型的。ALC板内配置直径6mm左右的钢筋，板蒸汽养护干燥后的比重约为0.6，抗压强度达到约3N/mm^2。成品板材的外形尺寸为宽600mm、厚100~150mm、长6m。

（b）安装

ALC板的安装，根据外墙工程、内隔墙工程、屋面的不同部位，采取不同的安装方法。在外墙及内隔墙的安装施工中，考虑到板材应具有随地震及强风造成的建筑物层间位移的追随性，而采取相应的固定方法（图11.6.1）。ALC板具有很大的吸水率，使用在室外时，必须对板面涂刷防水涂料，板与板的连接缝处也应打胶防水。

用词解释

层间位移

建筑物在地震、强风等水平荷载的作用下会产生位移，相邻层之间产生的位移的差值称为层间位移。

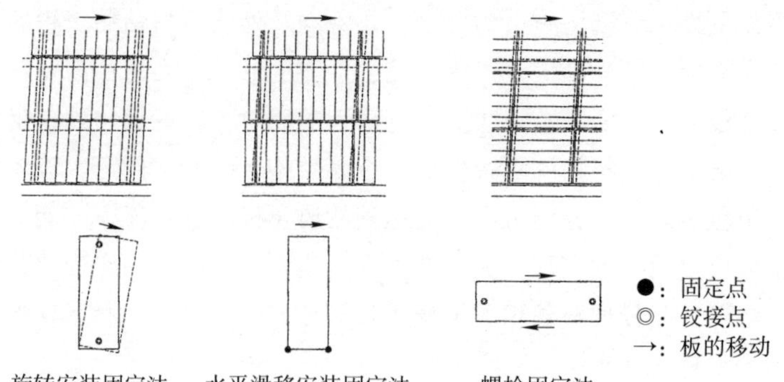

图11.6.1　ALC的安装固定方法及建筑物**层间位移**的追随性[11-15)]

（2）混凝土砌块工程

砌块的规格尺寸为宽19cm、长39cm、厚10cm~19cm（图11.6.2）。砌块砌筑工程是将砌块个体通过砌筑施工，搭砌成墙体的施工工程。

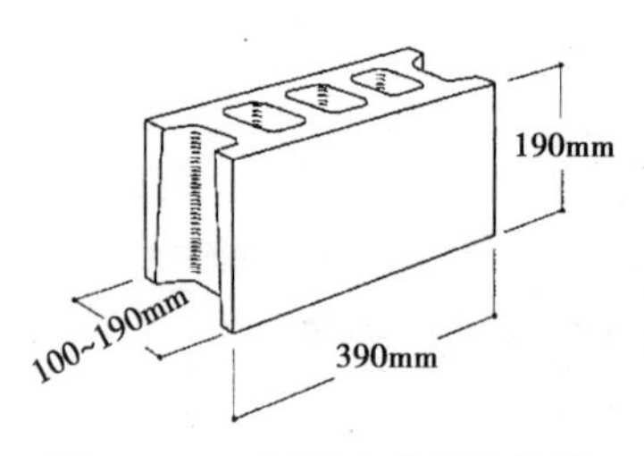

图11.6.2　混凝土砌块的外形

（a）材料

砌块的内部及端部均设有孔洞。在JIS标准中，将砌块按照尺寸精度、抗压强度及材料的透水性分为不同的等级。

（b）砌筑施工

即使是作为非承重的隔墙，也必须采取在砌块中插入钢筋并回填砂浆的加固方法，以保证砌块隔墙在强风或者地震的荷载作用下不发生破坏。墙体砌筑时，应将砂浆铺设在砌块的上表面，砌块的竖缝也必须用砂浆填实。砌块之间留置宽度为10mm的缝隙（砌块砌筑施工概要见图11.6.3，编者注）。

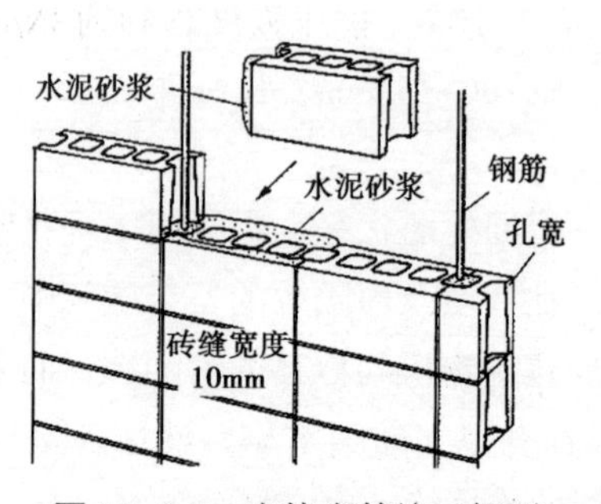

图11. 6.3　砌块砌筑施工概要

用词解释

11.6.3 防水工程的施工

为了防止水浸入建筑物，需要对建筑的相关部位进行防水施工。防水工程包括使用沥青、卷材、树脂涂膜等材料，通过施工形成防水层。防水工程也包含在不同材料交接处、混凝土浇筑施工缝内的打胶施工等。通常防水工程在建筑物的屋面、阳台、外墙等室外雨水侵蚀的部位及浴室、卫生间等室内使用水的部位实施，还有地下室外墙的外侧等进行施工。

（a）沥青防水（详见图11.6.4）

沥青防水施工是在混凝土等材料的基层上，铺贴称为防水卷材的防水材料的施工。施工时将沥青加热融化为液状，并涂抹在混凝土基层上，同时粘贴防水卷材。卷材粘贴完成后形成厚度为10mm左右的防水层。根据不同的需要，还可以采用混凝土上先进行隔热材料的铺设，然后将防水层粘贴在隔热层上的工法。其中防水层完全紧密地粘贴（满粘）在基层上的施工方法，我们称为密贴工法。绝缘工法则是在混凝土基层上局部粘贴防水层。使用该工法施工的防水层，具有即使是基层混凝土开裂防水层也不断裂，防水层依然能够保持防水性能的优点。为了保护防水层，在人员行走的区域，应该在防水层上浇筑厚度为60~100mm左右的混凝土作为防水保护层。

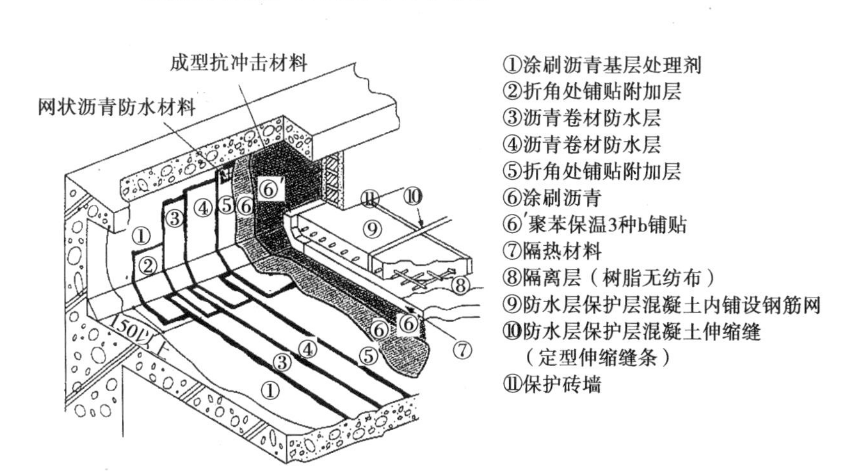

图11.6.4 沥青防水工程施工概要 11-3）

（b）卷材防水

使用厚度为1~2mm左右的橡胶或合成树脂类的防水卷材进行防水施工的方法称为卷材防水施工法。它包括在基层上满刷粘接剂并粘贴防水卷材层的粘贴工法和使用金属固定件将防水卷材与基层进行固定的机械固定工法。其中，机械固定工法的防水施工具有不受混凝土基层含水率影响的优点。

（c）涂膜防水

涂膜防水施工是在防水基层上，涂刷液态防水材料，防水材料经固

用词解释

化后形成一体的防水层。涂膜防水材料包括聚氨酯类及橡胶沥青类。涂抹防水工法在复杂的基层环境下具有良好的可施工性，材料固化后具有良好的伸缩性，还能够保证防水层与基层有很好的变形协调性。涂膜防水施工中，为了保证防水层的质量，特别要加强对防水涂膜膜厚的质量管理。

（d）打胶施工（图11.6.5）

在不同材质材料的交接部位如混凝土与门窗之间、门窗与玻璃之间及混凝土预制板与加气混凝土板之间、混凝土施工缝等部位，都要设置胶缝进行打胶施工，以保证结合处具有良好的防水性能。胶缝的设置要考虑由温度产生的材料收缩及地震时产生的楼层水平位移差，同时还要考虑胶体应对变形所需要的胶缝断面尺寸等物理性能。胶体密封材料又分为不定型胶体材料和定型胶体材料两种。不定型胶体材料是具有黏性的液状防水材料。定型防水胶体材料被称为橡胶条，它是用橡胶或化学合成材料按照一定断面形状挤压成型的防水材料，它既有固定门窗玻璃的功能又有防止室外水进入建筑内部的防水功能。

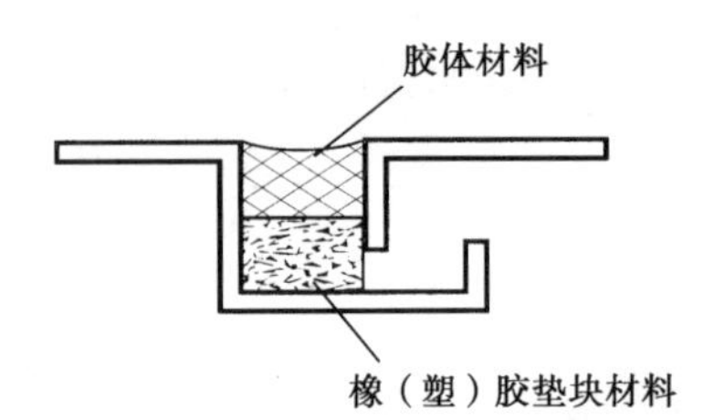

图11.6.5　金属板材间接缝处打胶[11-3]

11.6.4　建筑幕墙工程的施工

（a）幕墙的种类

幕墙作为非承重构件，通常作为建筑物外墙，对建筑物起到装饰及维护作用。幕墙重量轻，使用开发研究的相应施工法进行安装，能够保证幕墙能够随着建筑物的楼层变形而移动。目前幕墙被广泛地应用在钢结构高层建筑及普通低层建筑物的外墙施工中。通常幕墙在工厂被预制成板材单元。板材通常是混凝土或金属框并安装好玻璃。这些预制幕墙板具有精度高施工操作性能好的优点。幕墙有多种结构形式，详见图11.6.6所示。

（b）性能要求

建筑幕墙工程必须具备如下主要性能：①水密性、气密性；②耐风压性能；③耐火性能；④隔音、保温隔热性能；⑤抗震性能；⑥楼层水平位移的随从变形性能等。

（c）幕墙安装方法

建筑物在地震、强风荷载下会产生楼层间相对水平位移，幕墙应具有良好的随从变形性能。板式幕墙单元的楼层间变形方式有滑移式和回转式。滑移式连接方式是将幕墙板的上部或者下部的安装节点进行固定安装，另一个安装节点则采用能够保证幕墙板在平面内进行滑动，平面外固定的连接方式。回转连接方式中幕墙板连接均采用上下方向可以滑动的连接件固定，上或下部连接件承受幕墙板材的荷重并作为支点。这种连接方式幕墙板可随建筑物的层间位移自由进行回转变形。

用词解释

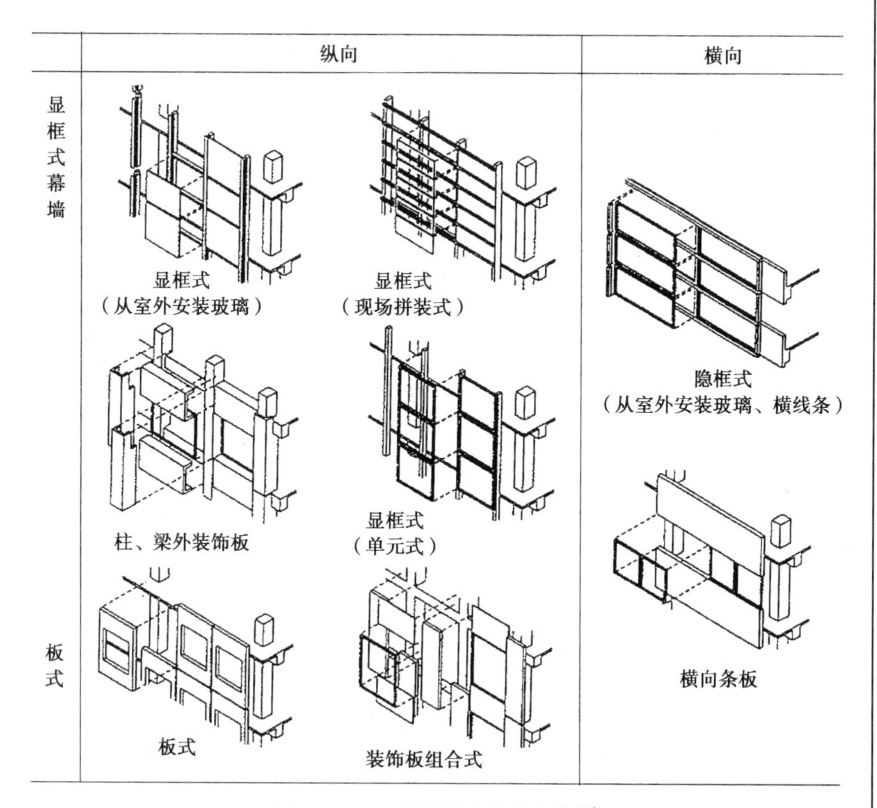

图11.6.6 不同形式的幕墙[11-16]

（d）预制幕墙板

预制幕墙板是采用比重为1.8左右的加气混凝土或使用纤维增强混凝土制成的板材。幕墙板的表面还可以预先在基层上粘贴瓷砖或安装石材，作为外装饰材料。为防止相邻幕墙板材从连接缝处漏水，连接缝的外部要打胶、内侧镶贴密封条。这个方法使幕墙板整体具有双重防水性能。

（e）金属幕墙

金属幕墙一般使用铝合金材料制成，根据幕墙板单元的受力形式及装饰效果要求，将材料压制成竖线条或者是无线条光滑形状。为了提高铝制幕墙板的防腐性能，板表面要进行氧化处理或喷涂烤漆。

用词解释

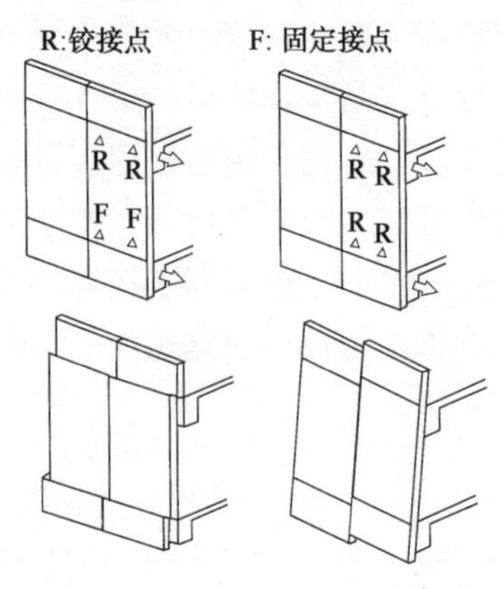

图11.6.7　幕墙安装方法[11-16]

11.6.5　门窗工程的施工

（a）门窗的种类

门窗工程中根据门窗所使用的材料的不同可分为木质、铝制、钢制、不锈钢制等多种。根据门窗使用功能又可分为出入口用门、采光窗及建筑物内分隔空间的卷帘门等。在建筑物中具有特殊使用功能的门窗如：隔音门窗、隔热门窗及防火分区用的防火门窗。

（b）性能要求

建筑物的门窗除了具有与幕墙相同的防水、抗风压、气密性要求外还应具有以下主要的性能：①开关性、开关的安全性；②防范性。门窗的耐震性能是指门窗在变形情况下，在规定的最小平面变形角度值内，门窗仍然保持正常开关的性能。它是以门窗最小平面内变形角度值来表示的。对于镶嵌玻璃的门窗，应充分考虑由于玻璃的水平位移对门窗整体安全造成的影响（参见11.6.6）。

（c）安装施工

门窗安装工程是在结构主体工程及建筑物内隔墙施工完成后，在整个项目施工中较早阶段实施进行的工程。幕墙安装工程、防水工程也是在同一阶段进行施工。在门窗安装工程施工中，安装后的门窗的位置尺寸，通常被作为后续其他装饰工程施工的标准。在主体混凝土施工阶段，应将门窗的安装施工所需使用的固定件，预先埋置在混凝土中。门窗安装施工时将门窗与预埋件焊接牢固。建筑物的外部门窗还要考虑采取措施防止门窗四周的雨水渗漏问题发生。如图11.6.8所示，在门窗框与混凝土之间的缝隙必须填塞防水砂浆，接缝处进行打胶施工。

（d）铝合金门窗

铝合金门窗作为建筑物的外部采光设施是使用频率最高的。铝合金门窗使用的铝型材是由铝合金溶化后，使用专用机械挤压成型。成型后的铝型材经组装形成成品门窗。铝型材的表面要进行氧化镀膜处理，以提高门窗的防腐及表面装饰性能。

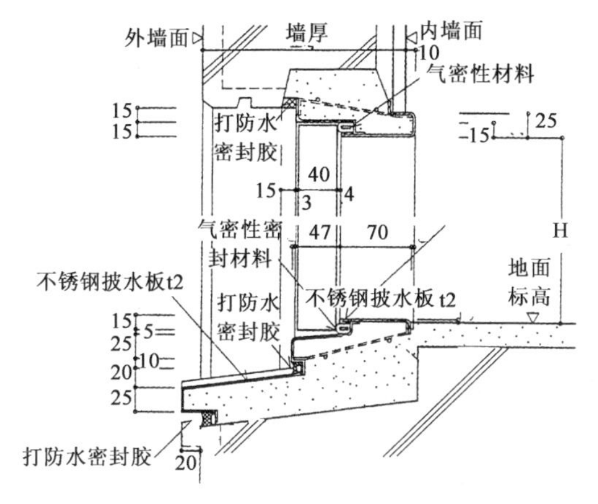

图11.6.8 门窗安装

（e）**钢制门窗**

钢制门主要在建筑外侧出入口中使用。同时在建筑基准法中规定也可在“有被引燃可能的区域”作为“防火设备”及不同防火分区之间的防火分隔设施使用。防火门窗应具有耐火性能，它被作为“特定消防设备”来使用。

11.6.6 玻璃工程的施工

（a）**材料及特性**

板状玻璃根据使用用途，有“透明”、“平板”、“加丝”、“吸热”、“热反射”、“钢化”、“夹胶”、“多层夹层”等种类[11-3]。

（b）**要求性能**

玻璃应具有以下主要性能：①耐风压性能；②防火、耐火性能；③透光性能、对日照射线隔热性能；④隔热性能；⑤隔音性能等。玻璃经与铝合金组装成门窗时，还应具有耐震性能。如图11.6.9所示，在建筑物整体产生楼层间位移时，门窗必然也要产生相应的变形。在这种变形下，为了防止由于玻璃与门窗框之间的干涉所产的玻璃破坏，在玻璃安装时要实现考虑好玻璃端部的**安装间隙**尺寸。

用词解释

安装间隙

门窗或玻璃幕墙在玻璃安装就位后，玻璃端部与固定玻璃的金属框槽底的间隙。

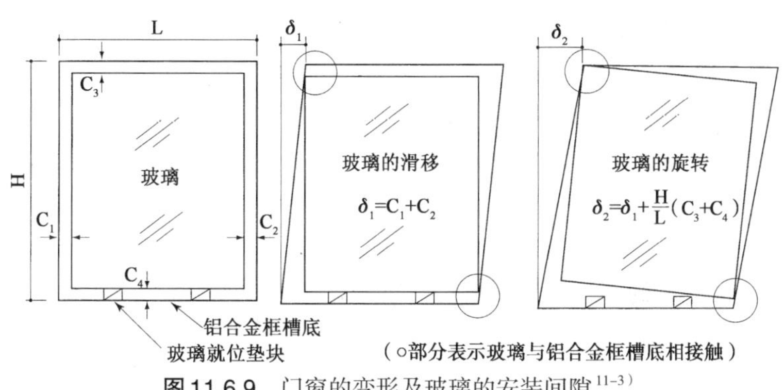

图11.6.9 门窗的变形及玻璃的安装间隙[11-3]

用词解释

DPG点式幕墙

Dot Point Glazing 工法的简称。在强化玻璃板的四个角部进行开孔，在开孔部位通过安装特殊的驳接爪，对玻璃整体进行点支撑的玻璃幕墙。

（c）安装

玻璃的安装固定方法（图11.6.10）主要有：①密封胶法；②密封条法；③无骨架式幕墙；④**DPG点式幕墙**等。

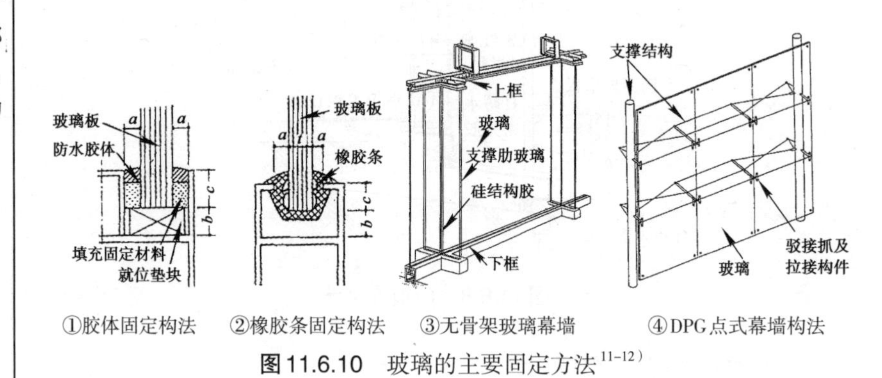

图11.6.10　玻璃的主要固定方法[11-12]

11.6.7　饰面砖工程的施工

（a）材料

瓷砖根据其材料的吸水率的大小分为瓷质、石质、陶质等。在建筑工程的外装饰施工中使用瓷质或陶质的瓷砖，按照外形尺寸瓷砖分为长方形（108×60、227×60、227×90mm）、正方形（100mm）及陶瓷锦砖（20mm）。其他还有根据特殊部位的装饰需要，特殊烧制的阴阳角瓷砖（图11.6.11）。

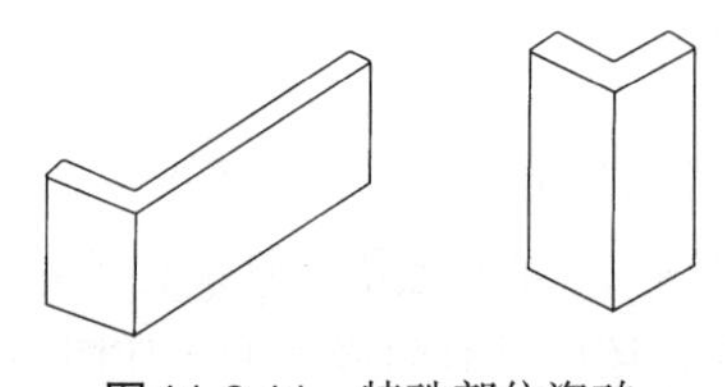

图11.6.11　特殊部位瓷砖

（b）要求性能

在建筑装饰施工中瓷砖使用范围很广，它主要使用在外墙、内墙、室外地面、室内地面等部位。瓷砖应具有以下性能：①粘贴后的瓷砖应具有不易脱落的安全性；②抗冻性；③使用在地面时应具有保证人员步行安全的防滑性能等。为了提高瓷砖与基层的附着力，在瓷砖的背面设置有楔形凸起，俗称为“背脚”（图11.6.12）。近年来，为防止瓷砖及基层的脱落，开发了很多新工法。这些新开发的工法正在越来越多地应用在施工中。

（c）瓷砖的分缝设计及伸缩缝

在瓷砖镶贴施工前，首先要绘制“瓷砖分缝设计图”，并根据这个图纸来决定镶贴瓷砖的分缝宽度及瓷砖伸缩缝的位置。在施工中由于作

用词解释

为基层的混凝土或者是砂浆基层与瓷砖材料的热膨胀率不同，这样就会在瓷砖与基层粘贴面上产生剪力。为了更好地吸收这个剪力，需要采取在适当的间距设置伸缩缝以防止由剪力造成的瓷砖脱落的重要措施。

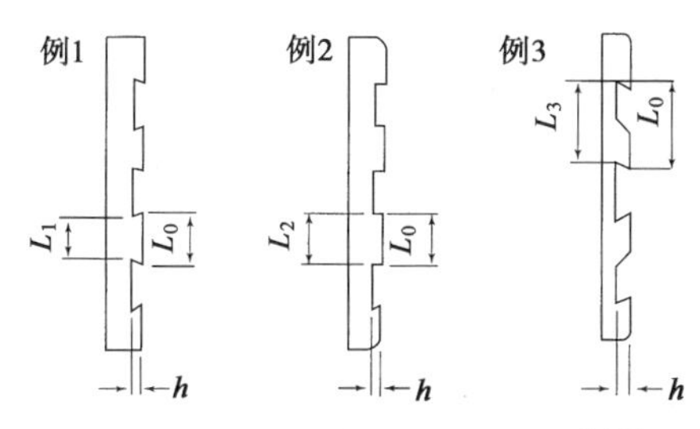

图11.6.12 瓷砖的锚固“脚”[11-14]

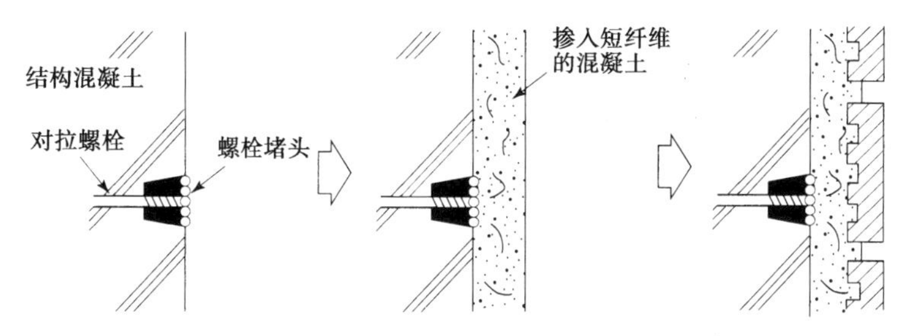

图11.6.13 抑制瓷砖脱落、剥离的工法[11-3]

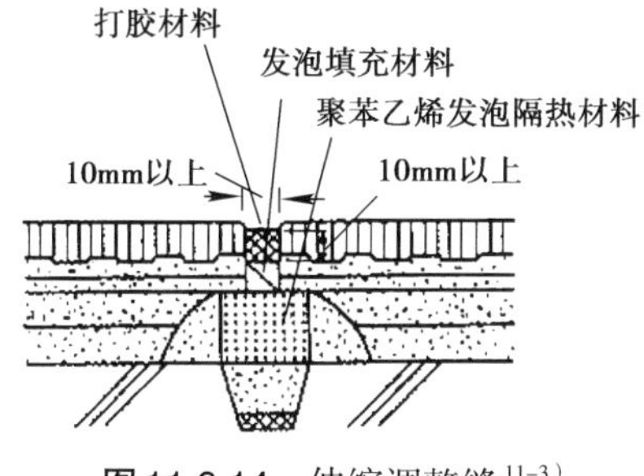

图11.6.14 伸缩调整缝[11-3]

（d）镶贴工法

瓷砖可以直接镶贴在结构混凝土基层上，但为了保证瓷砖表面的平整度，也可预先在混凝土结构基层上抹水泥砂浆进行找平，然后将瓷砖镶贴在找平后的砂浆基层上。瓷砖镶贴工法有、“改良粘贴法”、“密实粘贴法”、“粘结剂粘贴法”、“单元粘贴法”[11-3]。

（e）质量管理

瓷砖镶贴完成后，要对瓷砖镶贴的状况进行检查确认。通常使用以下方法，①敲击检查或②瓷砖拉拔实验。敲击检查时使用检查小锤轻轻敲击瓷砖表面，通过倾听敲击产生的不同声响来判断瓷砖的粘结状况。而瓷砖的拉拔实验则是使用专门实验机械，将瓷砖从基层上拉脱来测定

用词解释

瓷砖与基层之间的粘结力（参见照片11.6.1）。

照片11.6.1　拉拔试验[11-3]

11.6.8　装饰石材工程的施工

（a）材料

石材被广泛地应用在建筑工程的内外装饰施工中，如：墙面、地面等部位。具有代表性的石材有花岗岩、大理石、砂岩、石灰岩等。这些材料广泛地分布在世界各地。其中花岗岩因其具有优秀的耐久性能，通常使用在建筑物的外装饰施工中，大理石则多数是用在建筑物的内装施工中。在地面及墙面施工中首先要绘制石材“分缝图”，根据图纸确定每一块石材的形状及尺寸。将从产地开采的毛石运送到石材加工厂，在工厂按照图纸尺寸对石材进行切割、抛光等加工后制成成品。将成品石材运送到施工现场进行安装施工。

（b）石材装饰面层

石材面层的装饰效果分为：①磨光装饰（粗磨、中磨、细磨），②麻面装饰（剁斧、轻凿），③劈裂面装饰，④火烧面装饰，⑤喷砂面装饰等。也可根据不同的要求效果、不同的使用部位，将石材加工成从表面的粗糙到镜面的各种各样的装饰部件。

（c）安装

墙面使用石材进行装饰时，常采用安装工法有：①干式工法；②湿式工法（详见图11.6.15）。干式工法是先将石材的固定构件固定在建筑物结构混凝土上，然后通过该固定构件进行石材的安装施工。干挂工法施工中，由于石材与混凝土结构体之间保持有相当的空间。这样在有抗震要求的部位进行施工时，就能保证石材在受到地震荷载时，具有良好的层间变形的追随性能。

干挂工法特别适用在有抗震要求的部位。湿式工法是在结构混凝土上设置基层，然后在基层中预先埋设安装用钢筋，最后使用连接件将石材与钢筋进行连接。石材与混凝土结构之间使用砂浆进行填充并固定石材。在进行地面石材的铺贴施工时，先使用干硬性砂浆满铺作为粘结层，然后铺贴石材并轻轻敲打，调整好位置后将石材缝隙满灌水泥浆。

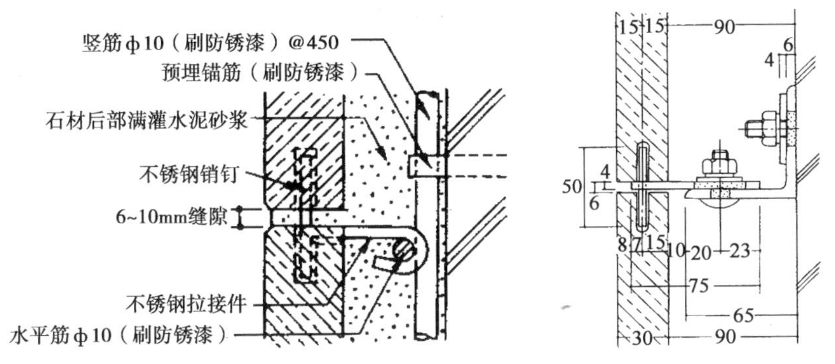

图11.6.15 石材安装工法（左：湿式工法 右：干式工法）[11-11]

11.6.9 抹灰工程的施工

（a）工程的目的及性能要求

抹灰装饰施工，是使用麻刀灰浆、石灰砂浆、水泥砂浆在相关基层上进行抹平，硬化后形成装饰面的施工。抹灰工程的目的是为瓷砖镶贴装饰施工、涂料装饰施工、防水施工及地面上铺贴的其他装材料的施工制作基层，或者是直接作为装饰面层进行施工。根据不同的要求，施工中可以对抹灰厚度、面层的粗糙程度进行多方面的调整。抹灰工程必须达到良好的粘结性及所要求的表面装饰精度及观感。

（b）材料

抹灰用水泥砂浆是使用水泥、砂子和水经搅拌而成。越靠近表面的抹灰层其砂浆的水泥含量应该越低。抹灰工程中通常使用的辅材有防止基层脱落的界面调整剂。

（c）墙体抹灰的施工顺序

在进行墙体抹灰施工前首先要彻底清扫基层，然后进行基层洒水湿润和喷洒界面剂的施工，以防止基层将抹灰砂浆中的水分吸走造成砂浆**急速脱水**。墙体抹灰施工必须按照底层抹灰、中层抹灰、面层抹灰的工序施工。底层抹灰完成后，要保证足够的干燥养护时间。待抹灰层的裂缝充分发展后，再进行中层抹灰施工。面层抹灰要在中层抹灰尚未完全干燥的状态下开始进行。为了保证各抹灰层之间的粘结强度，底层抹灰施工后使用钢筋等对基层表面进行划毛施工。

（d）地面抹灰施工

地面抹灰施工中，“一次压光饰面”是指在楼面混凝土浇筑后，混凝土硬化前，对混凝土表面进行压光施工的方法。“自流平水泥施工”是指在地面基层上浇筑高流动性的自流平水泥材料，材料经养护硬化后最终形成平整光滑的装饰面层的工法。

用词解释

急速脱水
在涂料施工中，由于基层过于干燥，基层上涂刷的涂料中的水分会迅速地被基层吸收，致使涂料不能充分地进行水化反应。造成涂料不能正常硬化或产生起皮等粘结不良现象。

用词解释

11.6.10　油漆涂料工程的施工

（a）油漆涂料的种类

作为建筑装饰工程中的油漆涂料施工工程，不仅要通过在涂料装饰基层上涂刷涂料的施工来美化建筑物的表面，涂料还必须具有耐水性、耐腐蚀性、耐久性及耐药性能。在建筑工程中，油漆涂料通常又分为建筑用一般涂料、防锈漆及装饰用涂料。建筑工程中有代表性的涂料有“油性调和漆（OP）”、“合成树脂调和漆（SOP）”、“合成树脂乳胶漆（EP）”、“环氧树脂涂料（XE）”、“氟素树脂磁漆（FUE）”、“清漆（OS）”等。所有这些涂料，根据各自特有的性能，可以分别使用在金属、水泥和石材或者是木质基层上。

在这些装饰涂料中，合成树脂系列涂料具有涂层厚实的特点。如装饰施工中使用喷涂、滚涂的方法，可以营造出装饰表面的砂质及具有凹凸立体的装饰效果。这些材料有，“薄质装饰涂料”、“厚质装饰涂料”、“多层装饰涂料”等。具有随基层收缩变形性能的弹性涂料，作为外装是涂料在混凝土及轻质混凝土基层上被广泛地使用。

（b）油漆涂料的施工工序

在油漆涂料装饰工程施工中，首先要对涂刷基层进行清理、然后依次进行底涂、中涂、面涂的施工。涂刷施工时采用毛刷、滚刷或专用喷涂机械进行施工。在涂刷工程的质量管理上要重点注意以下事项：①混凝土及砂浆基层施工完成后，必须留有充分的时间进行干燥。如基层干燥不充分涂料就会产生漆膜起鼓剥落现象；②如直接将涂料涂刷在基层上，涂料会因急速脱水而脱落，因此，施工前要对基层进行处理，涂刷封闭底漆；③铁质基层涂刷前，应该将基层表面的铁锈及油污彻底清除干净。

11.6.11　室内装饰工程的施工

（a）材料

建筑物内部装饰工程包括，除结构主体以外的建筑内部的隔墙、顶棚地面及基层。而轻钢龙骨则通常作为搭设隔墙或吊顶的基层使用的材料（图11.6.16）。各种材质的面板则作为面层来使用。

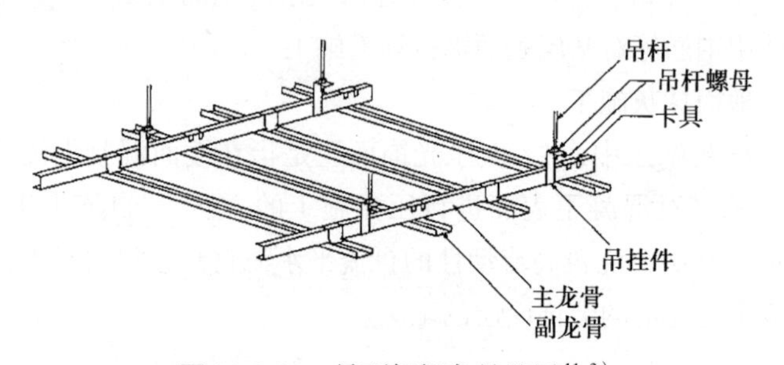

图11.6.16　吊顶轻钢龙骨基层[11-3]

在吊顶装饰施工中，通常可以直接使用装饰面板板材进行安装施工。隔墙则一般在石膏板基层上进行粘贴墙纸或涂刷涂料的施工。地面装饰则经常采用铺贴塑料地板块材、塑料地板卷材、地毯及木地板的铺设施工。

（b）相关法规规定

考虑到建筑物整体的防灾性能，在日本建筑基准法中规定，内装饰材料必须根据建筑物的使用用途、工程的规模及材料使用部位，选择适宜的防火材料。防火材料在性能上又分为不燃材料、准不燃材料及难燃材料。对这些防火建筑材料的性能，国土交通大臣有一整套的审查认证制度。建筑物内装施工完成后，会从内装材料散发出甲醛、苯等挥发性有机化合物（VOC），造成建筑物**房间内空气污染**，污染致使房屋使用人发生中毒现象。JIS及JAS标准中按建筑装饰材料中甲醛的挥发量对材料进行了分级（F☆☆☆☆~F☆或无标识）。日本建筑基准法根据房间的种类及新风换气次数，对甲醛等挥发性有害物质的建筑装饰材料的使用进行了相关的限制。同时，基准法还规定建筑物内所用的房间原则上必须安装机械式通风设备并能够保持24小时运行。

（c）建筑结构及内装（SI）

近年来，根据建筑市场的发展开发了建筑结构主体具有高耐久性、而将来的内装的施工改造则可以在不伤害建筑结构的情况下更容易进行的住宅建筑。这种新开发的住宅（SI）在进行内装、设备改造更新施工时，更简单、安全、方便。由于住宅内部的隔墙及机械设备能够自由方便的重新布置，因此，它可以满足居住者改变居住方式的新需求，而不用对原有住宅推倒重建。

用词解释

房间内空气污染
从室内的建材及家具中挥发出的甲醛、笨等有机化合物，造成室内空气污染。空气污染对房间内居住人员产生健康危害。

11.7 项目的设备工程

建筑设备应该具有向建筑物的使用者提供舒适的居住环境，并能够保障居住使用人的安全。在追求高度方便性的同时，还要兼顾能源的节约、使用中维护管理的方便及老化设备构件的更新的可行性。为有效地解决以上问题，应该在规划、设计、施工各个阶段注意采取相应的措施，来保证综合目标的实现。

设备工程一般来讲包括电气设备工程、给水排水设备工程、空气调节设备工程这三大工程。各个专业工程中又被详细划分如下：

电气设备工程包括：①配变电工程；②发电设备工程；③动力设备工程；④干线设备工程；⑤照明插座设备工程；⑥照明灯具设备工程；⑦通信信息设备工程（电话设备工程、光波设备工程、公共视频设备工程）；⑧火灾自动报警设备工程；⑨监控中心设备工程；⑩避雷设备工程。

给排水设备工程包括：①给水设备工程；②热水系统设备工程；③排

用词解释

水通风设备工程；④卫生洁具设备工程；⑤燃气设备工程；⑥消防设备工程。

空气调节设备工程包括：①热源机器设备工程；②空气调节和机器设备工程；③通风设备工程；④排烟设备工程；⑤自动控制设备工程。

如图11.7.1所示，设备工程的施工要配合土建工程的施工进度实施。施工中要保证按照进度计划，实施计划中的设备工程。同时，在施工中采取相应的措施协调与其他工程之间的关系，解决实施中的各种矛盾。设备工程的施工工序详见表11.7.1所示。

施工顺序　表11.7.1

	建筑工程	设备工程
1	主体工程	套管预埋工程、预埋吊件工程、混凝土中预埋配管工程、地坑等各种集水坑槽工程
2	主体工程完成后装饰工程之前阶段	配管工程、配线工程、风管安装工程、主要机器安装工程
3	装饰工程	各种设备器具、机械安装工程
4	室外工程	埋设配管、排水管、电气检查井、接地工程、屋面避雷施工
5	装饰工程完成后至工程竣工阶段	试车调试工程

以下将对各个设备工程的施工工序及要点进行说明。本章末还要对垂直运输设备加以说明。

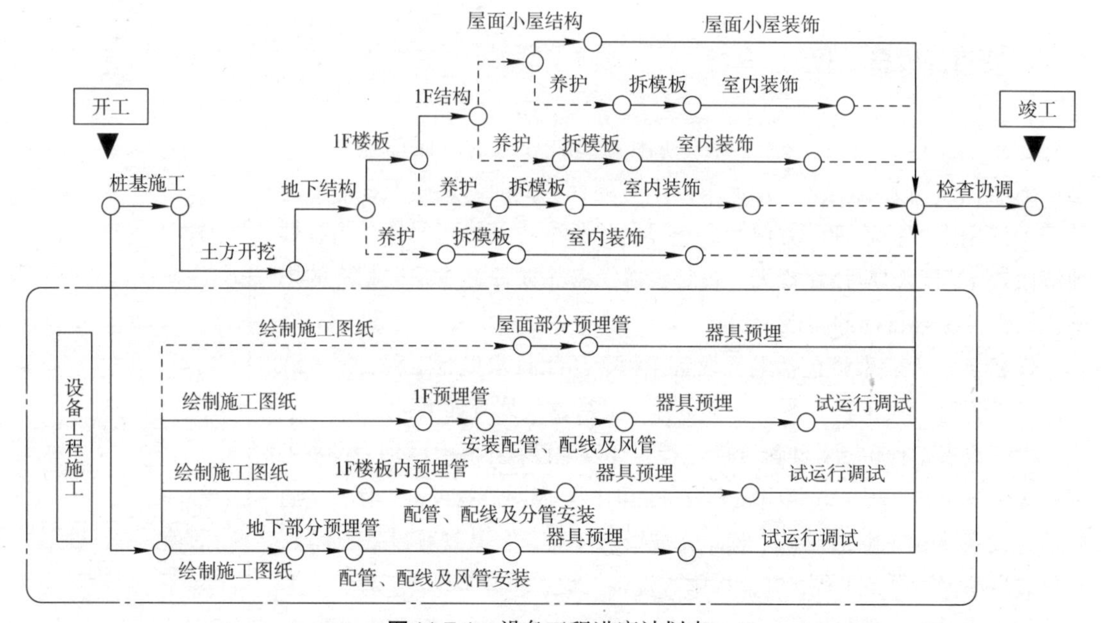

图11.7.1　设备工程进度计划表

11.7.1 电气设备工程

以下对电气工程中的各分项工程的施工工序加以说明。

（1）共通工程

电气设备工程中的共通工程包括套管、箱盒预埋工程、吊件预埋工程、混凝土构件内配管工程、一般配管配线工程。

（a）预埋套管、箱盒工程

预埋套管、箱盒工程是为确保穿过楼板、墙体、梁等构件的配管、线槽所需的空间。预埋工程的施工必须在构件混凝土浇筑施工前完成。套管的材料应该是具有耐水及耐久性的纸质配管、硬质塑料管、钢管（带法兰套管）的材料。使用材料可根据配管实际在楼板、防水层、墙体、剪力墙、外墙、梁的预埋位置来选择。预埋套管的直径一般选择较穿过配管大**两个尺寸**。在各个标准中，根据配管的直径及材质对套管的直径及种类进行了标准化的规定。

配管在混凝土构件集中贯穿处应该预埋预埋箱体（盒子）。预埋箱应采用木质或钢板材料制成。预埋箱体应该具有足够的强度来抵抗混凝土浇筑施工中产生的侧压力。预埋箱底部应该设置通气孔，以保证施工中混凝土能够密实地填充到预埋箱的底部。在给排水设备工程、空气调节设备工程施工中，预埋工程也应采用同样的施工方法。

（b）预埋吊架螺栓工程（图11.7.2）

预埋吊架螺栓工程是将配管、电缆桥架的吊架使用的吊架螺栓，在混凝土浇筑前预先安装在混凝土模板上的施工。

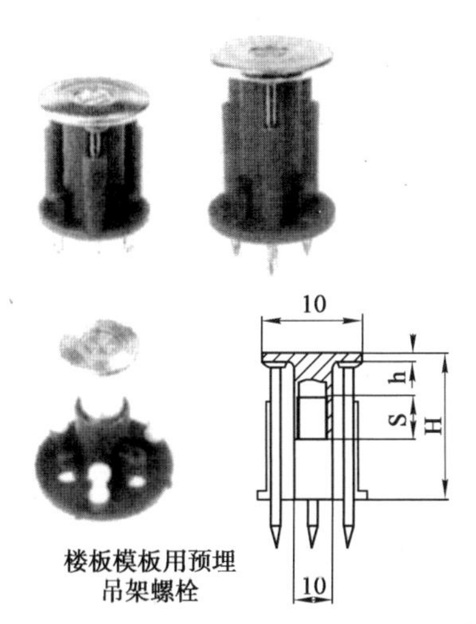

图11.7.2 模板用预埋吊架螺栓[11-37]

吊架螺栓的种类，应根据悬吊重量及楼板模板的结构形式加以选用。在螺栓预埋施工时，根据建筑、电气、给水排水、空调等工程的不同将螺栓涂刷成不同的颜色，以便在后续的吊架施工中方便识别。

用词解释

两个尺寸
各种配管材料的规格尺寸的标识，是按照名义尺寸来表示的。“两个尺寸”意思是较对应管材的名义直径差两个等级。

(c)混凝土构件中的配管工程

配管工程是在楼板、墙体、柱混凝土构件内，铺设电线管，以便给贯穿混凝土的电线提供空间。因电线管要安装在混凝土结构构件内的钢筋之间，线盒要固定在混凝土模板上，施工前要与土建专业进行工序上的协调及安装位置的研讨，以保证不削弱混凝土结构的强度。由于配管在混凝土浇筑后的不可变更性，施工前应该对配管安装位置、固定方法、配管路径等进行综合研究。配管有金属配管及合成树脂材质配管。由于合成树脂管材更轻，具有良好的施工性，因此作为主要的管材广泛地应用在设备配管施工中。

(d)配管穿线工程

配管穿线工程的施工是在模板拆除后开始直至内装工程施工阶段进行。配管材料从材质上又分为金属管（薄壁电线管、厚壁电线管）、合成树脂管（PF管、CD管、硬质塑料管）等种类。配管材料可根据施工中的使用部位、配线种类来选择。合成树脂管具有重量轻、良好的耐腐蚀性及施工性，但其抗冲击性较差，选择时应注意其使用部位。

穿线电缆分为穿金属配管使用的绝缘线缆（IV、HIV等）及直接铺设电缆。这些电线、电缆的配线方法及技术标准均有明确的标准规范。线缆铺设在有冲击及压力的环境中时应使用金属套管进行保护，不得直接铺设。

配管、配线穿过防火分区时也要非常注意。使用配管贯穿防火分区时，管的贯通处1米范围内应使用金属材质配管。电缆（桥架）贯穿防火分区时，必须按照消防规定对贯通部位进行防火处理。

(2)配电设备、发电设备

配电房是土建专业建筑结构施工中配合电气施工的重要工程。由于要安装配电设备机器及发电机等大型设备，因此，施工前要对机器进场路径、机器设备及基础的荷载、规格尺寸等与结构设计人进行充分的商议，以确定设备基础形状、位置、尺寸，防止混凝土浇筑后造成不可挽回的失误。配电房内各个机器相连的电缆铺设在电缆沟中。电缆沟要采取防止渗水浸泡电缆的措施。设备基础的标高、平面位置应根据电缆沟的断面尺寸、深度、采用的防水措施来最终确定。考虑到防噪声、防振的要求，配电房一般多设计成为架空楼板结构。

发电机及变电设备安装，是在混凝土浇筑完成至装饰工程开始前的阶段进行。由于设备安装完成后，还需要很长时间才能够正式送电。因此，要对安装完毕的设备进行必要的保护，防止机器受潮及灰尘的侵蚀。供电电缆的铺设工程是在室外工程施工阶段进行。该工程一般由供电公司实施。电缆铺设主要有架空和土中直接埋设两种。电缆的埋设方法，可根据使用电压与电力公司协商决定。建设红线内应设置检查井，并应采取相应的措施，防止埋设配管与检查井衔接部位的漏水及由于漏

用词解释

PF管

“阻燃性合成树脂配管”此种配管材料具有耐热及阻燃特性，作为配线保护套管使用，适用所有环境中使用。

CD管

不具有阻燃性能的合成树脂配管，一般适用于直接埋设在混凝土中。作为配线的保护套管使用。

IV

“室内配线使用的塑料绝缘线缆”。IV广泛地使用在室内电气配线施工。一般环境中它可以不加保护套管直接使用。

HIV

“第二类塑料绝缘线缆”较IV线缆有更高的耐热性能，适用于高温环境中的配线施工。而同样环境中IV线缆则需要穿配管进行保护。

水造成的检查井下沉的现象发生。

（3）动力设备、干线设备

动力盘柜及照明盘柜的安装施工，应该在混凝土浇筑完成后至装饰工程施工开始前的阶段中进行。各种盘柜应安装在各自专用的基础上，同时注意上部与墙体或楼板连接固定，以防止盘柜倾倒。

（4）照明器具设备工程、照明及插座设备工程

照明器具、配线器具等的安装施工应与土建内装饰工程施工协调进行。

（a）照明器具

照明器具的安装有嵌入式、悬吊式、明装式。在吊顶内安装嵌入式灯具时，灯具应使用吊杆悬吊在楼板上，不得将其吊挂在装饰吊顶上（图11.7.3）。

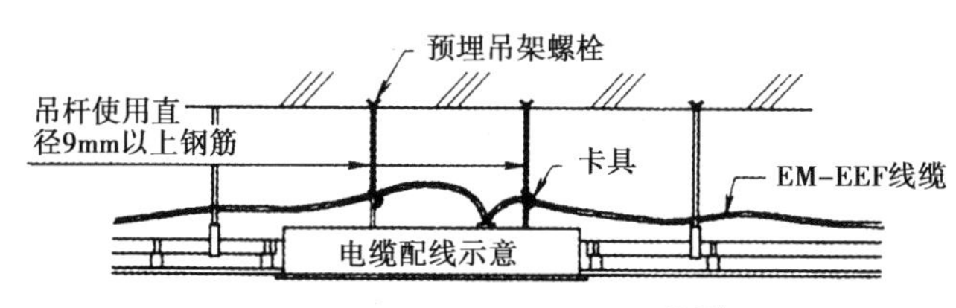

图11.7.3 预埋灯具的安装[11-38]

（b）配线器具

配线器具包括开关、插座。开关面板一般安装高度位置为FL+1.1~1.3m，插座面板为FL+0.2~0.3m。具体位置应按照建筑及装饰的要求来施工（图11.7.4）。

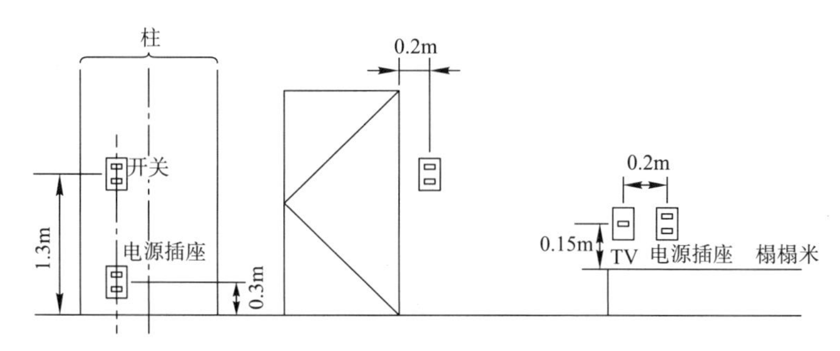

图11.7.4 设备的安装高度[11-39]

（5）自动火灾报警设备工程及信息设备通信工程

接线端子箱及信息通信的各种盘柜的安装工程，应该在混凝土浇筑完成后至装饰施工开始前进行。各种盘柜应安装在专用的基础上，同时注意上部与墙体或楼板固定，以防止盘柜倾倒。

设备机械的安装施工与内装工程同时进行，要相互协调避免作业中的

用词解释

互相干扰。火灾报警系统中包括感应器，信息通信设备中包括接线盒、视频接线盒、扬声器、时钟等设备。这些设备应根据建筑装饰上的整体要求，在确保其质量和性能的基础上与内装工程协调进行安装施工。

（6）接地工程及避雷针设备工程

接地工程及屋面避雷针工程是室外施工工程。接地工程施工包括将设备及用电设施通过导体与大地相连，防止建筑物内的触电及火灾事故发生，从而确保电器的使用安全。地线极板的埋设施工（图11.7.5），在建筑基础结构施工时穿插进行。埋设应选在土质均匀且土壤腐蚀性较少的位置。

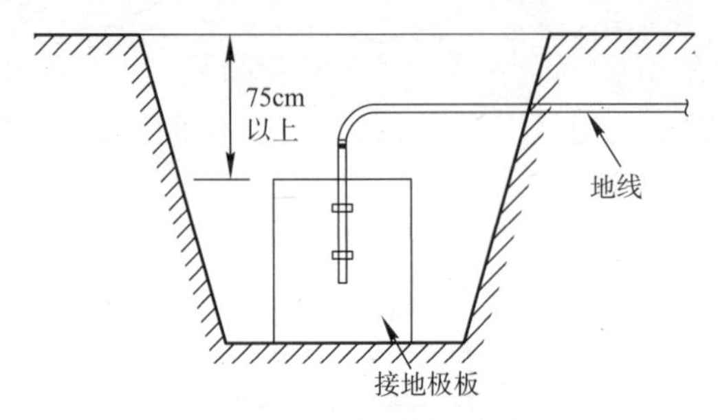

图11.7.5　预埋接地极板

避雷针工程是在建筑物屋面安装避雷针设施。安装必须确保避雷设备在强风及地震来袭时设备的安全。

（7）电气设备的调试及试运转

调试及设备试运转工程的实施在装饰工程完成后至工程竣工之间的阶段进行。调试试运转包括对各机器运转状况及协作机械联动运转状况的确认及调试。最终对机械设备是否能够满足设计文件所要求性能、质量进行检查确认。

11.7.2　给水排水卫生设备工程

以下按照建筑工程的不同施工阶段，将对应的各给水排水分项施工工程进行说明。

（1）共通工程

共通工程包括套管、预埋接续盒（箱）、预埋吊架、配管工程。其中套管、预埋接续盒（箱）、预埋吊架工程同上一节电气设备工程所述的要点相同。

配管工程是在建筑工程中的模板拆除后开始实施。施工顺序为材料加工、连接、支架固定、水压检查试验、保温、油漆涂刷等施工。配管使用的材料多种多样，具体使用材料应根据其用途选择（表11.7.2）。不同的材料其连接方法、连接材料、辅材也不同，在使用上要特别注意。为提高配管施工的效率，近年来使用组合式单元配管系统和预制配管系统施工技术的工程逐渐增多。

配管材料[11-40] 表11.7.2

管种类	名　称	规格	备　注
铸铁管	球磨铸铁给水管（内衬砂浆）	JWWA A 113	给排水工程的相应资质
	球磨铸铁给水管（内刷环氧树脂）	JWWA G 112	
	排水用铸铁管	JIS G 5525	机械1、2型管、插口接口
钢管	配管用碳素钢管	JIS G 3452	白管（绿色标识）
	镀锌钢管	JIS G 3442	（红色标识）
	压力配管用碳素钢管	JIS G 3454	STPG-370、410
	压力配管用碳素钢管（无接头）	JIS G 3454	STPG-370、410
复合钢管	钢塑（硬质）复合给水管	JWWA K 116	SGP-VA、VB、VD
	法兰接口钢塑（硬质）复合管	WSP 011	
	耐热钢塑（硬质）复合给水管	JWWA K 140	SGP-HVA（HTVLP）
	耐热法兰接口钢塑复合管	WSP 054	
	钢塑（硬质）复合排水管	WSP 042	DVLP
钢塑复合管	聚乙烯钢塑复合给水管	JWWA K 132	SGP-PA、PB、PD
	法兰接口聚乙烯钢塑复合给水管	WSP 039	SGP-FPA、FPB、FPD
涂层钢管	环氧树脂涂层排水管	WSP 032	原管 JIS G 3452、SGP-TA
	氯乙烯涂层排水管	—	
外防腐钢管	聚乙烯外涂钢管	JIS G 3469	原管 JIS G 3452
	防火硬质聚乙烯外涂钢管	WSP 041	SGP-VS、STPG370-VS、410-VS
	防火聚乙烯外涂钢管	WSP 044	SGP-PS、STPG370-PS、410-PS
不锈钢钢管	一般配管用不锈钢管	JIS G 3448	SUS304、316TPD
	配管用不锈钢管	JIS G 3459	
	不锈钢上水管	JWWA G 115	SUS304、316
	不锈钢波纹上水管	JWWA G 119	
铜管	铜及铜合金管（无接头）	JIS H 3300	C1020或C1220
	外衬涂层铜管	JIS H 3330	原管JISH 3300
	外衬保温铜管	—	原管JISH 3300
锌管	排水、通风用锌管	SHASE-S203	

用词解释

用词解释

上水
符合水道法的水质标准的生活饮用水。

井水
在地面经挖井后，地下喷涌出的（抽出）地下水，如作为饮用水使用，必须事先确认是否符合水质标准。

水泵集水坑
设置在水箱之中的，用于汇水并使用水泵将水排出的地坑。水箱地面应找坡，并将水汇集到地坑。

水压检查是对已完成的局部配管进行压力渗漏检查确认，检查合格后方可进行下一道工序的施工。如果是排水管道则无需做水压检查，而是让配管内通水，并将水流保持一定时间来检查渗漏状况，我们称为满水检查。

保温工程是对配管进行保温、隔热及防结露覆裹的施工。常用保温材料有玻璃丝棉、岩棉、聚苯保温材料。施工中应根据配管的种类及施工部位，来选择使用材料的种类、厚度等。

（2）给水设备工程

水箱间、上水泵房工程是由土建专业在建筑结构施工阶段进行施工。施工前首先要确定合理的水箱位置，以确保在检查维护时，水箱的六个侧面均有操作空间。水泵房则要考虑水泵等机器搬运路线、隔音、防振措施。

水箱及上水泵的安装，应在装饰施工前进行。一般水箱安装施工内容是组装水箱板（树脂板）。上水泵在安装时，不仅要考虑泵体还要注意机器周围配管的隔振措施。上水泵的隔振采用专门防振构架解决。为防止机器振动通过相连配管传递，采用安装隔振接头的方法解决，同时在配管支架处安装隔振橡胶。

外构工程则包括铺设给水管及其他配管。首先要与供水（政府）相关部门协商，决定给水管引入位置及管径。给水属于上水，日本有些地方规定，作为工业用水的**上水**必须部分使用**井水**。给水埋管表面应采取防腐包裹或使用有防腐涂层处理过的配管。

（3）排水设备工程

排水水箱（图11.7.6）的施工是土建结构施工范围。排水水箱应设置检查井、爬梯、**水泵集水坑**、通气孔。水箱必须进行防水施工。水箱地面应找坡，坡度为1/10至1/15。水箱储量应通过计算日常及峰值排水量来综合选定。

排水管埋设及与市政排水干管的连接施工属于外构施工范围。与市政干管连接施工前，应与地方政府相关部门协商，确定接管位置及管径。各个地方政府对排水方式有不同的规定，不同地区既有雨、污水可同时排放，也有必须分别排放的要求。这些都可能对工程的排水方案造成影响，因此施工前要注意调查。

施工场地内需进行排水管埋设及设置排水口的施工。配管及排水口应找坡并注意采取防止管路下沉的措施。

（4）卫生器具设备工程

卫生器具的安装在装饰施工阶段进行。卫生器具包括大便器、小便器（图11.7.7）、洗面盆、水龙头。因其日常使用频率很高，其安装部位的基层应采取加固措施，器具的安装应牢固。安装完成后应采取必要的保护措施，防止污染及破损。为提高土建、设备之间的综合施工效率，卫生器具的组合化施工也在不断地发展。

用词解释

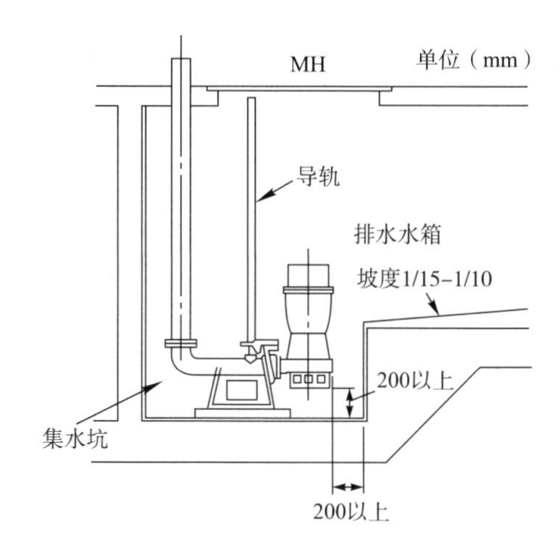

图11.7.6　排水水箱[11-41]

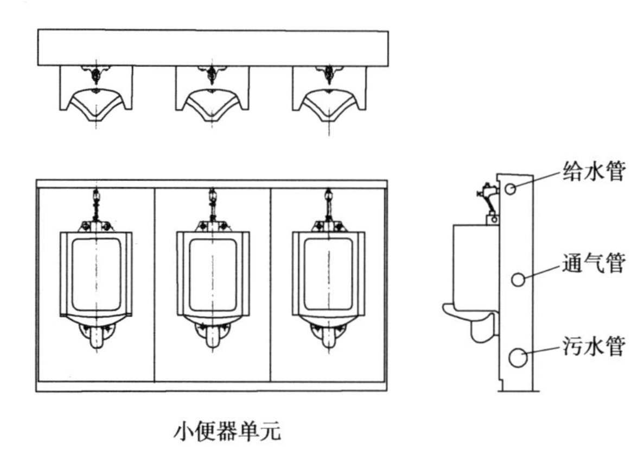

图11.7.7　单元式小便器安装工程[11-41]

（5）消防设备工程

消防设备工程包括室内消火栓设备、喷淋设备、泡沫灭火设备等。各种设备系统的主要机械有消防水泵和室内消火栓箱、喷淋头、加压泵和泡沫喷头。消火栓箱及喷淋头的设置，要满足消防要求。消火栓箱及喷淋头的位置，同时也要满足建筑装饰上的美观要求。

（6）燃气设备工程

根据燃气事业法的规定，燃气工程必须由燃气公司指定的施工公司进行施工。燃气配管、器具的安装施工必须与相关的施工公司协调进行。

（7）试验调试工程

在装饰工程完成后竣工之前需进行调试、试运转。给排水设备工程要进行各水箱及水泵的试运行。水泵要确认手动、自动、混合方式运行

用词解释

状态时的启动压力、停止压力，同时还要对水箱水位测定系统与水泵的联动效果进行确认。

11.7.3 空调与设备工程

以下就建筑工程各个施工阶段进行的空调设备施工工序进行说明。

（1）共通工程

共通工程包括预埋套管、预埋连接盒（箱）、预埋吊架螺栓、配管及风管安装工程。其中预埋套管、预埋连接盒（箱）、预埋吊件螺栓在电气设备工程已做说明，配管工程则与给排水设备工程中的配管工程相同。

风管安装工程中的风管包括空调用风管、通风用风管、排烟用风管。空调风管由空调出风口至回风口之间的风管组成。通风风管是为排出室内污染空气，吸进室外新鲜空气而设置的通风系统。排烟风管则是为火灾时将烟雾排出至室外的排风系统。风管使用镀锌铁板制作成型。铁板的厚度应根据使用部位、用途来选择。为防止生锈还可使用不锈钢板，考虑隔热问题时可使用玻璃丝棉板。

（2）热力机器设备工程及空调机器设备工程

各个工程使用的机房由土建专业施工。热力机房内设置冷冻机、锅炉、泵等设备。机房应考虑机器进场路径、预留机器进场入口及门、基础的尺寸以及设备四周的排水沟的设置位置等问题。空调机房一般设置在建筑物普通楼层内，因此，必须考虑防振隔音措施（图11.7.8，图11.7.9），以防止噪声对相邻房间的影响。

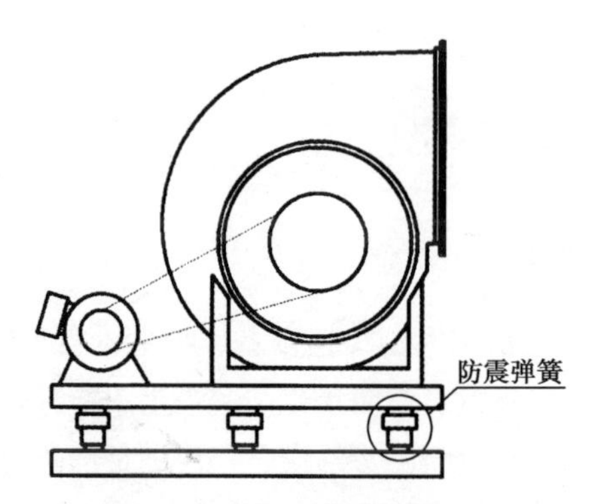

图11.7.8 防震橡胶设置状况

主要机器设备的安装，应在装饰工程开始前进行施工。热力机械设备重量较大，从卸车搬入、基础就位、水平调整、安装固定等各个环节都要特别细心注意。屋面上设置的冷却塔、冷冻机组则需要使用起重设备进行吊装，吊装前要注意对机器及附属设施重量的核算确认。

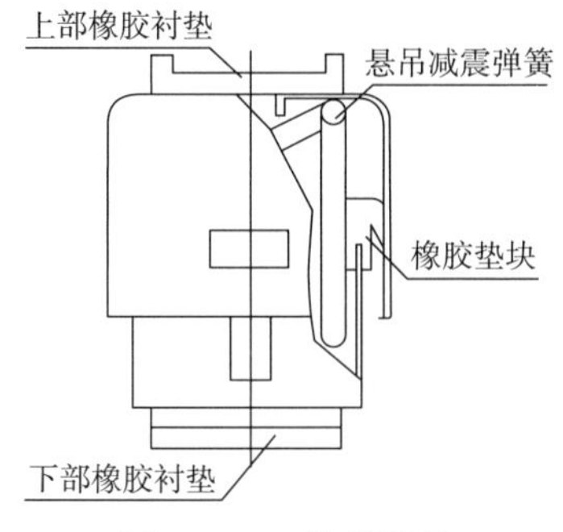

图11.7.9 防震橡胶

空调机组的防振措施特别重要，防振构架应根据机器重量及振动频率精心选择。同时，还要对配管、风管连接处采用柔性接管（补偿管）来阻止振动的传播。空调的送风、回风口以及各种控制开关的安装，应与土建装饰施工同时进行。风口与照明器具、空调控制开关与照明开关的布置，应在满足使用功能的前提下综合考虑。

（3）通风机械设备工程

风机设备应在内装工程开始前进行安装。安装构件包括隔振构架、弹簧隔振器、橡胶阻尼隔振垫。这些减振构件是为阻止机械震动的传导而设置的。机械与风管应采用柔性连接。在楼板上吊装的风机也要注意采取隔振措施。风口、风罩及控制开关面板应在土建装饰阶段进行安装。

（4）试运转调试阶工程

联动运行是空调设备工程试运转的主要任务。在联动试运转中应确认冷冻机、冷却塔、各种泵的运行状况。自动控制部分的调试包括，使用空调台数控制、冷热水阀门开关程度状况、各种调节阀门的运行状况。确认中央监控装置与各机械设备开、停、运转控制的联动状况。

11.7.4 升降机械设备工程（图11.7.10）

现将升降机械设备中的电梯设备工程施工要点加以说明。电梯的有效尺寸应在建筑结构施工阶段进行确认。建筑物各层的梁、墙体位置的变化不得影响电梯的相关尺寸。施工前必须对屋面的电梯机房的面积、顶棚有效高度、出入口楼梯的形状是否满足基准法的要求，进行确认。机房顶棚上应设置检修用吊钩。

各层电梯间的**门框**、门槛、井道内的轨道、轿厢、配重、机房内卷扬机、控制盘的安装施工应在土建装饰工程开始前进行。施工前首先要确认井道内是否有其他专业的配管及配线。安装完成后需进行试运行调试。

试运行要对卷扬机的运行状况、**配重**的调整状况、各层停止状况、运行控制状况、噪声、振动状况、轿厢门开关状况进行调试。

用词解释

门框
电梯乘用口（洞口）的上、左右部分设置的金属门框。门框是电梯厅的装饰施工与井道混凝土结构相过渡的构件，可调整装饰材料与混凝土不同材料之间的观感效果。

配重
通过钢丝绳与电梯轿厢连接在一起的重量平衡构件。它能够提高电梯升降的效率，与水井的辘轳同样原理。

用词解释

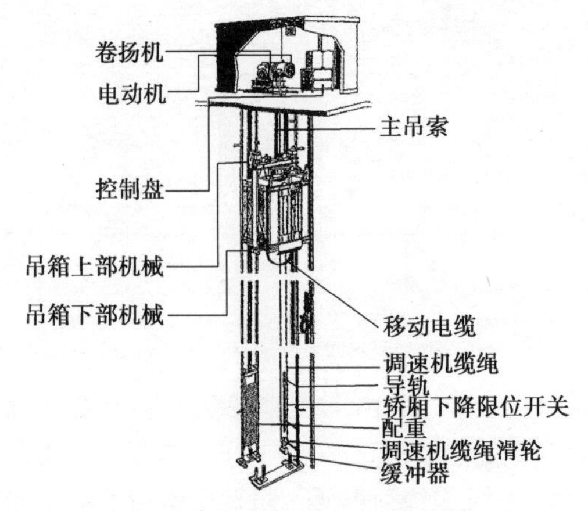

图11.7.10　缆索式电梯[11-37]

11.8　项目的维护保养与改修工程

11.8.1　修理与维护工程的施工

（1）维修及保养的必要性及目的

随着人们对环境问题的重视，建筑物维修保养的重要性得到了重新的认识。拆旧建新的时代已经过去，如何延长建筑物的使用寿命成为重要的课题。建筑物由于各种原因其自身在不断地老化，日常的维护保养及维修能够暂时停止或延缓老化，这样就能高效地发挥建筑物的机能从而最终达到延长建筑物的寿命的目的。为达到这个目的必须采取适当的维修保养方法。建筑基准法、消防法、《关于确保建筑物卫生环境的相关法律》（通称“建筑物管理法”）中对维修保养做了规定。

纳维修保养的目的大致可归纳如下[11-23]：

① 满足建筑物的物理机能，能够耐久使用；

② 使生活方式及环境保持在舒适的状态；

③ 通过日常适当的维护检修预防事故发生，抑制建筑物使用时不经济的支出；

④ 预防灾害事故的发生；

⑤ 充实建筑物作为财产积累的功能。

（2）维修保养的内容

（a）检查诊断

检查诊断是对建筑的某些部位或材料的老化、磨损状况及设备机器类的性能降低、带病运行状况的调查确认。建筑物是由多种不同的构件及材料组成的，其老化、磨损进程的特点也各异。随着时间的推移，材料、构件如局部产生老化或性能降低，其建筑物整体老化的程度会更加严重。

因此，在日常的维护中有计划地对老化的材料、构件进行维修、更换等施工是非常必要的。相关法规还规定，对安全性能要求非常严格的电梯、扶梯、消防设备，必须由专业技术人员定期进行检查。除了升降机械、消防设备外，多数建筑设备也需进行定期检查。

建筑物的外墙瓷砖等如果脱落将会造成重大事故，因此，必须掌握瓷砖的状态。目前的现状是，有计划的、定期的日常检查诊断并未实行。发生事故一般是采取事后解决，要杜绝这一现象，我们应该事先编制好建筑维修计划，并按照计划确保维修资金，使用该资金在适当的时期进行修补施工。表11.8.1为建筑物主体结构工程及装饰工程的期望维护检查周期。

（b）运行维护

为了使机械设备的性能维持在良好的状态，机器的操作人员应该在使用前充分学习理解设备的操作及各注意事项。对不同种类机械操作人员还应根据要求具备相关操作资格。操作中不仅仅是对机械进行维护，还要采取诸如对消耗品等易损件及时进行更换等一些维护措施。

（c）清理

建筑物的污染不仅破坏其整体美观，如不采取清理措施还可能造成建筑物的功能降低，加速材料的老化速度。日常建筑物的清理是保证建筑物主体充分发挥其机能的重要措施。

（d）修理维护

对于老化、磨损严重的部位应及时进行修理。如是机械设备应及时更换部件，或根据情况更换机械。建筑物应按表11.8.1中所列项目进行相应的维护及修理。

（3）诊断

除按照11.8.1（2）（a）中所述需对建筑物进行日常维护、修理外，根据具体情况还可请相关专家进行诊断。诊断一般适宜选择在在建筑物处于物理上及社会上的老化交替深化，这些老化又致使建筑物发生机能降低的时期。诊断应按图11.8.1所示顺序进行。

诊断前首先进行预备调查，听取顾客的诊断目的、编制诊断方案。诊断一般分为一次至三次，分三个深度进行。根据需要逐次进行。诊断评价后，向顾客提交报告书，书中应明确整改方法。

用词解释

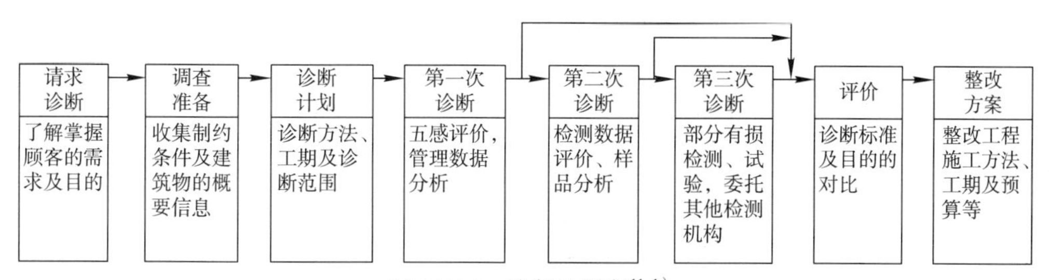

图11.8.1　诊断的顺序[11-1)]

建筑物的维修保养周期[11-23)] 表11.8.1

建筑物的部分			检查内容	检查周期
主体结构	地梁、柱、梁、斜撑墙、地面、屋面、阳台、楼梯等结合构件		裂缝、变形、损伤、生锈、腐蚀、涂料老化连接部分松动	3年以内
主体结构	木结构部分		是否有飞蚂蚁或蚁害	1年以内
装饰部分	地　面		①装饰材料裂缝、损坏、空鼓、生锈、腐蚀、磨损、涂料老化、结露 ②防水层的防水性能是否良好 ③有水流部分的排水状态、是否有堆积物 ④检查口的变形、磨损、安装状况 ⑤地坑内裂缝、漏水、结露、排水状态	1年以内
装饰部分	楼　梯		①装饰材料是否有开裂、损坏、空鼓、生锈、腐蚀、磨损 ②防滑条是否有变形、损坏、磨损状况，安装是否牢固	
装饰部分	墙　体		①装饰材料是否有开裂、变形、损坏、空鼓、生锈、腐蚀、结露、涂料老化、漏水 ②安装状态是否良好 ③防水层的防水性能是否良好 ④防水打胶处是否有开裂、变形、损坏老化 ⑤五金变形、生锈、腐蚀、安装状况、涂料老化	3年以内 外部1年以内
装饰部分	门　窗		①变形、损坏、磨损、生锈、腐蚀油漆老化、开关及安装状态 ②胶体及密封材料是否有裂缝、是否有变形、损伤、磨损及老化	1年以内
装饰部分	屋面	顶棚	①安装状况 ②窗帘盒、检查口变形、损坏、生锈腐蚀、涂料老化、安装状况 ③五金件的变形、生锈、油漆老化、安装状况	外部1年以内
装饰部分	屋面	平屋面	①装饰材料及伸缩缝开裂、损坏、老化、空鼓 ②女儿墙压顶及矮墙部裂缝、损坏、空鼓、生锈、安装状况 ③防水层的防水性能是否良好 ④排水沟是否有堆积物、排水状况	3年以内
装饰部分	屋面	平屋面	⑤打胶的裂缝、变形、损坏、老化 ⑥五金的变形、损坏、生锈、腐蚀、油漆老化、安装状况	1年以内
装饰部分	屋面	覆瓦、屋面	①屋面材料裂缝、变形、损坏、生锈、腐蚀、油漆老化 ②安装状况 ③基层材料变形、生锈腐蚀 ④防水性能	3年以内
装饰部分	屋面	覆瓦、屋面	⑤打胶的裂缝、变形、损坏、老化 ⑥五金的变形、损坏、生锈、腐蚀、油漆老化、安装状况	1年以内
装饰部分	屋面	屋面排水及雨水管	①损坏、生锈、腐蚀、结露、油漆老化堆积物 ②安装状况、排水状况	1年以内
装饰部分	扶手		开裂、变形、损坏、生锈、腐蚀、油漆老化、安装状况	1年以内

用词解释

（4）维护保养计划

为达到11.8.1（1）中归纳的维修保养的五个目的，首先，要研究适宜的维修保养技术、编制适时的维修保养计划。其次，最重要的是建立负责征收、运用维修资金，并进行整体运行的组织部门。也就是说，为了使11.8.2（2）中所述的各具体的项目能够高效地实施，其中①业务管理；②组织管理；③材料管理；④会计管理；⑤资料管理等环节非常必要[11-24]。

11.8.2 项目室内外装饰改造（改修）工程的施工

（1）翻新改造方法

根据诊断结果分析，如得出有必要进行翻新改造的结论时，即可决定进行翻新改造施工。翻新改造一般分为内装翻新改造、外装翻新改造或二者同时进行的全面翻新改造。同时，使用中的建筑物在翻新改造施工期间如何运行使用，一般有以下三个方法。

（a）建筑物整体边运行边翻新改造。

（b）局部楼层或区域停止运行、租户搬出，进行区域翻新改造施工。

（c）所有租户搬出，进行全面翻新改造施工。

不论是采用哪种方法，没有建筑物所有者、建筑物使用者及施工者的相互理解协作，工程都无法进行。以下就三个方法做详细说明。

（a）建筑物整体边运行边翻新改造施工

当建筑物的使用者或住户夜间、周末、长假期间不在时，对运行使用房间做好保护措施后，开始施工。这种方法较（b）、（c）效率低，因此，工程费用更高，工期更长。施工前必须详细研究计划，制订施工期间发生盗窃、火灾、漏水、臭气、粉尘、停电时的解决预案。

（b）局部楼层或区域停止运行、租户搬出，进行翻新改造施工

因租户搬移至其他楼层或区域，改造期间无噪声、震动的施工可在白天进行。施工前必须对租户及施工的区域、人员的不同移动路径、施工用机械、材料的搬运途径、方法等进行调查，并做好实施计划。较（a）方法效率更高，但要特别注意对租户使用部分，进行分隔保护。

（c）所有租户搬出，进行翻新改造施工

应施工在建筑物所有使用者搬出腾空后进行，与新建工程的施工条件相同。但是，要考虑租户搬家费用及暂租地的费用。

（2）内装翻新改造工程

（a）地面翻新改造施工

地面翻新改造的对象为塑料地板卷材、塑料地板块材、橡胶类材质的地板块材、合成树脂涂料地面、地板、地毯、榻榻米、地砖等。

地面的老化分为①污染（灰尘、印迹、铁锈、油污等的附着、细菌的繁殖、鞋跟印迹、车轮印迹、漏水痕迹）、②变色（阳光、照明等紫外

用词解释

线的照射产生的变色)、③空鼓、④起皮、翘曲、⑤开裂、破损、⑥磨损、⑦腐蚀、腐朽、⑧软化、溶解、⑨倾斜等。

当这些老化对使用空间的观感产生显著影响或对基层结构构成伤害时，就要着手进行翻新改造施工。

(b)墙体的翻新改造施工

墙体的装饰工法有喷涂、涂料、瓷砖、壁纸、石膏板类、合板类。不同的工法所应对的老化现象如下。

① 喷涂：污染、粉化、开裂、脱皮、变色、褪色；

② 油漆：裂缝、剥落；

③ 壁纸：污染、污迹、褶皱、剥落、变色、褪色；

④ 石膏板类：挠曲、连接处开口、缺棱掉角、开裂；

⑤ 合板类：污染、翘曲；

⑥ 瓷砖：污染、污迹、缺棱掉角、开裂、剥离。

(c)顶棚的翻新改造施工

顶棚的老化主要是吊顶饰面或基层材料的老化。老化的具体现象如下。

1)吊顶饰面材料：污染、变色、褪色、开裂、缺棱掉角、剥落、下垂、翘曲、连接部位的孔洞。

2)吊顶基层材料：变形、位移、生锈、腐蚀。

根据不同的老化现象、一般采用以下3种改造方法。

① 将原有吊顶系统拆除后，重新施工。

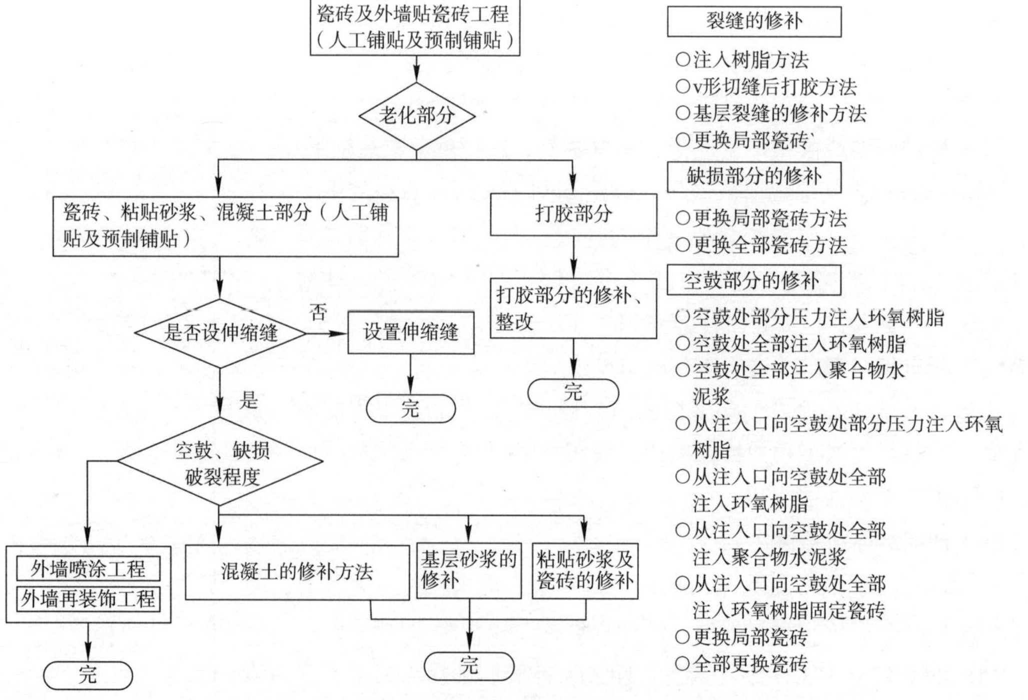

图11.8.2　瓷砖装饰外墙的维修翻新施工流程[11-25)]

② 拆除装饰面层保留基层材料，进行装饰面层翻新施工。

③ 在原装饰面层上镶贴新的装饰面材或涂刷涂料的翻新施工。

（3）外装的翻新改造

（a）外装饰的翻新改造施工

外装工程进行改造的装饰工法有：①装饰混凝土浇筑、②抹水泥砂浆、③涂料装饰、④贴瓷砖、⑤贴石材、⑥幕墙、⑦其他外墙工法、喷涂工法。

（b）外墙翻新改造工程的流程

举例，外墙贴瓷砖的翻新改造流程详见图11.8.2所示。

11.8.3 改变建筑物原有功能的改造施工

（1）改造的必要性

英文（conversion）是“改变、变换”的意思，在西方是对现存的大厦、商业设施、仓库等改变其原建筑使用用途的一种方法。历史上欧洲就有建筑物的改造的先例。典型的改造工程如，巴黎具有悠久历史的火车站经改造变为奥赛博物馆后，使其得到重新利用。伦敦的原火力发电厂，改造成泰特现代美术馆。还有，将作为不良债权的办公楼低价购入后，改造成高附加值的城市中心型公寓等等，如此改变建筑物原有功能的改造施工在国外已得到广泛普及。

在日本由于被称为2003年问题（写字楼供大于求）的发生，使整个社会开始认识到建筑改造的问题。由于市场写字楼供大于求，致使写字楼租金降低，导致市中心的写字楼失去竞争力。为了改变这一状况，当时尝试了将闲置的写字楼改造成住宅楼的再生方案。

用词解释

2003年问题

由于在东京市中心无限制地建设写字楼，导致写字楼数量大量过剩，致使写字楼租借市场陷入混乱状态。

（2）改造实例

改造工程根据改造后建筑物用途不同，多种多样。下面介绍具体实例。横滨宾馆于1988年竣工，而后停止使用。而后该宾馆于2002年改造成医院。详见图11.8.3所示的改造前后平面布置对比。

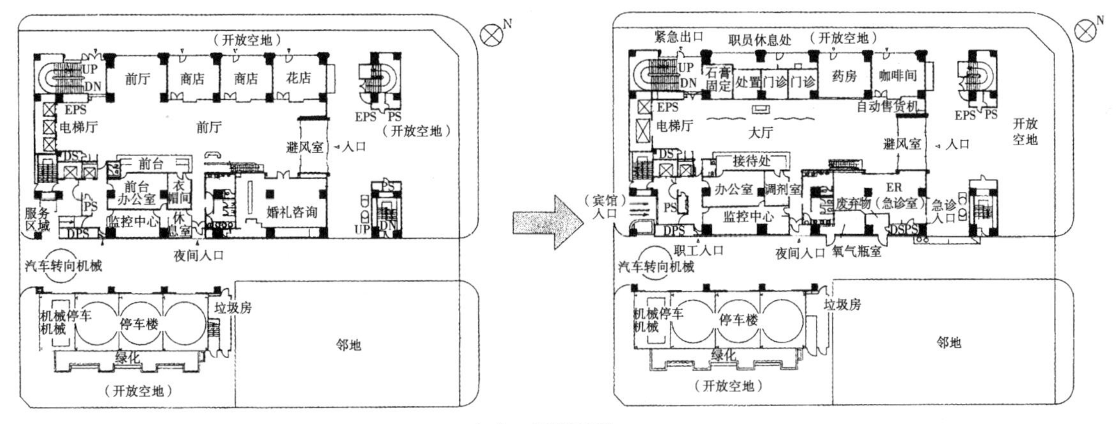

（a）一层平面图

图11.8.3 改造前后的平面图（一）

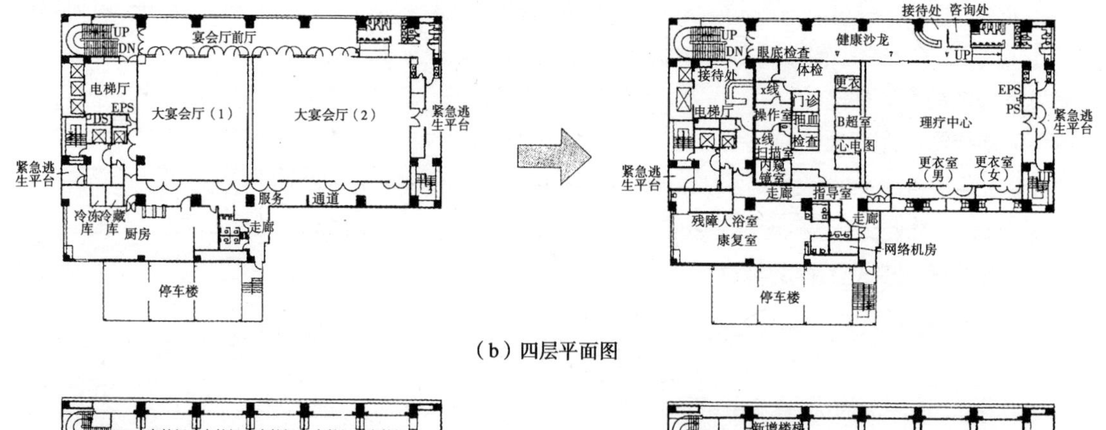

（b）四层平面图

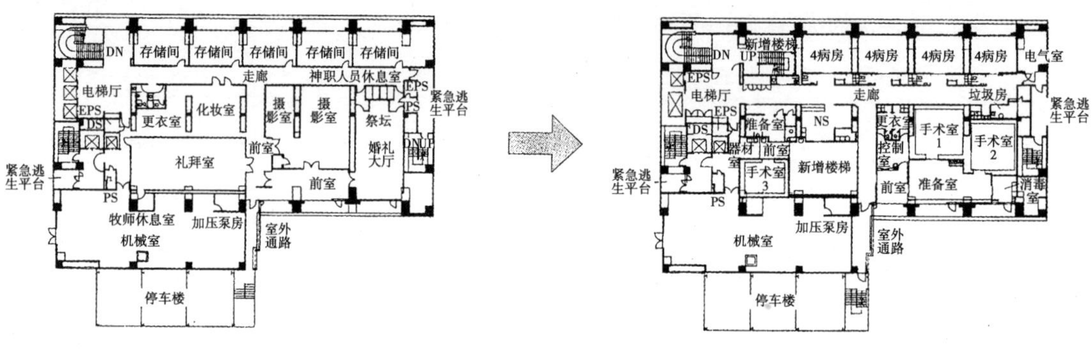

（c）六层平面图

图11.8.3 改造前后的平面图[11-26]（二）

用词解释

11.9 拆除工程

11.9.1 拆除工程施工的要点

现今，在地球环境问题日益得到大家严重关切的背景下，为延长建筑物的寿命人们在做着各个方面的努力。但是，只要建筑生产活动继续，建筑拆除施工就不可避免。即使是改修、改造工程中也会包含局部拆除工程。建筑物重建时，需要对原建筑进行全部拆除。本章节以工程的全部拆除为前提进行说明。

对于新建、改建工程来说，主要是重点对质量、造价、工期、安全、环境进行管理。

但，拆除工程与新建、改建工程对质量的考虑则完全不同。由于没有成品也就是建筑物，对在拆除施工中产生的副产品的保管处理就成为拆除工程中的最大问题。产生的副产品如何再利用、利用的程度、所有废弃物是否按规定正确处理完成等问题，这些都是拆除工程的质量管理范畴。

另一方面，拆除施工中产生的噪声、振动、粉尘及建筑垃圾等对周围居民造成不良影响的因素很多。这些都是拆除工程要重点管理的环境因素。而且，在拆除施工中对大型结构部件要使用特殊机械进行破碎、切断等高危险施工非常多。因此，不仅要对施工现场内的安全管理做到万无一失，在市内狭窄施工场地的条件下，还要对拆除施工中产生的拆除物坠落、坍塌可能对非施工人员造成的安全隐患进行重点管理。

因此，如何将拆除施工对周边环境的影响降到最低程度，将产生的建筑垃圾分类并再利用，以达到最终减少废弃垃圾量的目标，是拆除施工计划必须充分考虑的重点问题。

11.9.2 拆除工程施工法的分类

拆除工法（原理）主要有以下8种。

① 利用机械的冲击工法：风镐、油压破碎机械、钻孔机等；

② 液压破碎、剪断的工法：液压锤、钢结构液压钳；

③ 机械切削工法：切割机、绳索锯、钻孔机；

④ 使用火焰的熔断工法：铝热剂、火焰喷射、燃气切割机；

⑤ 膨胀压力、扩孔工法：无声爆破、油压扩孔机；

⑥ 炸药类工法：爆破、混凝土破碎机；

⑦ 其他工法：水流喷射、磨料射流切割机、钢筋的通电加热；

⑧ 现存桩基拆除：桩整体拔出、拔出桩的破碎、局部出地面部分破碎等。

上面②所述液压破碎、剪断的工法，是利用液压钳夹住构件后，将其破碎或剪断的施工工法。混凝土的拆除施工一般是采用破碎式机械、钢结构则是采用钢结构切断机施工。首先从柱、梁两端、楼板、墙的周围开始，将构件切成小的块状。照片11.9.1是液压破碎剪切机的施工示意图。

照片11.9.1 液压式破碎剪切机的拆除施工

11.9.3 工程拆除施工的方案计划与拆除工程的实施

(1) 计划要点

拆除工程与新建工程不同，操作人员和其他人员的安全，施工噪

用词解释

声、振动、粉尘对周围环境的影响以及建筑垃圾的处理等，施工前应考虑的事项非常多。施工应该遵守《建筑基准法》、《劳动安全卫生法》、《噪声规正法》、《振动规正法》以及《大气污染防治法》。

近年来，随着社会对地球环境问题、垃圾处理场缺乏等问题的重视。在拆除施工前的计划阶段，制定对施工现场排出的建筑副产品的循环再利用、减少建筑垃圾排放的措施，变得越来越重要了。而这些计划的编制，需要事先对《促进使用再生资源的相关法律》、《废弃物的清扫及处理的相关法律》及其他许多相关法律进行调查研究，确定相适应的对策。

（2）施工前的调查、编制施工方案、施工方案的审批

首先要做好调查研究，并根据调查结果编制施工方案。①拆除工法的选定及组合；②建筑副产品的清运；③周围设施的保护；④噪声对策；⑤振动对策；⑥粉尘对策等现场四周环境应对事项；⑦安全对策；⑧应对各种法律的措施及其他在工程中应该考虑的问题等都应该编入施工方案中。

如在施工前的调查中发现拆除施工中有石棉等有害物质时，应在施工方案中确定适当的处理方法并提交方案。上面（1）中所述关于劳动安全卫生、噪声、振动、大气污染、再生能源的利用、建筑垃圾消减等事项，必须向当地政府相关部门提出申请。

（3）选择拆除工法及采取的安全环境对策

在拆除方案中，应根据所拆除工程的建筑物状况、现场内及周边环境状况、建筑废弃物处理设施的处理状况等选择适当的拆除工法。可参考11.9.2中所介绍的各种工法，根据拆除建筑的状况、部位等综合选用。

拆除施工要对大体量的建筑构件进行搬运，施工现场内较新建建筑施工更具危险性。安全卫生计划中，应明确规定对施工人员及其他人员的安全及卫生的防护措施。

计划中应考虑工程现场内外，由于拆除施工可能产生的噪声、振动、粉尘等对环境的影响，并制定应对措施。对拆除产生的噪声应该按照噪声规正法的规定，并根据周围环境的状况，将噪声强度控制在目标值以下。对拆除施工产生的振动也必须采取同样措施。如拆除施工中产生的粉尘可能影响到周围环境时，计划中应考虑采取洒水、防尘保护等措施，同时，要制定在必要时途中改变拆除工法、工序的预案。

特别是在拆除工程中含有石棉时，除必须遵守大气污染防治法、劳动安全卫生法、废弃物处理及清扫等多项法律外，还特别要在计划中严格规定防止粉尘向现场周边扩散和确保施工人员的安全的措施。

11.9.4　施工产生的建筑废弃物的处理

严格遵守建筑拆除施工中产生的建筑副产品的处理的相关规定，是

用词解释

建筑拆除工程计划中特别重要的事项。建筑副产品中有很多物质是可以再生、再利用的。日本全国一年大概产生1亿吨建筑副产品[11-18]。1991年制定的《关于再生资源利用促进法》(通称再生法)中，建筑废弃物作为可以利用的再生资源，或者是有可能被再利用的再生资源，应该尽可能地有效利用。但是，放射性物质及被污染物质除外。混凝土、砖、石材等无机块状材料经常被作为回填材料使用，或者代替碎石作为铺设道路路基使用。随着再生法的实施，废弃物的再生利用正不断地取得进展，如利用日常生活产生的污泥开发生产生态水泥、轻骨料(原材料：玻璃瓶)、瓷砖(原材料：污泥)等。为最终达到零排放循环型社会的目标，建筑废弃物的再生、再利用是我们今后要面对的重大课题。

◆引用及参考文献◆

11-1) 古阪秀三総編集：建築生産ハンドブック　朝倉書店 (2007)
11-2) 日本建築学会編：建築基礎構造設計指針　日本建築学会 (2001)
11-3) 公共建築協会編：建築工事監理指針　公共建築協会 (2007)
11-4) 日本建築学会編：建築工事標準仕様書・同解説　JASS2　日本建築学会 (2006)
11-5) 日本建築学会編：建築工事標準仕様書・同解説　JASS3　日本建築学会 (2003)
11-6) 日本建築学会編：建築工事標準仕様書・同解説　JASS4　日本建築学会 (2003)
11-7) 日本建築学会編：建築工事標準仕様書・同解説　JASS5　日本建築学会 (2003)
11-8) 日本建築学会編：型枠の設計・施工指針案　日本建築学会 (1988)
11-9) JIS A 5308 レディーミクストコンクリート　日本規格協会
11-10) 日本建築学会編：鉄骨工事技術指針・工場製作編　日本建築学会 (2007)
11-11) 日本建築学会編：建築工事標準仕様書・同解説　JASS9　日本建築学会 (1996)
11-12) 日本建築学会編：建築工事標準仕様書・同解説　JASS17　日本建築学会 (2003)
11-13) 日本建築学会編：建築工事標準仕様書・同解説　JASS18　日本建築学会 (2006)
11-14) 日本建築学会編：建築工事標準仕様書・同解説　JASS19　日本建築学会 (2005)
11-15) 日本建築学会編：建築工事標準仕様書・同解説　JASS21　日本建築学会 (2005)
11-16) 日本建築学会編：非構造部材の耐震設計施工指針・同解説および耐震設計施工要領　日本建築学会 (2003)

用词解释

11-17)　建築施工教科書研究会編著：建築施工教科書　彰国社（2005）
11-18)　石井一郎編著：建設副産物－建設副産物の処理とリサイクル－森北出版（2002）
11-19)　小原誠・折笠彌・関根俊久共著：外壁の改修と保全設計 彰国社（1989）
11-20)　大規模修繕単価研究会編：マンション修繕費用　04前期版 経済調査会（2004）
11-21)　ピーター・H. エモンズ著、原田宏監訳：イラストで見る　コンクリート構造物の維持と補修　鹿島出版会（1999）
11-22)　日本建築学会編：鉄筋コンクリート造構造物等の解体工事施工指針（案）・同解説　日本建築学会(1998)
11-23)　建築施工教科書研究会編著：建築施工教科書　彰国社（2005）
11-24)　田村恭・大園泰造・松野英而・高野隆・田中定二共著：新建築学体系49　維持管理　彰国社（1985）
11-25)　国土交通省大臣官房官庁営繕部監修：建築改修工事監理指針　平成14年版　建築保全センター（2003）
11-26)　棚田良：コンバージョン事例（1）ふれあい横浜メディカルセンター　Vol.80 No1　空気調和衛生工学会（2006）
11-27)　飯塚裕著：建築維持保全　丸善（1990）
11-28)　耐用性研究会編：新建築技術叢書-7　建築物の耐用性診断とその対策　彰国社（1996）
11-29)　石塚義高著：建築のライフサイクルマネジメント 井上書院（1996）
11-30)　種田稔・神津勘一郎・松本耕一他著：設備配管の改修と耐久設計 彰国社（1989）
11-31)　出口晴洪著：建築の診断とリフォーム手法　彰国社（1995）
11-32)　建設大臣官房官庁営繕部監修：管理者のための建築物保全の手引き 改訂版　建築保全センター（2003）
11-33)　マンション管理センター監修、澤田博一編：マンションリフォームの実務　オーム社（2003）
11-34)　小原二郎編著：マンションリフォームの設計と施工彰国社（1994）
11-35)　コンクリート建物改修事典編集委員会：コンクリート建物改修事典 産業調査会事典出版センター（2005）
11-36)　本多淳裕著：シリーズ・資源・リサイクル5　絵で見る建設事業とリサイクル　クリーン・リサイクル・センター(2001)
11-37)　国土交通省大臣官房官庁営繕部監修：機械設備工事監理指針公共建築協会（2007）
11-38)　国土交通省大臣官房官庁営繕部設備・環境課監修：公共建築設備工事標準図（電気設備工事編）　電気設備技術協会（2007）

11-39) 国土交通省大臣官房官庁営繕部監修：電気設備工事監理指針
電気設備技術協会（2007）
11-40) 日本建築家協会監修：建築設備工事共通仕様書　大阪府建築家共同組合（2007）
11-41) 建築設備技術者協会：建築設備設計マニュアル給排水・衛生編
技術書院（2002）
11-42) 日本建築学会編：山留め設計施工指針　日本建築学会（2002）

用词解释

◆著者紹介◆

編著者：古阪　秀三　　京都大学大学院工学研究科建築学専攻・准教授　工学博士

著　者：生島　宣幸　　株式会社日積サーベイ・代表取締役

岩下　　智　　株式会社鴻池組建築本部エンジニアリング部・技術課長

大森　文彦　　弁護士・東洋大学法学部・教授

金多　　隆　　京都大学産官学連携センター・准教授　博士（工学）

木本　健二　　芝浦工業大学工学部建築工学科・准教授　博士（工学）

釼吉　　敬　　株式会社大林組本店建築生産技術部長　工学修士

齋藤　隆司　　日本郵政株式会社不動産企画部・次長　工学修士／MSc

杉本　誠一　　滋賀職業能力開発短期大学校住居環境科・教授

多賀谷一彦　　株式会社アクア管理本部・部長

永易　　修　　株式会社フジタ建築技術部・部長　工学修士

平野　吉信　　広島大学大学院工学研究科社会環境システム専攻・教授　博士（工学）

水川　尚彦　　㈱安井建築設計事務所・執行役員マネジメントビジネス部長　博士（工学）

三根　直人　　北九州市立大学大学院国際環境工学研究科環境工学専攻・教授　博士（工学）

山﨑　雄介　　清水建設株式会社技術研究所・副所長